现代火炮技术概论

张相炎　编著

国防工业出版社

·北京·

内 容 简 介

本书在继承传统火炮技术的基础上，根据现代火炮技术特点和发展趋势，结合近年来取得的科研成果，系统地介绍了火炮技术及其新进展和发展趋势，主要包括：火炮特点、现代火炮技术及其发展、现代火炮总体技术、提高初速与射程技术、提高射速技术、提高射击精度技术、轻量化技术、可靠性技术、现代火炮信息化技术及新概念火炮技术等。

本书主要为武器系统与工程专业的本科学生提供一个全面了解火炮武器系统基础知识和技术及其发展趋势的机会，拓宽知识面，也可以作为兵器科学与技术学科研究生的学习材料，以及相关科技人员的参考资料。

图书在版编目(CIP)数据

现代火炮技术概论/张相炎编著.—北京：国防工业出版社，2015.6

ISBN 978-7-118-10117-1

Ⅰ.①现… Ⅱ.①张… Ⅲ.①火炮—技术 Ⅳ.①TJ3

中国版本图书馆 CIP 数据核字(2015)第 132063 号

※

国防工业出版社出版发行

(北京市海淀区紫竹院南路 23 号 邮政编码 100048)

北京奥鑫印刷厂印刷

新华书店经售

*

开本 787×1092 1/16 **印张** 12¾ **字数** 293 千字

2015 年 6 月第 1 版第 1 次印刷 **印数** 1—2000 册 **定价** 29.50 元

国防书店：(010)88540777 发行邮购：(010)88540776

发行传真：(010)88540755 发行业务：(010)88540717

前　言

火炮技术发展源于军事需求的牵引和科学技术的推动。“需求牵引”说的是火炮的发展是与战争密不可分的,火炮技术的发展应适应未来战争的需要。随着世界范围内新军事变革的不断深入,对火炮技术的主要需求也发生了明显的变化。高新技术战争需求火炮更远、更准、更狠、更轻、更快,因此火炮技术发展必然围绕着提高初速与射程技术、提高射速技术、轻量化和新结构技术、信息化和控制技术等几个方面进行。“技术推动”说的是随着科学技术的进步,基础研究及装备研制都取得了长足的进展,为火炮的发展注入了新的活力,为火炮技术发展创造了条件和可能性。各种先进高新技术在军事领域广泛应用,已经使常规火炮的速度、射程和杀伤力几乎达到它们的极限,火炮技术要持续发展,只有积极开拓创新,不断提高火炮行业的自主创新能力。火炮技术创新,不仅仅是火炮结构的创新、火炮外延的不断拓展,更重要的是概念创新,从火炮内涵上发展。因此火炮技术发展必然是在火炮系统总体技术、新概念和新原理火炮技术等方面加强研究。

我们正面临着“科技强军、质量建军”的伟大任务,学习、认识、把握世界火炮发展前沿动态,服务我国国防事业,满足火炮专业人才培养需求,满足从事火炮技术研究的科研人员和广大火炮爱好者的需求,是我们编写本书的初衷。

本书共分为9章。第1章火炮技术概述,主要介绍现代火炮及其特点、地位与作用,以及现代火炮技术及其发展;第2章现代火炮总体技术,主要介绍现代火炮概念研究与顶层设计、系统分析与评估、虚拟设计与验证、人机环工程技术等;第3章提高初速与射程技术,主要介绍初速的含义、提高初速的意义、提高初速的技术途径及其局限、提高初速的装药技术、提高初速的新发射原理、提高射程技术等;第4章提高射速技术,主要介绍射速概念、提高射速及其意义、提高射速的技术途径、提高射速技术的新进展等;第5章提高射击精度技术,主要介绍射击精度概念、提高射击精度的意义、提高射击精度的主要制约因素、提高射击精度的主要技术途径、提高射击准确度技术、提高射击密集度技术等;第6章火炮轻量化技术,主要介绍火炮机动性及其意义、火炮轻量化及其技术途径、减小载荷技术、膨胀波火炮技术、轻质材料应用等;第7章火炮可靠性技术,主要介绍火炮可靠性基本概念、提高火炮机构可靠性技术、提高火炮结构可靠性技术等;第8章现代火炮信息化技术,主要介绍战场信息化和装备信息化基本概念、火炮武器系统的信息化技术、火炮信息化技术等;第9章新概念火炮技术,主要介绍常规火炮的局限性与新概念火炮的含义、液体发射药火炮技术、电热炮技术、电磁炮技术,以及其他新概念火炮技术。本书重点介绍现代火炮技术及其新进展与发展趋势。

本书以通俗易懂的语言,在介绍现代火炮及其工作原理、特点和发展的基础上,全面、系统地介绍了火炮技术及其新进展和发展趋势,具有前瞻性。本书在继承传统火炮技术的基础上,根据现代火炮的技术特点和发展趋势,结合近年来取得的科研成果,具有时代特色和先进性。本书将传统火炮技术与现代科学技术相融合,介绍现代设计理论和方法在火炮技术中的应用原理和方法,具有一定的通用性和适应范围。

南京理工大学机械学院的许多专家教授对本书初稿提出了许多有益的修改意见,在编写中参考了许多专著和论文,在此对以上为本书的出版付出心血的所有同仁以及本书的主审专家、编辑和审校一并表示衷心感谢。

由于编著者水平所限,难免有遗误和不妥之处,恳请读者批评指正。

张相炎

2014 年10月于南京

目　录

第 1 章　火炮技术概述

1.1　火炮及其特点

1.1.1　火炮的基本概念

根据《兵器工业科学技术辞典》的定义,火炮是利用火药燃气压力抛射弹丸,口径不小于 20mm 的身管射击武器。

火炮的作用是将弹丸准确地抛射到预定的目标上。火炮的发射能源为发射药。火炮发射原理是利用高温高压火药燃气压力加速弹丸。火炮发射技术途径是利用口径不小于 20mm 的半封闭的身管来实现赋予弹丸初始速度和射向。火炮的作用主要是通过赋予弹丸一定的射向和初速来实现。

火炮的发展是与社会进步分不开的。火炮技术的发展与战争也是密不可分的。科学技术发展带动着军事技术发展,军事技术发展带动着火炮技术发展。而火炮技术发展推动着军事技术发展,军事技术发展推动着科学技术发展。

图 1.1　中国元代铜铳

根据火炮的定义,最简单的火炮可以只包含"身管",如火炮的鼻祖——中国在元朝就制成的铜铳(图 1.1)。

现代火炮主要是对火炮的定义外延拓展。例如,在电影、电视中最常见的现代火炮除包含"身管"外,还包含"炮架"等(图 1.2),比火炮定义所表述的内涵要丰富得多、复杂得多。其实,现代的火炮武器已经是一个武器系统。火炮系统由火力子系统(火炮和弹药)、火控子系统(目标探测与识别、目标跟踪与定位、指挥与控制等)、运行子系统(运动体、底盘等)组成。火炮系统可以是分散式的(图 1.3),也可以是三位一体式的(图 1.4)。

图 1.2　法国 TRF1 式 155mm 榴弹炮

未来火炮不仅对火炮外延拓展,更重要的是拓宽火炮内涵,如液体发射药火炮、电磁炮、电热炮、激光炮等。

1.1.2　火炮的发展简史

1. 萌芽时期(13 世纪中叶以前)

公元前 5 世纪,中国就发明了古代炮——抛石机(图 1.5),称为"砲"(亦称"礮"),西方称为机械炮。抛石机有一皮窝用以包放石头，利用杠杆原理将石头抛射出去。基本形式是固定式，后来又出现了装有木轮的运动式。

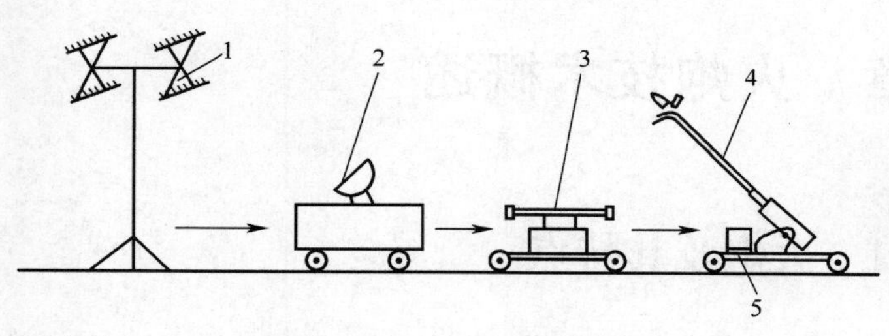

图 1.3 分散式火炮系统

1—搜索雷达；2—跟踪雷达；3—火控计算机；4—火炮；5—炮控系统。

图 1.4 三位一体式火炮系统

公元 7 世纪，唐代炼丹家孙思邈发明了黑火药，于 10 世纪初开始用于武器。抛石机除了抛射石块外，还抛射带有燃爆性质的火器，如霹雳炮、震天雷等（图 1.6）。1132 年（宋绍兴二年），陈规镇守德安城时发明了火筒。火筒用竹筒制成，内装火药，临阵点燃，喷火烧敌（图 1.7）。1259 年（宋开庆元年），出现突火枪，以巨竹为筒，可以在筒内装填火药和子弹。点燃火药后所产生的气体推力将子弹沿着枪的轴线方向射出，子弹向前飞行，击杀人员和马匹。这种竹矢制抛射火器具备了火药、身管、弹丸 3 个基本要素，可以认为它就是火炮的雏形。突火枪的发明，是火炮发展史上的一个里程碑。热兵器的出现，不仅提高了兵器的威力，更重要的是使作战模式由“点打击”变为“面打击”。抛射的能源以黑火药代替人力后，“炮”取代了“砲”。

图 1.5 抛石机

1273 年，自动抛石机（图 1.8）在战斗中使用，由于是机械抛射，抛射力的突发性和方向性一致，因此抛射距离远且不受体力限制，发射节奏快，节省人员，威力大，是火炮发展史上的一次革命。

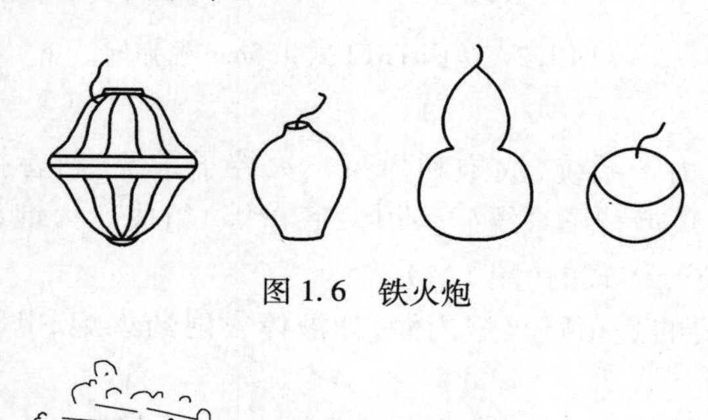

图 1.6 铁火炮

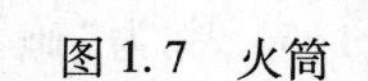

图 1.7 火筒

图 1.8 自动抛石机

2. 滑膛炮时期(14世纪至19世纪中叶)

我国古代金属冶炼铸造技术成就辉煌,催生了火炮的诞生。我国1332年铸造的青铜大炮是已发现的最古老的金属管形武器。该火炮口径106mm,长363mm,重6.4kg。后部有两孔,用于安装耳轴,调节俯仰。尾部有小火眼,用以引燃火药。炮身底端是封闭实体。火药装入管壁较厚的内膛中,炮口填以石弹或金属弹丸。

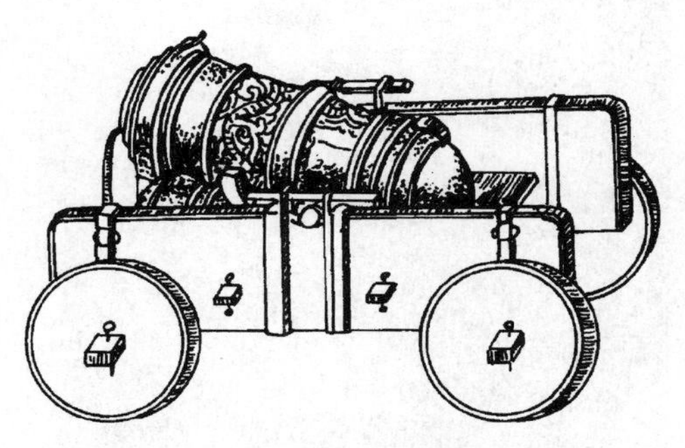

图1.9　威远将军炮

金属管形抛射火器(火炮)的出现,反映了工业和经济的进步,标志着火炮技术实现了第一次质的飞跃。火炮的射程更远,威力更大,使用更安全。这一时期,火炮已广泛用于战场(图1.9)。

火药和火器传到西方以后,欧洲在14世纪上半叶,研制出了一种发射石弹的短粗身管火炮——臼炮。臼炮的威力较大,射程较远,杀伤面积也较大,因此曾被装备到舰船上使用。臼炮出现没多久,就被一种口径较小的长管炮代替,这种炮使用的是从炮口装填的球形实心弹和爆炸弹。15世纪,伽俐略等科学家得出弹丸飞行的轨迹是抛物线形这一正确结论,弹道学开始得到应用。16世纪以前,火炮基本上是不能移动的,火炮的任务几乎都是摧毁工事堡垒或从预定阵地上向进攻之敌射击。阿道弗斯使火炮进入了新的领域,他采用可移动的轻型炮来支援部队。他根据3种不同任务的要求编制火炮部队:攻城火炮、阵地防御火炮和野战炮。

到17世纪,火炮已发展为弹道低伸平直的加农炮和弹道弯曲的榴弹炮两大主类。17世纪以后,古代火炮逐渐向近现代火炮演变。但是,直到19世纪中叶,典型的火炮仍为炮口装填(图1.10)、光滑炮膛并缺乏阻止火炮射击时向后滑退的有效机械装置,发射球形弹,射速小,射程近。因为只靠炮管赋予炮弹飞行的方向,所以,早期这种滑膛炮的射击精度不高。

图1.10　典型的炮口装填火炮

3. 线膛炮时期(19世纪中叶)

1845年,意大利陆军少校G·卡瓦利发明了世界上第一门后装线膛炮,炮管内有两条螺旋膛线,使发射后的弹丸旋转,飞行稳定,提高了射击精度,增大了火炮射程。线膛如图1.11所示。卡瓦利为该炮设计了新型的炮尾、炮闩,实现了炮弹的后膛装填,发射速度明显提高。卡瓦利还一改过去的球形弹丸形状,发明了与后装式线膛炮相匹配的具有圆柱形弹体、船尾形弹尾、锥形弹头的炮弹,这也是世界上最早的与现代炮弹外形相似的卵形炮弹。卡瓦利的一系列发明和设计在火炮发展史上具有极其重要的意义,是古代火炮向现代火炮迈进的关键一步。典型的后装填火炮如图1.12所示。

图 1.11 线膛炮的线膛

图 1.12 典型的后装填火炮

4. 现代火炮(19 世纪末叶以后)

自我国的火药和火器沿着丝绸之路西传之后,在战争频繁和手工业发达的欧洲得到迅速发展。科学技术的进步创造了空前的生产力,同时也推动火炮在结构上发生了深刻的变革。由于此时火炮采用的是刚性炮架,发射时作用在膛底的合力 F_{pt} 直接通过炮架传到地面(图 1.13)。为了消除大炮发射产生的巨大后坐力,19 世纪中叶以前的炮架都做得很重。随着火炮威力不断增大,自身重量也随着剧增,发射时全炮的跳动和后移猛烈,严重影响操作使用。1897 年由德维尔将军、德波渔产上校和里马伊奥上尉 3 人组成的法国炮兵研制小组发明了 75mm 野战炮,采用了具有液压气动式制退复进装置的炮架,称之为弹性炮架。炮身安装在弹性炮架上,发射时作用在膛底的合力 F_{pt}通过弹性炮架的缓冲后,转换成小得多的后坐力 F_R,再传到地面(图 1.14),可大大缓冲发射时的作用力,使火炮射击后不致移位,再也不需要靠人力拉拽使火炮复位了,使发射速度和精度得到提高,并使火炮的重量得以减轻。以后陆续出现几种带有弹簧和液压缓冲装置的弹性炮架的采用,缓和了增大火炮威力与提高机动性的矛盾,并使火炮的基本结构趋于完善。75mm 野战炮还配有瞄准装置,车轮上装有防滑动的刹车装置,已初步具备了现代火炮的基本结构,这是火炮发展过程中划时代的突破。

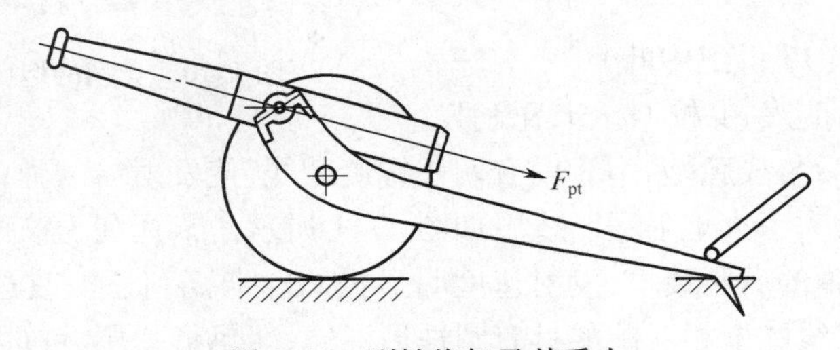

图 1.13 刚性炮架及其受力

火炮从初期的前装式滑膛金属身管和刚性炮架到后装式线膛钢质炮身和弹性炮架,经历了 600 余年的时间,标志着火炮技术实现了又一次质的飞跃,确立了现代火炮的基本架构。

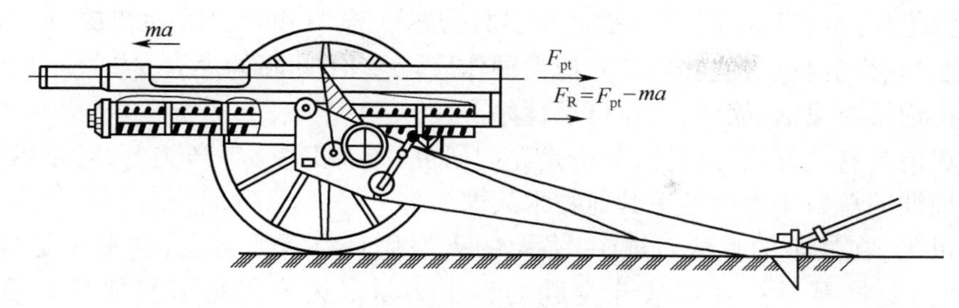

图 1.14 弹性炮架及其受力

跨入20世纪,科学研究步入组织化发展的道路,科学家集中起来对武器进行广泛研究,成果累累,推动火炮快速前进。第一次世界大战中,战场上出现了坦克、军用飞机和军舰,为火炮在这些战斗平台上的应用提供了条件。第二次世界大战及以后的局部战争中,战斗机、导弹相继投入使用,技术兵器的种类日益增多,战场的正面和纵深显著拓展,隐蔽目标、装甲目标、运动目标等层出不穷,火炮自身的作战任务更加繁重,要求不断提高,从而促使火炮继续发展。现在的火炮,已经不仅仅是一个发射装置,而成为一个集目标探测与跟踪、瞄准指挥与控制、火力发射等于一身的火炮系统。

5. 未来火炮

随着高新技术在战场上的大量应用,战争形式在不断发生变化。对火炮的战术技术性能提出新的要求,促使火炮领域也在发生深刻的变化。火炮从初期的前装式滑膛金属身管和刚性炮架到集目标探测与跟踪、瞄准指挥与控制、火力发射等于一身的火炮系统其实只是火炮外延的不断扩展。

随着兵器科学技术的发展以及现代科技在兵器科学中的应用,使得火炮技术成为多种技术的综合体,它涉及能源、机械、材料、控制、光学、电子、通信和计算机等诸多学科。科学技术的发展和战争的需求,不仅进一步扩展火炮外延,而且也将不断拓宽火炮的内涵。新概念、新能源、新原理、新结构、新材料、新技术的应用将促使火炮技术的不断发展。随着时代的发展,将会出现更多的新型火炮。

1.1.3 火炮的主要特点

虽然先进的精确制导武器射程远、命中精度高,具有全天候作战能力,可自动寻的,对目标作战能力强,适于打击纵深目标,对付中高空目标也能取得令人满意的防空效果。但是,各种武器系统都具有其优势和不足,它们之间应是相辅相成,互为补充而不是取代。火炮作为一种常规武器,具有其鲜明特点,在未来战争中仍占有重要地位。火炮主要特点有以下几个方面:

(1) 火炮品种齐全,可以构成地空配套、梯次衔接、点面结合的火力网,不存在射击死角,在部署上受地形制约程度较小,不会出现火力盲区。

(2) 火炮持续作战能力强,对目标的持续作战效果好。

(3) 火炮是部队装备数量最大的基本武器,发射速度快,反应时间短,转移火力迅速,可射击不同方向、多批次、多层次的空袭目标。

(4) 火炮具有抗干扰能力强,受电磁和红外干扰及气候和环境影响较小的特点,可以在干扰环境下稳定工作。

(5) 火炮作为防御武器,具有机动性良好,进入、撤出和转移阵地快捷,火力转移灵活,生存能力较强的特点,能够伴随其他兵种作战,实施不间断的火力支援。

(6) 火炮操纵灵活、简便,工作可靠性好。

(7) 火炮具有良好的经济性,无论是先期研究、工程开发、生产装备,还是后勤保障,其全寿命周期的总费用都远低于其他技术兵器。

由此可见,在战争的直接对抗中,强大的火炮仍具有重要意义,它不仅是战斗行动的保障,而且仍将是最终夺取战斗全胜的骨干力量。火炮仍是未来战争的重要武器装备。

1.2 现代火炮的地位与作用

现代火炮是战场上常规武器的火力骨干,配置于地面、空中、水上各种运载平台上。进攻时用于摧毁敌方的防御设施,杀伤有生力量,毁伤装甲车辆、空中飞行物等运动目标,压制敌方的火力,实施纵深火力支援,为后续部队开辟进攻通道;防御时用于构成密集的火力网,阻拦敌方从空中、地面的进攻,对敌方的火力进行反压制;在国土防御中用于驻守重要设施、进出通道及海防大门。它具有火力密集、反应迅速、抗干扰能力强、可以发射制导弹药和灵巧弹药实施精确打击等特点。荷兰与美国共同研制的近程防御火炮系统称其为"守门员",从中就不难看出火炮在现代战争中的重要作用。

火炮在战争中的地位是显而易见的。自明朝永乐年间我国创建了世界上第一支炮兵部队——神机营以来,火炮在战争的激烈对抗中发展壮大,不久就成了战场上的火力骨干,起着影响战争进程的重要作用。在第一次世界大战中,炮战是一种极其重要的作战方式,主要交战国投入的火炮总数达到7万门左右。第二次世界大战中,苏、美、英、德4个主要交战国共生产了近200万门火炮和24亿发炮弹。著名的柏林战役,苏军集中了各类火炮4万余门,在一些重要战役突破地段,每千米进攻正面上达到了300门的密度,充分发挥了炮火突击的威力,火炮被誉为"战争之神"。在大规模战役中如此,在第二次世界大战后的历次局部战争中,火炮与自动武器的战果依然辉煌。20世纪50年代的朝鲜战争共击落击伤敌机12000架,其中9800架归于高射炮兵的功劳,约占80%;20世纪60年代的越南战争,美军损失飞机900多架,其中80%也是被高射炮毁伤的;20世纪70年代的第四次中东战争,双方共有3000辆坦克被毁,50%是被炮火命中的。

20世纪90年代的海湾战争和巴尔干地区的武装冲突,是以高技术现代化为主要特征的战争,大量使用了各种飞机、电子装备和精确制导武器,新武器的发展和运用,使作战思想、战场上的火力组成和任务分工发生了深刻的变化。战争初期的电子战,高强度的空袭和精确打击,尽管战果显著,但耗费惊人,难以持久。在战争后期的直接对抗中,强大的火炮仍具有重要意义,它不仅是战斗行动的保障,而且仍将是最终夺取战斗全胜的骨干力量。未来战争在空中、海上、地面共同组成的装备体制中,火炮仍然是不可替代的。然而,未来战争也对火炮提出了更高要求。为适应未来战场环境和作战需求,火炮作为炮兵的主要武器装备,其发展趋势将是提高防空反导能力、对装甲目标与中远程地面目标的精确打击能力和快速反应与快速机动能力。其中包括高初速发射技术、高射速技术、火炮新结构与总体技术等。未来战争要求火炮具备以下能力:

（1）不断提高火炮的体系对抗能力，适应未来战争无间隙、有梯次、能协调、适应动态发展、经济性好的需要。

（2）不断提高火炮的纵深打击能力，具有超远程、精确打击能力，强大的杀伤威力。

（3）不断提高火炮的综合作战能力，具有机动作战能力、协同作战能力和自主作战能力，保证战场指挥畅通，反应快速，自主作战。

（4）不断提高火炮的战场生存能力，具有反探测与反干扰功能，隐形功能，进行电子战能力，对制导弹药的防护与对抗能力，三防（核、生、化）能力，对空自卫能力，快速反应与机动能力等。

火炮作为未来战场中武器的重要一员，其发展必须满足未来战争需求。火炮的发展趋势如下：

（1）进一步提高火炮总体综合性能，提高自主作战能力、抗干扰能力、远程精确打击能力等。

（2）进一步提高初速，增大射程，提高远程打击能力。

（3）进一步提高射速，增强火力，提高突袭能力。

（4）进一步提高射击精度、毁伤效果及精确打击能力。

（5）进一步提高自动化程度，缩短反应时间，提高快速反应能力。

（6）进一步提高机动性，增强防护，提高生存能力。

（7）积极开展新概念、新能源、新原理、新材料、新技术、新工艺研究。

火炮的发展与战争以及技术进步密不可分。一方面是需求牵引，即战争的需求是火炮发展的动力；另一方面是技术推动，即科学技术的进步是火炮发展的基础。

1.3　现代火炮技术及其发展

火炮的发展是与战争密不可分的，其发展应适应未来战争的需要。高新技术战争需要火炮远、准、狠、轻、快。火炮技术发展主要围绕着这几个方面进行，主要有火炮系统总体技术、提高初速与射程技术、提高射速技术、轻量化和新结构技术、信息化和控制技术以及新概念、新原理研究等。

1. 火炮系统总体技术

火炮武器系统是以火炮为中心的，因此，火炮系统总体技术不仅涉及火炮本身的相关问题，还涉及火炮武器系统的相关问题。火炮系统总体技术是运用系统工程方法论和计算机辅助技术等实现火炮系统整体性能、效能和效益优化的技术。广义上可以认为，火炮系统总体技术是用系统的观点、优化的方法，综合相关学科的成果，进行所研发的火炮武器系统的总体性能相关的综合技术，其中包括立项论证、战技要求论证、总体方案论证、功能分解、技术设计、生产、试验、管理等。狭义上可以认为，火炮系统总体技术是用系统的观点、优化的方法，综合相关学科的成果，进行所研发的火炮系统的本质方面的设计技术，其中包括系统组成方案、总体布置、结构模式、系统分析、人机工程、可靠性、安全性、检测、通用化、标准化、系列化等涉及火炮系统总体性能方面的设计。

火炮系统总体技术主要包括火炮系统分析与火炮总体设计。

火炮系统分析，就是使用周密、可再现技术确定火炮系统各种方案的可比性能，用系统分析方法来分析火炮系统,寻求系统最优方案。

火炮系统分析方法主要包括系统技术预测和系统评估与决策两个方面。

火炮系统技术预测是预测现有火炮(部件)的特性及行为。火炮系统技术预测方法主要有几何模拟法、物理模拟法、计算机仿真法、虚拟现实法等。

火炮系统的研制过程是一个择优的动态设计过程,又是一个不断在主要研制环节上评价决策的过程。火炮系统的评价决策是对经过多种方法优化提出的多方案的评价;是系统的高层次综合性能评估。

火炮系统总体设计的任务是:提出系统的(功能)组成方案,工作原理;分解战术技术指标,拟定和下达各组成部分的设计参数,确定各组成部分的软、硬界面,软、硬接口形式与要求;确定系统内物质、能量、信息的传递路线与转换关系和要求;建立系统运行和工作的逻辑及时序关系,提出设计要求;进行总体布局设计,协调有关组成部分的结构设计,确定系统形体尺寸、质量、活动范围等界限以及安装、连接方式;组织和指导编制设计文件;组织关键技术、技术创新点的专题研究或试验验证;提出鉴定试验的方案与大纲,组织编写试验实施计划;编制技术资料;负责研制全过程的技术管理。

总体设计方法与技术主要包括系统工程理论与方法、优化方法、计算机辅助设计技术、虚拟样机与虚拟设计技术、可靠性设计技术、总体布置技术等。

火炮系统总体技术主要研究内容包括:火炮武器系统概念研究;系统总体综合与优化技术研究;火炮系统综合电子技术;火炮系统模拟仿真技术;火炮武器系统先期技术演示验证技术;系统性能综合评价技术;系统总体测试技术;火炮总体设计准则与规范。

2. 提高初速和射程技术

提高初速是火炮技术永恒的主题。

对压制火炮,提高初速可以增加射程、增强火力灵活性。对高射炮,提高初速可以增加有效射程(高)、缩短弹丸飞行时间、提高命中概率。对反坦克炮,提高初速可以增加直射距离、提高穿透深度及穿甲威力。

提高初速的主要技术途径:减小弹丸质量;增大炮膛面积;增长身管;增大装药量;减小弹后压力梯度;提高膛压曲线充满度;新发射原理等。

未来战争是脱离接触式,因此“长一寸”就“狠一分”。

提高射程的技术途径:分别从发射药、内弹道、火炮等方面,通过提高初速来提高射程;从减小弹丸阻力角度,通过提高外弹道性能来提高射程;从增强弹丸飞行动力方面,通过火箭增程、滑翔增程等措施来提高射程。

远与准往往矛盾,因此,在提高射程的同时应注意提高射击精度,力求远与准协调发展。

目前,国外正在研制超远程火炮系统。超远程火炮系统的主要技术:提高炮口动能所必需的结构改进,如发射质量增加和装药量增加所带来的药室增大和身管增长等;提高射击精度所必需的结构改进,如弹丸上增加了大量电子设备,使弹丸的过载能力下降。

美海军 MK45Mod4 式 127mm 超远程火炮系统的射程达到 116. 5km,如图 1. 15 所示。

3. 提高射速技术

单位时间内火炮发射弹丸的数量称为火力密度。提高火力密度可以提高命中目标的概率,提高对目标毁伤的效果(对目标毁伤的概率),尤其是提高防空反导的火力密度,可

图 1.15　美 MK45Mod4 式 127mm 超远程火炮系统

以提高自身生存能力。

一般用发射速度来描述火力密度。提高射速可以从提高理论射速和实际射速两方面考虑,主要是提高理论射速。提高理论射速也就是缩短发射一发炮弹所需的循环时间。提高实际射速也就是缩短发射一发炮弹所需的准备时间和操作时间。

提高理论射速的主要技术途径:提高构件运动速度(减轻构件质量、减小运动行程、增加作用力、提高初始速度等);并联循环动作(采用新原理,如转膛、转管等,采用新结构);减少循环动作(采用新原理,如开膛原理、可燃药筒发射、金属风暴等)。

图 1.16　俄罗斯万发炮

对自动炮,已经研制出超高射速火炮,射速达到每分钟万发以上。万发炮可以是专门研制的单门自动炮的射速达到每分钟万发以上,也可能是采用串行发射原理,如金属风暴,还可能是采用并行发射原理,如多炮并联装、多管并联装等。图 1.16 所示为俄罗斯万发炮。

4. 轻量化和新结构技术

"消灭敌人、保存自己"是永恒不变的作战原则。火炮的威力与机动性是一对相互制约的矛盾。解决威力与机动性之间的矛盾是其永恒的主题。火炮轻量化技术就是在满足一定威力的需求下,解决使用方对火炮的重量和体积的要求,并取得良好的射击效果。

火炮轻量化,提高行走能力、对各种运输方式的适配能力,能提高快速反应及时打击敌人的能力;火炮轻量化,可迅速转移、迅速脱离战斗,能提高战场生存能力。

火炮轻量化主要技术途径:创新的结构设计(多功能零部件、紧凑合理的结构布局、符合力学原理的构形等);反后坐技术(弹性炮架、炮口制退器、无后坐原理、膨胀波原理、复进击发原理、最佳后坐力控制技术等);材料技术(高强度合金钢、轻质合金、非金属、复合材料、功能材料、纳米技术材料）等。

超轻型火炮系统是指适应机载、机吊的中大口径常规火炮系统，尤其指适应直升机吊运的中大口径常规牵引火炮系统。例如，UFH 超轻型榴弹炮是世界最轻的 M777 式 155mm 火炮，其战斗全重 3745kg，最大射程 30000km，如图 1.17 所示。

图 1.17　UFH 超轻型榴弹炮

5. 信息化和控制技术

以信息技术为核心的高技术迅速发展，引发出一场世界新军事革命。信息技术成为这场新军事变革的基础和核心。世界新军事变革的核心是信息化，信息化的主体是武器装备的信息化。

数字化是将连续变化的输入信息转化为一串适应计算机处理的分离信息单元。数字化是信息社会的技术基础。

数字化战场是指以信息技术为基础，以信息环境为依托，用数字化设备将指挥、控制、通信、计算机、情报、电子对抗等网络系统联为一体，能实现各类信息资源共享、作战信息实时交换，以支持指挥员、战斗员和保障人员信息活动的整个作战多维信息空间。

数字化部队，即以数字化技术、电子信息装备和作战指挥系统以及智能化武器装备为基础，具有通信、定位、情报获取和处理、数据存储与管理、战场态势评估、作战评估与优化、指挥控制、图形分析等能力，实现指挥控制、情报侦察、预警探测、通信和电子对抗一体化，适应未来信息作战要求的新一代作战部队。

数字化装备，是指具有数字化功能的设备或载有数字化设备的武器平台。

数字化火炮是利用数字化技术武装的火炮。

数字化火炮包括数字化火炮系统武器平台和数字化监控的火炮两方面。

数字化火炮系统武器平台，是指用以计算机为核心的数字化技术装备与指挥人员相结合，能对火炮武器系统实施指挥与控制的“人—机”系统，尤其指装备了 C^4I（指挥、控制、通信、计算机与情报）系统的火炮武器系统。

数字化监控火炮，是指火炮本身的信息化和数字化。利用数字化技术，实现机械化武器平台与信息技术的融合，充分发挥信息化对机械化的带动和提升作用，提供火炮武器系统作战能力。数字化监控火炮主要包括：火炮故障数字化诊断、控制（射前诊断、过程控制、射后预防维修);火炮状态数字化监视、诊断、控制(性能实时测量、分析、控制);火炮性能数字化改进提升(功能部件改造、控制)等。例如,日本正在研制的先进轻型榴弹炮,将微处理器用于火炮,采用了电子控制的制退装置,如果该炮能够定型服役,将是火炮发展史上的一次飞跃,如图1.18所示。

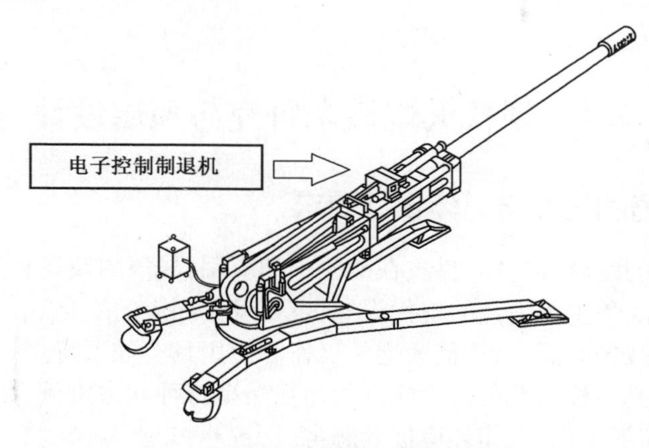

图1.18 日本研制的先进轻型榴弹炮

6. 新概念、新原理技术

火炮的发展是与战争密不可分的。火炮的发展应适应未来战争的需要。未来战争对火炮提出了新要求。

常规火炮发射过程中自身的固有局限性:高膛压、极限初速、威力与机动性之间存在尖锐的矛盾、固体发射药的易毁性和易损性等。

要进一步提高火炮系统的性能,摆脱常规火炮发展所面临的困境,就必须变革常规火炮的发展思维和模式,主动拓宽火炮内涵,积极发展新概念火炮。

新概念火炮,是指运用新原理、新能源、新结构、新材料、新工艺、新设计而推出的、有别于传统火炮系统概念并可大幅度提高作战效能的新式火炮。各种新概念火炮的形成和推出是创新的结果,可以是突破传统火炮系统概念的创新,也可以是在现有制式火炮基础上利用现代高新技术与总体优化技术进行改造而使火炮性能大幅度提高所取得的创新和突破。

新概念火炮的研究,一部分仍处于概念研究阶段,一部分已经进入技术研究阶段。新概念火炮主要有高初速火炮(如轻气炮、随行装药火炮、液体发射药火炮、电炮等)、超高射速火炮(如万发炮、金属风暴、并行发射火炮等)、超远程火炮、超轻型火炮、数字化火炮、其他火炮(如激光炮、粒子束火炮等)。

第2章　现代火炮总体技术

2.1　现代火炮概念研究与顶层设计

2.1.1　现代火炮的特点与总体设计要求

随着科学技术的发展,以及高科技在战争中的应用,战争的模式和战场格局将发生根本性的变化。作为战争主干力量的现代火炮,也要发生相应的变化。

为了适应现代战场的需要,现代火炮的工作和使用具有如下特点:

(1) 现代火炮是一种以发射药为能源的超强功率特种动力机械,在高温、高压、高速、高瞬态、大幅值负荷下工作,工作环境极其恶劣。

(2) 现代战场赋予了现代火炮新的战斗任务,大威力、高机动性、快速反应是基本要求。

(3) 现代火炮是以火力系统为核心,由光学、电子、自动控制与软件系统组成的复杂产品,涉及机械、光学、电子、自动控制、计算机等多学科与技术,是一个复杂的综合体。

(4) 现代火炮不仅要适应在恶劣自然战场环境下工作,还要能在恶劣的人为环境(如电磁干扰、烟幕等)下工作。

(5) 针对现代战争的突发性,现代火炮应具有全天候作战能力,并且储存或训练时间远大于作战使用时间。

(6) 现代战争的规模大、作战时间短,战场上要求使用的装备数量多,战时要求能迅速扩大生产,和平时期与战争时期要有机结合,平时应积极开展先进技术研究和先进装备研制,增强技术储备。

根据现代火炮的特点,要求火炮总体设计时应考虑如下几点:

(1) 在满足战术技术指标的前提下,要求火炮性能的先进性、可靠性与经济性兼顾。

(2) 重视环境适应性设计。

(3) 做好人机系统论证设计,把人与火炮作为一个系统,借助人机工程学的研究成果,以人为本,从人、机器和环境三者之间的适应与协调去研究设计。

(4) 技术研究和装备研制都应站在发展的高度,预留发展余地。

2.1.2　火炮总体设计的地位和作用

1. 火炮总体设计的地位

(1) 总体是设计的第一道工序和最后一道工序;设计从总体出发,最终回到总体。

(2) 总体在设计过程中始终处于不可动摇的统帅地位。

(3) 总体在设计过程中始终处于核心位置,是不断变化的。所有设计围绕总体进行,由简到繁由粗到细,逐步完善。

2. 火炮总体设计的主要作用

1）火炮总体设计具有承上启下的作用

（1）火炮总体设计是根据上级指令和用户要求，指挥设计。

（2）火炮总体设计始终把握着设计全过程。

（3）火炮总体设计从技术上按科学体系及需求，在一定继承性上创新。

2）火炮总体设计具有驾驭全局的作用

（1）火炮总体设计是保证质量的关键，包括保证产品性能、质量、可靠性、可信性以及经济性、进度等。

（2）火炮总体设计是火炮设计的保障技术，包括把握研制的重点、难点、研制风险和进程以及把握冻结技术状态时机。

3）分解综合技术的作用

（1）火炮总体设计不仅分解技术和问题，还要对研制工作以及参研单位进行明确分工，落实责任制。

（2）火炮设计是一个整体，火炮总体设计不仅指挥协调研制工作，组织系统评审，更重要的是组织对技术难点和重点的联合攻关。

4）优化决策的作用

（1）火炮总体设计负责监管火炮各分系统及零部件的设计与研制，要求火炮各分系统及零部件的设计与研制尽可能做到局部优化。

（2）火炮设计最终实现战术技术指标，火炮总体设计必须站在总体高度，保证火炮各分系统及零部件的设计与研制符合整体利益，所有设计都必须有利于提高火炮总体性能。

（3）战术技术指标以及设计方案许多都是矛盾的，火炮总体设计主要是进行优化决策、调和矛盾、扬长避短，有利者取其重，有弊者择其轻。

5）匹配协调的作用

（1）火炮设计是一项极其复杂的工作，涉及的技术、单位和人员较多，工作头绪也较多，火炮总体设计实际上有很大一部分工作是系统管理工作，管理和协调设计工作中涉及到的方方面面。

（2）火炮总体设计主要是技术匹配与协调，尤其是接口技术的匹配与协调。

2.1.3　火炮总体设计的任务和内容

火炮总体设计始于新火炮的方案阶段，并贯穿于火炮研制的全过程。它侧重处理火炮全局性的问题。在方案阶段，根据上级下达的战术技术指标，分析可行的技术途径和技术难点，进行总体论证，对形成的若干个总体初步方案进行对比、评价决策和遴选；在工程研制阶段，运用参数分析、系统数值仿真、融合技术等方法，指导部件设计，侧重解决部件之间的接口、人机工程、可靠性、可维修性、预留发展、系统优化和可生产性等问题；在设计定型阶段，要考核火炮各项性能，还要继续处理新发现的问题。部件设计侧重解决具体技术问题，保证布局、结构、性能满足总体的要求。

火炮研制的技术依据是军方（或需方）的战术技术指标。战术技术指标是对火炮功能与战术性能的要求。

1. 总体设计的任务

我国目前把火炮的研制过程分成5个密切联系的阶段。在方案阶段,新火炮已经进行了包括功能组成、结构与布局等总体和重要组成部分的多方案论证和评价,并经上级决策选择一个方案转入工程研制。因此,可以说火炮的总体与全局性设计主要是在方案阶段完成的,也是总体工作最为复杂和繁重的阶段,将决定工程研制阶段的技术进展与风险大小,决定产品的技术品质。方案论证和评价工作的深入与翔实、结论的可信度以及决策的准确性是十分关键的,是整个产品研制中的关键阶段。这个阶段形成的方案与设计是产品研制最早期的设计,在新技术采用较多以及经验相对不足时,设计者经常看不清设计系统中一些功能与所采取措施间的函数关系或必然联系,特别复杂的产品更是如此。方案论证中以及后续研制阶段中必然要反复协调修改与逐次迭代。

在分析研究战术技术指标的基础上,总体设计的任务如下:

(1) 提出火炮的(功能)组成方案、工作原理。

(2) 分解战术技术指标,拟定和下达各组成部分的设计参数,确定各组成部分的软、硬界面,软、硬接口形式与要求。

(3) 确定系统内物质、能量、信息的传递或流动路线与转换关系和要求。

(4) 建立系统运行和工作的逻辑及时序关系,对有关模型和软件提出设计要求。

(5) 进行总体布局设计,协调有关组成部分的结构设计,确定系统形体尺寸、质量、活动范围等界限以及安装、连接方式。

(6) 组织和指导编制标准化、可靠性、维修及后勤保障、人机工程等专用大纲、专用规范等设计文件。

(7) 组织关键技术、技术创新点的专题研究或试验验证,对关键配套产品、器件、材料进行调研落实,对关键工艺与技术措施进行可行性调研与分析,并提出落实的建议。

(8) 提出火炮工厂鉴定试验的方案与大纲,组织编写试验实施计划,组织火炮的试验技术工作。

(9) 编制火炮总体设计、试验、论证等技术资料。

(10) 负责研制全过程的技术管理。

2. 火炮总体设计的一般原则

总体设计的原则是以低成本获得火炮的较佳综合性能,获得较高的效费比。为达到此目的,在系统构成选择、总体构形与布局、设计参数确定等方面有以下一些原则:

(1) 着眼于系统综合性能的先进性。在总体方案设计、选择功能组成时不只是着眼于单个组成性能的先进性,更注重组成系统综合性能的先进性。

(2) 在继承的基础上创新。在满足战术技术指标前提下,优先采用使用成熟技术和已有的产品、部件。结合实际情况,充分利用和借鉴现有相关技术的最新研究成果,积极开拓思路,进行技术创新,改进现有产品或进行创新设计。但是,一般采用新技术和新研制部件应控制在一定的百分比之内,比例过大将会增加风险和加长研制周期。

(3) 避免从未经生产或试验验证的技术或产品系统中获取关键数据。

(4) 从设计、制造、使用全过程来研究技术措施和方案的选取。综合考虑实现战术技术指标,并满足可生产性、可靠性、维修性、训练与储存等各有关要求,从初始设计起将上述问题纳入设计大纲和设计规格说明书中,譬如新火炮设计不但要考虑维修性,而且要尽量利用已有的维修保养设施。可维修性考虑不周,问题积累多,可能造成装备实际上不可用的严重后果。

(5) 注意标准化、通用化、系列化与组合化设计。在总体设计时,应当与使用方和生产企业充分研究标准化、通用化、系列化的实施,对必须贯彻执行的有关国家和军用标准,应列出明细统一下发,对只需部分贯彻执行的,则进行剪裁或拟定具体的大纲。充分重视组合化设计。

(6) 尽量缩短有关能量、物质和信息的传递路线,减少传递线路中的转接装置数量。

(7) 在技术方案设计完成后应认真编制制造验收技术条件及相关的检测、验收技术文件,进行综合试验设计并拟定试验大纲。

(8) 软件是火炮的重要组成部分,对它的功能要求、设计参数拟定、输入与输出,与有关组成的接口关系,检测与试验设计,应按系统组成要求进行。

3. 火炮总体设计的主要内容

1) 方案论证

方案论证对后续工作有重要影响,方案论证充分则事半功倍;否则后患无穷。方案论证主要包括以下主要内容:

(1) 技术指标,可以分为可以达到的技术指标、经努力可能达到的技术指标、可能达不到的技术指标及不可能达到的技术指标。

(2) 关键技术,包括需采取的技术措施,需专项攻关的问题。

(3) 必要的实物论证,包括弹道、供输弹系统、反后坐装置、总体布置、随动系统、火控系统、探测系统等考核性试验。

2) 样炮方案设计

样炮主要有原理样炮、初样炮、正样炮、定型样炮等。样炮方案设计主要包括以下内容:

(1) 系统组成原理(框图),采用黑匣子设计原理,串行设计与并行设计相结合,合理管理。

(2) 性能指标的分解与分配。

(3) 结构总图(由粗到精)。

(4) 各子系统的界面、接口的划定及技术协调、仲裁。火炮参数是多维的(三维空间、时间、质量、环境条件、电、磁等),接口技术原则是适配、协调、安全、可用、标准。接口界面有物理参数(相关作用、匹配管理)、结构适配(干涉)、时序分配、电磁屏蔽、软件(可靠性、兼容性、稳定性等)。

3) 组织实施系统试验

策划全系统的以及关系重大的各种试验,并组织实施,获取多种有用的试验数据,进行处理分析,对试验结果进行评估。

4) 系统设计规范化、保证技术状态一致性

适时地下达设计技术规格说明书,确保技术状态一致性及可追溯性。

5) 组织设计评审

组织和主持全系统和下一层次的设计评审。

6) 技术文件及管理

拟定各类技术管理文件,并具体落实到位,实施管理。

4. 火炮总体设计要解决的主要问题

1)选定系统组成

战术技术指标大体上确定了火炮组成的基本框架。但由于某些功能可以合并或分解,因而可以设计或选择为一个或两个功能部件,又由于许多功能部件或产品有多种不同形式或结构,加上设计者可以根据需要进行创新,如功能合并或分解、结构形式或工作原理的不同等,所以可以有不同的组成方案。只有针对具体的组成方案才能进行战术技术指标的分解,并对具体组成部件提出为保证对应指标实现的具体设计参数。

不同国家的许多同类火炮,功能和指标相近,但具体组成部件的数目不尽相同,同功能部件的结构形式不同,因而在总体结构与外观上有十分显著的区别。在它们之间性能相近时,体现了一种设计风格;如果性能指标有高低之别,则体现了设计水平。所以选定系统组成时在实现战术技术指标的前提下,应从总体与组成部件,各组成部件之间的结构、工作协调以及经济性、工艺性等各个方面综合权衡。在满足功能和指标要求的前提下,尽量选用成熟部件或设计,经加权处理后,一般新研制部件以不超过30%左右为宜。

选定系统组成是总体工作的初始工作,它与指标分解、设计参数拟定、总体结构和布局与接口关系等一系列总体工作有关,是一个反复协调的过程。

2)分解战术技术指标与确定设计参数

把战术技术指标转化为火炮组成部分的设计参数,是满足战术技术指标、提出系统组成及有关技术方案的重要工作。例如,火炮的远射性指标有最大射程、或直射距离、或有效射高等,这项战术技术指标通过外弹道设计将转化为弹丸的初速。内弹道设计把初速转化为身管长度、药室尺寸以及发射药品号、药形、装药量等一系列身管、发射装药的设计参数。对一定质量的弹丸,达到一定初速,可以有不同的内弹道方案,所以战术技术指标分解为有关设计参数,形成技术措施时是多方案的。一项战术技术指标转化成各层次相应的设计参数时,有些参数还受其他战术技术指标的制约,如弹形不仅和射程有关也和散布有关,这种相互制约表示了火炮各组成部分的依从和制约关系。所以分解转化战术技术指标必须全面分析,注意保证火炮的综合性能,而不能只从一项指标考虑。

在实际工作中,战术技术指标有可分配和不可分配两类。例如,系统的质量在经过分析或类比有关设计后,可向低层次逐层分配,为可分配参数。而贯彻标准化、通用化、系列化、组合化的要求将直接用于有关组成部分,并不分配或不可分配。可分配战术技术指标还分为直接分配类和间接分配类。前者如火炮从接到战斗命令,到完成一切射击准备的反应时间,可直接按一定比例分配到有关组成环节上;后者如射程、环境条件,要通过各种可能措施的分析,选定有关组成的设计参数。战术技术指标的分解、转化都将从分析、分配过程中找出实现战术技术指标的关键和薄弱环节。

战术技术指标分解、设计参数的确定与系统组成的选定是密切相关的,实际上是对组成方案的分析和论证,并在各组成的软、硬特征上进一步细化和确定。这项工作是由总设计师统一组织,在组成系统的各层次,由各级设计师同时进行的,是火炮方案设计、总体设计的重要环节。

系统中指标分配主要是射程与射弹散布、反应时间、射击诸元求解与瞄准误差、射速、质量等,通过分配将基本确定了火炮的软、硬特性。

战术技术指标分解与转化后应形成一个火炮按组成层次形成的技术设计参数体系，它将反映指标分配与方案论证的过程，是火炮设计的基础，也是制订各层次设计规格说明书的基础。

3）火炮的原理设计

与火炮组成和战术技术指标转化工作同时进行的工作是原理设计，主要解决以下问题：

（1）火炮各功能组成间能量、物质、信息传递的方向和转换，各功能组成间的界限与接口关系。

（2）系统的逻辑与时序关系。

（3）模型或软件的总体设计。

火炮的各功能结构在工作时要按一定的顺序，有一定的持续时间，与其前行或后继的功能结构间有能量、物质、信息等的传递和转换。在功能组成设计、战术技术指标分解的同时，必须将各功能组成的上述关系一一弄清，才能形成完整的火炮功能，包括各种工作方式的设计。

以现代自行加农榴弹炮为例，它由火力、火控、底盘3个主要分系统和有关装置组成，包含信息接收与发送装置、观察与瞄准镜、导航定位装置、火炮姿态测量装置、火控计算机、随动系统、全自动供输弹装置、弹丸初速测量与发射药温测量等传感器、引信装定装置、能源站、三防装置、灭火抑爆装置、战斗舱空调装置等。在原理设计时要解决以下问题：

（1）在全自动、半自动、手动3种工作方式时各有哪些功能机构参加工作，具有什么样的转换方式。

（2）在各种工作方式下，包括信息传递、能源供应等在内，各功能机构工作的顺序、时间分配。

（3）有关信息的转换关系，如依据大地坐标求解目标射击诸元，构建何种模型，由何种途径变为火炮对射击平台的装定量。

（4）火炮各功能机构与仪器用电体制的协调、器件选择、能源分配设计。

（5）火控计算机工作内容、模型与软件设计原则。

（6）功能结构件的软、硬接口。

火炮原理设计主要以方块图表示，在各方块之间有表明传递性质或要求的连线，此外有流程或逻辑框图来表明工作逻辑关系。时序图是协调处理时间分配的主要手段。

4）总体布置与结构设计

确定火炮的总体布置是各种火炮设计的重要环节，与火炮中主要装置或部件的结构、布局直接相关，应从火力部分以及一些最主要的关键装置或部件的结构选择开始。对自行火炮而言，首先是火炮及炮塔结构与布局；其次是发动机布局与底盘结构设计。例如，多管自行高炮炮塔是按中炮还是边炮布局，容纳几名炮手，对整个火炮形式与有关仪器设备的布局与连接均带来很大的不同。

火炮的总体布置要做到全系统的部件、装置在空间、尺寸与质量分布上满足火炮射击时的稳定，各部件受力合理等有关要求，还应使勤务操作方便，动力与控制信号传输路程短，安装、调试、维修方便并减少分解结合工作，减少不安全因素等。

要满足上述要求是不容易的,因为总体布局与有关结构设计是在有空间、质量等各种限制条件下进行的,许多要求之间是矛盾的。

在总体布置中各个装置或部件要考虑以下几点:

(1) 各装置或部件的功能及相关部件的适配性、相容性。

(2) 温度、湿度、污物、振动、摇摆等引起的影响。

(3) 可靠性。

(4) 安装方式与空间。

(5) 动力供应。

(6) 控制方式与施控件联系。

(7) 向外施放的力、热、电磁波等。

(8) 操作、维修、检测要求。

5) 火炮总体性能检验、试验方法及规程、规范的制定

火炮设计中对于人机工程、操作勤务、维修保养、安全与防护各方面要求,应有详细的设计规范或参考资料。

在结构设计时除使用计算机辅助手段设计平面布置图、各种剖视图、三维实体与运动图外,对特别难以布置或特别重要的结构布置,按比例或同尺寸实体模型进行辅助设计是必要的。

2.2 现代火炮系统分析与评估

2.2.1 火炮系统分析的任务

火炮系统分析就是用系统分析方法来分析火炮,寻求最优方案。火炮系统分析,是使用周密、可再现技术来确定火炮各种方案的可比性能。

火炮系统分析的任务如下:

(1) 向火炮设计决策者提供适当的资料和方法,帮助其选择能达到规定的战术技术指标的火炮方案。

(2) 对火炮设计的不同层次进行分析,提供优化方案。

(3) 对火炮的发展、选择、修改、使用提出改进意见。

系统分析者应该不带偏见,进行公正的技术评估。因此,在进行火炮系统分析时,必须注意系统分析的要素,具体如下:

(1) 目标。系统分析的主要任务和目标必须明确。

(2) 方案。系统分析的目的是选择优化方案,必须进行多方案比较。

(3) 模型。系统分析确定的是各种方案的可比性能,必须建立抽象的模型并进行参数量化。

(4) 准则。系统分析的过程是选优过程,必须实现制定优劣评判标准。

(5) 结果。系统分析的结果是得到最优方案。

(6) 建议。系统分析的最终结果是提出分析建议,作为决策者的参考意见。

系统分析是对系统可比性能进行分析,系统的性能一般应转化为数量指标。为了对

火炮进行系统分析,通常将火炮的主要战术技术指标转化为火炮综合性能指标。火炮综合性能指标主要有效费比、威力系数、金属利用系数和冲量系数等。

2.2.2 火炮系统分析方法

火炮系统分析方法主要包括系统技术预测和系统评估与决策两个方面。

1. 系统技术预测

火炮系统技术预测是预测现有火炮(零部件)的特性及行为。火炮系统技术预测方法主要有几何模拟法、物理模拟法、动力学数值仿真法及虚拟样机仿真法等。

几何模拟法是从结构尺寸上,用模型模拟实体,可以是实物几何模拟,如木模等,也可以是计算机实体造型,主要分析实体的造型、结构模式、连接关系等。

物理模拟法是根据量纲理论,用实物或缩尺模拟实物的动态特性。

动力学数值仿真法是应用动力学理论、建立数学模型,应用计算机求解、分析火炮系统动态特性,并用动画技术进行动态演示。

虚拟样机仿真法是利用多媒体技术,造就和谐的人机环境,创造崭新的思维空间、逼真的现实气氛,模拟系统的使用环境及效能。

目前应用较广泛的是火炮动力学数值仿真和虚拟样机仿真。

1) 火炮动力学数值仿真

火炮动力学数值仿真是在计算机和数值计算方法发展的条件下形成的一门新学科。我国在火炮设计中使用动力学仿真代替刚体静力学分析是从20世纪80年代开始的。目前火炮的动力学分析、动力学设计、动态模拟和动力学仿真以及有关的试验、测试研究已具备了相当的水平,对火炮的研制、开发起到积极的推动作用。

在总体与重要构件设计中,动力学数值仿真主要解决以下问题:

(1) 已知力的作用规律和火炮的结构,求火炮一定部位的运动规律。

(2) 已知力的作用规律和对火炮运动规律的特定要求,对火炮结构进行修改或动态设计。

(3) 已知力的作用规律和火炮的结构,求力的传递和分布规律。

例如,自行火炮行进间射击时,路面的响应对射弹散布影响分析;火炮动态特性优化设计;以减小火炮炮口动力响应为目标(跳动位移、速度、侧向位移、速度、转角及角速度等),找出主要影响因素,进行结构的动态修改等。

火炮动力学数值仿真的一般步骤如下:

(1) 根据火炮的结构特点和仿真要求确定基本仿真方案。

(2) 建立基本假设,进行模型简化。

(3) 对火炮进行运动分析和动力学分析,建立动力学仿真数学模型,包括参数获取。

(4) 编制和调试火炮动力学数值仿真程序。

(5) 针对典型火炮进行动力学数值运算,求解结果。

(6) 分析结果,验证模型、程序和方法的正确性。

(7) 进行火炮动力学数值仿真试验,预测火炮行为及其特性。

火炮动力学数值仿真最关键是建立数学模型。一般在对研究对象深入理解和分析的基础上,用多刚体动力学方法建立火炮动力学仿真数学模型。多刚体系统动力学是古典的刚体力学、分析力学与现在的计算机相结合的力学分支,它的研究对象是由多个刚体组成的系统。多刚体动力学方法是常见的动力学仿真方法,其基本思想是把整个系统简化为多个忽略弹性变形的刚体,各个刚体之间利用铰链或带阻尼的弹性体连接,根据各刚体的位置、运动关系和受力情况建立相应的全系统动力学方程。

火炮动力学数值仿真常用的多刚体动力学方法有拉格朗日方程法、凯恩法、牛顿—欧拉法、罗伯逊—维登伯格(R-W)法、力学中的变分法和速度矩阵法等。

2) 虚拟样机仿真

火炮虚拟样机仿真是结合火炮动力学分析方法和运用有限元方法,通过三维计算机虚拟模型,对火炮及其主要关键结构进行基于有限元的刚强度分析和基于刚体动力学的动力响应分析,预测火炮及其主要关键结构的动态行为和特性。通过火炮虚拟样机仿真可以预测火炮的动态特性、系统精度以及系统动态刚强度等直接影响火炮性能和状态的理论结果。

火炮动力学虚拟样机仿真研究中关键是解决两个主要技术问题:模型的准确性和模型所需的原始参数的准确性。为此,在进行理论研究的同时,需要建立相应的试验条件来检验和校准动力学模型的准确性。

由于现代火炮随着现代科学技术的发展变得越来越复杂,建立一个能考虑各种因素在内的精确的火炮动力学虚拟样机几乎是不太可能的。为此,在建立火炮动力学虚拟样机时应根据火炮系统的特点,抓住要害,在前人研究的基础上,应重点考虑以下几点:

(1) 火炮机电系统的耦合问题。

(2) 火炮系统动力学中的非线性问题。

(3) 火炮系统的动态响应问题。

(4) 火炮结构的性能控制问题。

火炮动力学虚拟样机仿真的一般步骤如下:

(1) 根据火炮的结构特点和仿真要求确定基本仿真方案。

(2) 建立基本假设,进行模型简化。

(3) 建立火炮三维实体模型。

(4) 获取各种几何参数和动力参数,如重量、重心位置、转动惯量等。

(5) 建立虚拟样机仿真模型,包括仿真方法、约束、边界条件、受力状态等,对于非标准型约束条件、边界条件及受力状态等,应开发嵌入式模块。

(6) 选用适合的通用软件平台,进行火炮动力学仿真运算,求解结果。

(7) 分析结果,验证模型和方法的正确性。

(8) 改进设计,进行火炮动力学虚拟样机仿真试验,预测火炮行为及其特性。

某自行火炮的虚拟样机如图 2.1 所示。它由以下几部分组

图 2.1 某自行火炮的虚拟样机

成:后坐部分、起落部分、回转部分(炮塔)、底盘车体和行动部分(包括平衡肘、负重轮和履带)。后坐部分通过反后坐装置与摇架相连接,它们之间的连接特性由反后坐装置的特性确定;起落部分通过高平机与炮塔顶部相联系,并通过耳轴与托架相联系;回转部分(炮塔)通过座圈与底盘相联系;底盘车体与行动部分通过悬挂系统相联系。系统中各零部件所处的装配位置就决定了该部件在系统动力学模型中所属的部分,因而,这就为模型中动力参数的计算划定了界限。系统的连接特性由实际结构的连接特性所确定。

火炮的虚拟样机仿真的主要目的是了解、分析发射过程中火炮各部件的响应,并由此计算相应的各部件的受力关系,为后续火炮性能分析奠定基础。例如,通过对火炮动力学虚拟样机,仿真预测火炮从发射到弹丸出炮口时火炮系统的响应;为了研究不同偏心距对炮口扰动的影响,仿真预测出不同偏心距炮口点的俯仰角速度与没有偏心时相应火炮炮口点的角速度之比,可以得出偏心距越大,炮口点的响应也就越大的结论。

2. 系统评估与决策

火炮的研制过程是一个择优的动态设计过程,又是一个不断在主要研制环节上评价决策的过程。火炮的评价决策与研制过程中结构优化设计不同处在于:它是对经过多种方法优化提出的多方案的评价;它是系统的高层次综合性能评估。决策的目的和任务是合理决定火炮的战术技术指标,选择方案,以最经济的手段和最短的时间完成研制任务,因此要有评价方法。显然,评价方法应能对被评系统作出综合估价(综合性),同时评价的结果应能反映客观实际并可度量(代表性和可测性),最后方法应简单可行(简易性)。

火炮全面评价(不再区分方案与产品),应是性能(或效能)、经济性(全寿命周期费用)两方面的综合评价,即通常所说的“效费比”。根据需要,性能和经济性评价也可分开进行。

评价作为一种方案的选优方法或者作为提供决策的参考依据,不可能是绝对的。但评价方法的研究会促使决策的科学化,使考虑的问题更加有层次和系统,减少盲目性和片面性。

火炮系统评估与决策方法主要有效费比分析法、模糊评估法、试验评价法等。

1) 效费比分析法

效费比分析法也称综合指标法,是对能满足既定要求的每一火炮系统方案的战斗效能和寿命周期费用进行定量分析,给出评价准则,估计方案的相对价值,从中选择最佳方案。

效费比分析法主要用于 3 个方面:

(1) 从众多方案中选择最佳方案。

(2) 定量分析所选方案的相对价值。

(3) 分析技术改进对系统的影响以及技术改进方向。

效费比分析的主要内容包括:任务需求分析;不足之处和可能范围分析;使用环境分析;约束条件分析;使用概念分析;具体功能目标分析;系统方案分析;系统特性、性能和效能分析;费用分析;不定性分析;最优方案分析;预演;简化模型;效能与费用分析报告等。

效费比分析的关键是模型的建立及其定量化描述。

火炮效费比分析法的实质是建立一个能客观反映火炮性能主要因素间关系的、可以量化的评价指标体系,用以评估火炮的综合性能,并引入火炮效能概念,在估算或已知有关费用(成本或全寿命周期费用)的条件下对火炮进行效费分析。

火炮的效能与火炮对目标的毁伤能力、射击能力、可靠性及生存能力等综合在一起,建立起相关的数学模型,通过计算得到量化结果。目前尚未有适用于不同火炮的通用方法(主要指评价指标体系的组成与有关能力的定义和所含因素等),因此分析模型也因产品而异。

近来对自行高炮与加榴炮系统,有关单位经研究提出了评价指标体系的建立方法。把火炮系统的效能视为火力、火控、运载、防护各分系统效能的总和,各分系统的效能均包括3项基本能力,分别求得其3项基本能力的加权系数,每项能力由若干层次相关的具体性能参数组成。利用有关模型逐步求得各基本能力。

火炮全寿命周期费用估算模型为

$$C_0 = \sum C_i$$

式中 C_0 ——火炮全寿命周期总费用;

C_i ——火炮全寿命周期中某个项目的费用。

火炮效能的数学模型为

$$E = \boldsymbol{ADC}_{\mathrm{a}}$$

式中 E ——火炮效能;

$\boldsymbol{A}$ ——有效性(战备状态,即火炮开始执行任务时处于某种状态的能力)向量;

$\boldsymbol{D}$ ——可信赖性(火炮在完成某种特定任务时,处于某种状态并完成有关任务的能力)矩阵;

$\boldsymbol{C}_{\mathrm{a}}$ ——性能(即火炮完成任务的能力)矩阵。

建立火炮效能的数学模型的关键是 $\boldsymbol{A}$、$\boldsymbol{D}$、$\boldsymbol{C}_{\mathrm{a}}$ 的量化。按系统效能模型,可以计算出系统效能。按系统费用模型,可以计算出系统费用。按系统效费比的定义,可以计算出系统效费比。

2) 模糊评估法

模糊评估法是应用模糊理论对系统进行评估选择较优方案。火炮中常有一部分定性要求,如结构布局、外形、使用操作方便等无法定量评价,只能以好、较好等模糊概念评价。模糊数学评价实质是将这些模糊信息数值化进行评价的方法。这种方法对系统复杂,评估层次较多时也很适用。

设有方案集 $V \in R^m$,因数集(性能集) $U \in R^n$,由 U 到 V 的关系(隶属度) $R \in R^m$ 。今要求的性能为 $X \in U$,进行模糊运算 XR ,则可以得到对各方案的评估结果 $Y \in V$,即

$$Y = XR$$

模糊评估法的关键是隶属度的确定,即将用自然语言表述的各方案的性能关系(模糊的)进行数量化(确定的)。确定各方案的性能关系,一般可以采用专家评估法(专家评估法也可以作为独立评估法使用)。

专家评估法又分为名次计分法、加权计分法等。

名次计分法,是一组专家对 n 个方案进行评价,每人按方案优劣排序,按最好 n 分,最劣1分,依次排序给分,最后把各方案得分相加,总分最高者为最佳。对专家意见的一致性可用一致性(或收敛性)系数检验。系数是1~0之间的数,越接近1越一致。

加权计分法,是以评价的各个目标为序,邀请若干专家对方案评分,经处理求得总分

后，对各方案作出评价。评分可按 10 分制，以不可用为 0，理想为 10，依次按类似于不能用、缺陷多、较差、勉强可用、可用、基本满意、良、好、很好、超出目标、理想等评价级别给分；或按不能用、勉强可用、可用、良好、很好级别以 5 分制给分。如果评价各指标有指标要求值，则可按最低极限值、正常要求值、理想值给 0、8、10 分(5 分制给 0、4、5 分)之后，用三点定曲线的方法，从曲线上找出被评系统相应指标值的对应分数。为避免专家个人因素影响，常取各专家评分的平均值或去掉最高分和最低分后的平均值为对方案各指标的得分。对方案评价时应确定评价目标并加权。加权可由专家集体研讨确定各评价目标权值，各评价目标权值之和为 1。或由专家议定判别表，计算各目标加权系数(权值)，将各评价目标对应的方案分加权后求和得总分。

3）试验评价法

在火炮研制中，当某些技术、设计方案最终产品必须通过试验后才能作出评价时，采用试验评价法。试验评价法大致可以分鉴定试验、验证试验和攻关试验 3 种类型。

(1) 鉴定试验。它是对最终产品的各项功能，按照经批准的有效的试验方法或试验规程进行试验，根据试验结果，评价被鉴定产品与下达的战术技术指标的符合程度，并作出结论，称鉴定试验。鉴定试验在设计定型和生产定型阶段，是做出能否定型的主要依据；在方案阶段是带有总结性的重要工作；对重大的改进项目，是决定取舍的依据。我国已制订了一系列作为国家和行业标准的试验法，是进行鉴定试验必须遵守的法规。

(2) 验证试验。它是当一项新原理、新方案形成后，借助理论分析和计算仍不能完成评价和决策，而必须通过试验，取得结果才能评价、决策时，所进行的试验称为验证试验。在方案构思和探索过程中，这是十分重要的工作。验证试验根据试验内容可以是实物、半实物或数字仿真试验，也可以是射击试验。验证试验一般都需要有实验装置或技术载体。

(3) 攻关试验。它是当研制工作碰到重大的技术难题，靠理论分析和计算难以或不可能进行定性，特别是定量分析而不得不借助试验时，这类试验称为攻关试验。进行攻关试验的关键是试验设计，合理的试验设计能迅捷地、经济地完成试验，达到预期的目的。攻关试验根据内容或运用现有的试验条件和措施，或部分、或全部更新；可以在实验室或厂房内，也可以在野外进行。

在火炮的总体设计中，除了应用理论、方法和技术以外，还应重视贯彻和执行相关的技术标准，重视运用各类指导性的文件、资料、手册、通则。这是十分重要的。因为它们都是大量实践经验的总结，代表了相应时期的科学技术发展水平。对它们的执行和运用，可以避免个人经验的局限和水平的制约，还可以使设计人员把精力集中在关键问题的创造性劳动上，避免不必要的低水平重复劳动。

2.3　现代火炮虚拟设计与验证

2.3.1　火炮虚拟样机技术

虚拟样机技术是一门综合多学科的技术，它是在制造第一台物理样机之前，以机械系统运动学、多体动力学、有限元分析和控制理论为核心，运用成熟的计算机图形技术，将产品各零部件的设计和分析集成在一起，从而为产品的设计、研究、优化提供基于计算机虚拟现实的研究平台。因此虚拟样机亦被称为数字化功能样机。

虚拟样机技术不仅是计算机技术在工程领域的成功应用,更是一种全新的机械产品设计理念。一方面,与传统的仿真分析相比,传统的仿真一般是针对单个子系统的仿真,而虚拟样机技术则是强调整体的优化,它通过虚拟整机与虚拟环境的耦合,对产品多种设计方案进行测试、评估,并不断改进设计方案,直到获得最优的整机性能;另一方面,传统的产品设计方法是一个串行的过程,各子系统的设计都是独立的,忽略了各子系统之间的动态交互与协同求解,因此设计的不足往往到产品开发的后期才被发现,造成严重浪费。运用虚拟样机技术可以快速地建立多体动力学虚拟样机,实现产品的并行设计,可在产品设计初期及时发现问题、解决问题,把系统的测试分析作为整个产品设计过程的驱动。

火炮虚拟样机是可以代替火炮原型样机的计算机数字模型,也即在火炮虚拟样机平台上,可以进行火炮武器的外形展示、性能仿真、测试和评估。火炮虚拟样机一般具备以下功能:①火炮武器系统的总体设计,包括战术技术指标的分解、总体方案的匹配优化、总体方案的评估等;②火炮武器的外形展示,提供逼真的三维立体环境,考察火炮的合理性、操作可达性、维修性、人机工程,以及确定管路、电缆走向和实际尺寸等,为构思合理的火炮总体布置方案做技术性准备;③武器系统的刚强度计算分析,包括底盘、炮塔、托架、耳轴以及全炮在射击状态下的应力、应变分布,为武器系统的结构设计提供理论依据;④火炮发射动力学仿真,对全炮运动、受力和振动环境进行预测和评估;⑤武器作战效能评估;⑥火炮的行军、操瞄和发射的虚拟现实显示。

火炮虚拟样机系统一般由火炮数据库系统、协同设计支持系统、火炮图形系统、火炮性能仿真系统和火炮虚拟现实系统等 5 部分组成,如图 2.2 所示。

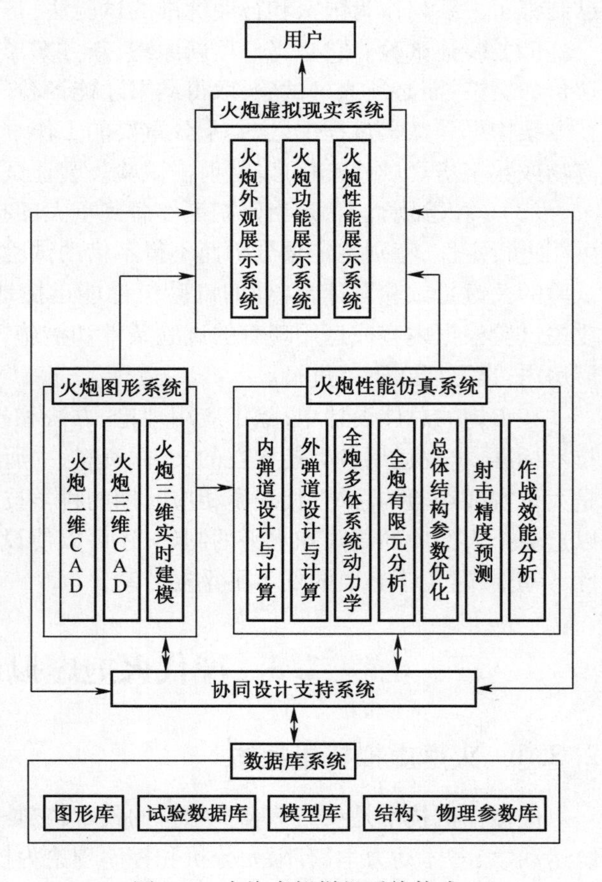

图 2.2 火炮虚拟样机系统构成

火炮数据库系统是主要用于建立、存储、管理、维护火炮的各种数据库,包括火炮总体和主要零部件的三维和二维图形库、火炮各种试验数据和图表及曲线的试验数据库、火炮总体结构参数和物理参数的数据库、火炮的各种模型库,为火炮武器系统的虚拟样机提供丰富的信息。

协同设计支持系统是为了支持各种模块之间的相互协调和并行工作,保证各功能模块之间数据的高效流动,利用产品数据管理技术实现各模块之间的高度集成,一般选用商业软件作为协同支持系统,把火炮虚拟样机的各子模块集成到虚拟样机环境中，支持异地、异构平台。

火炮图形系统是用于建立、维护和管理火炮武器全炮及主要零部件的二维和三维图，其中三维图包括火炮三维实体模型和三维实时模型。三维实体模型由商业软件平台建立，可以提供火炮的几何和拓扑信息，也包含质量、惯性张量等特性，还可以为有限元分析和多体系统动力学分析提供三维实体图或线框图等。三维实时模型主要用于虚拟现实场景的实时快速显示。为了提高建模效率，可以利用三维实体软件的专用接口输出三维曲面模型，再进行网络简化和适当的修补，即可形成三维实时模型。

火炮性能仿真系统是火炮虚拟样机的核心，可以对建立的火炮虚拟样机进行各种性能仿真分析，如火炮发射时的炮口扰动、内弹道过程、射击稳定性、主要部件的振动特性、受力、应力应变分布、外弹道、射击精度、作战效能、总体结构参数匹配等。

火炮虚拟现实系统，主要是为了使设计人员和使用方对虚拟样机有身临其境的感受，通过人机交互，不但可以真实地感受虚拟火炮的三维展示（如火炮外观、炮塔内部、驾驶舱等），而且对火炮的各种性能，如人机工程、可维修性、振动环境、射击精度、作战效能，以及火炮的各种功能如操瞄、行驶、发射等有生动形象的直观体会。在此基础上，设计人员既可以发现设计失误，也可以启迪新的设计理念，使用方可提出各种设计反馈，最终可形成具有实用性和建设性的设计修改意见，为修改设计奠定基础。

火炮虚拟样机的实现分为建造、测试、验证、改进和自动化5个过程。

火炮虚拟样机的建造过程即虚拟样机的建模过程，对已存在数字化物理样机的火炮，可直接从已有的几何模型引入零件实体模型，再通过有限元分析软件引入零件有限元模型，加上表示系统运动学和动力学特性的约束力，建立起火炮虚拟样机的模型。子系统或系统级虚拟样机由数学定义的约束连接刚性或柔性的组件零件组成，其中几何和质量属性来自组件实体模型，结构、热和振动属性来自组件有限元模型或试验测试。

测试是火炮虚拟样机中的重要过程。传统的实体物理样机包括不同情况下的实验室和试验场试验，火炮虚拟样机也包括与之对应的两重试验。建立虚拟实验室，以在计算机上再现实际中在物理固定设备上进行的试验过程，并确定边界条件；对虚拟试验场，需要构建体现物理试验场中实际操作条件的虚拟模型。

验证是通过将虚拟试验的结果与物理试验相对照，根据两者差别调整虚拟样机模型参数和假定，以期建立与物理试验相一致的功能虚拟样机。物理样机试验是针对不同特性从多个角度进行，每种特性往往重复多次。借助验证合理的虚拟样机，可减少物理试验的种类和次数，并且虚拟样机可产生足够多的信息以支持产品的决策。

改进是根据验证结果有针对性进行的改进。从模型的改进来讲，在开始设计时，只考虑有限的要素和粗略的特性，随着设计的细化，数字化的模型越来越接近实际的目标产品，模型广度延伸，是零部件或要素特性的细化，如用更接近实际的柔性体代替刚体、用更接近实际力的函数表达式代替常力等。从设计的改进来讲，首先是利用功能虚拟样机通过虚拟实验室来完成功能试验，接着是基于零部件的参数、系统拓扑和参数公差范围的改进。

自动化是在上述改进设计的循环过程中，在参数模板自动化基础上进行快速而有效的改进。自动化是对虚拟样机整个过程的自动化。

基于虚拟样机技术的火炮研制流程如图2.3所示。

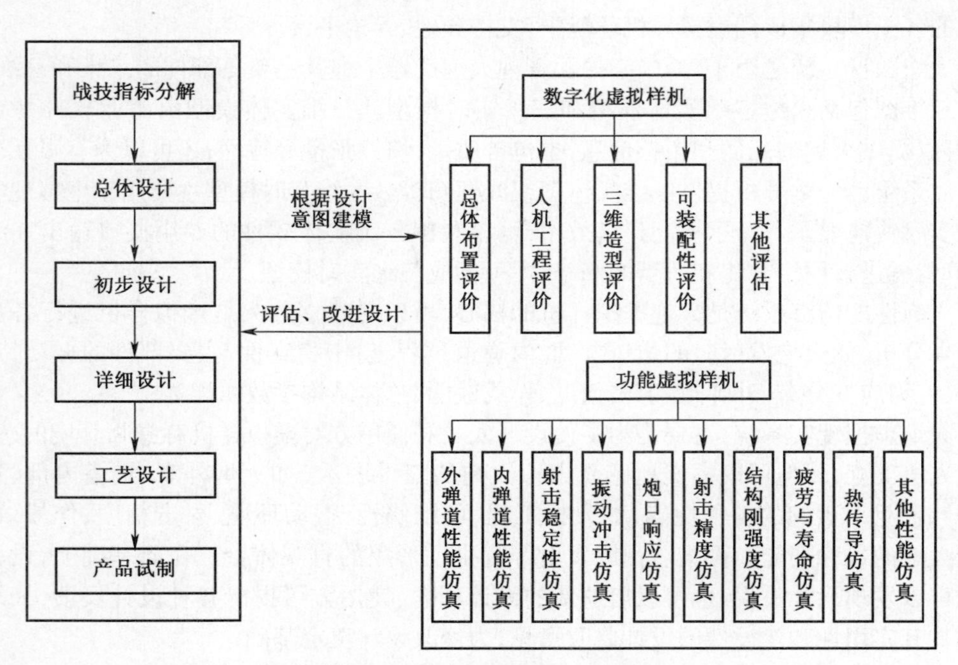

图 2.3　基于虚拟样机技术的火炮研制流程

2.3.2　火炮虚拟样机技术的工程应用

火炮虚拟样机技术是虚拟样机在火炮设计中的应用技术。火炮虚拟样机更强调在火炮实物样机制造之前,从系统层面上对火炮的发射过程、性能/功能、几何等进行与真实样机尽量一致的建模与仿真分析,利用虚拟现实"沉浸、交互、想象"等优点让设计人员、管理人员和用户直观、形象地对火炮设计方案进行评估分析,这样实现了在火炮研制的早期,就可对火炮进行设计优化、性能测试、制造和使用仿真,这对启迪设计创新、减少设计错误、缩短研发周期、降低产品研制成本有着重要的意义。

火炮虚拟样机技术的核心是如何在火炮实物样机制造之前,依据火炮设计方案建立火炮发射时的各种功能/性能虚拟样机模型,对火炮的功能/性能进行仿真分析与评估,找出火炮主要性能和设计参数之间内在的联系和规律,为火炮的设计、制造、试验等提供理论和技术依据。火炮的发射是一个十分复杂的瞬态力学过程,为了正确描述火炮发射时的各种物理场,需要建立火炮多体系统动力学、火炮非线性动态有限元、火炮射击密集度、火炮总体结构参数灵敏度分析与优化等多种虚拟样机模型,为火炮的射击稳定性、炮口扰动、刚强度、射击密集度等关键性能指标的预测与评估分析提供定性与定量依据。

利用虚拟样机开发平台的三维 CAD 模块构建火炮的三维实体模型,并通过系统的转换接口生成三维实时模型。借助虚拟现实系统,研制人员和使用方可真实地感受所设计火炮的外形、结构布置以及操作方便性,便于及时地提出改进措施。设计人员利用精确的三维实体模型可以计算所有零部件和系统的质量、惯性张量和质心位置,准确地分析各关键点所承担的载荷。在此基础上,利用虚拟样机系统的多柔体动力学分析模块对火炮的射击稳定性与炮口扰动进行分析与评估,提出更改措施和修改方案。

以虚拟样机软件为平台,建立火炮多柔体系统动力学模型。建模时根据火炮实际射击的物理过程一般作如下假设:

(1) 火炮反后坐装置连接了后坐部分和摇架,后坐部分相对摇架沿炮膛轴线做直线的后坐和复进的往返运动。

(2) 高低机、方向机、平衡机、制退机和复进机等提供的力/力矩均是广义坐标、广义速率和结构参数的函数。

(3) 土壤具有弹塑性,土壤反力是广义坐标和广义速率的函数。

为描述方便,将各部件间所有连接关系都看做铰,如约束铰、碰撞铰、弹簧阻尼铰等,某自行火炮拓扑关系如图 2.4 所示。将系统分为 37 个刚体和 3 个弹性体;5 个滑移铰、10 个旋转铰、19 个固接铰,全炮共有 33 个运动自由度以及 158 个变形自由度。

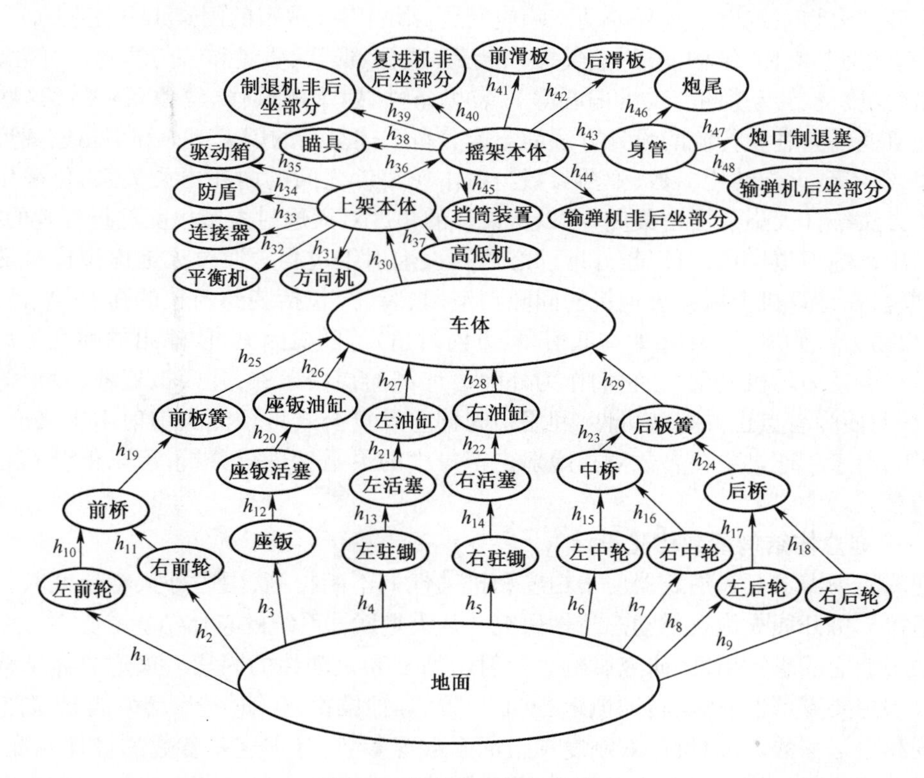

图 2.4　某自行火炮拓扑关系

1. 火炮射击稳定性仿真分析与设计

随着火炮射程的增大和威力的提高,火炮射击稳定性已经成为人们着重关心的重要技术指标,国内外火炮工程人员开展了火炮发射动力学特性的研究,从火炮系统结构参数对火炮发射过程动态响应的影响,分析影响火炮射击稳定性的因素,以期提高火炮射击稳定性。

为分析某榴弹炮射击时的射击稳定性,可以对其虚拟样机实施多工况(如平射时、最远射程时、最大高低射角时、侧向平射时、侧向最远射程时、侧向最大射角时、在具有一定倾斜角侧坡上沿坡正向射击时等工况)的虚拟仿真试验,仿真计算各种工况下火炮动力学响应,预测火炮的射击稳定性。

通过火炮结构参数对火炮射击稳定性的灵敏度分析,可以得到其有重要影响的结构参数。

针对预测的火炮射击稳定性结果,对照火炮射击稳定性设计要求,如果不满足设计要求,则综合分析影响火炮射击稳定性的主要因素及其敏感度,寻找提高射击稳定性的措施,改进设计,修改虚拟样机,再进行虚拟仿真试验,直至预测的火炮射击稳定性结果满足设计要求为止。还可以以火炮射击稳定性为目标函数,在灵敏度分析的基础上,利用火炮虚拟样机,对火炮射击稳定性有重要影响的火炮结构参数进行优化设计。

2. 火炮射击密集度仿真分析

火炮射击密集度是考核火炮的重要性能指标之一,因此在火炮研制中,需要花费大量的人力、物力和财力以切实保证火炮射击密集度指标的实现。但是由于火炮射击密集度是一个涉及火炮系统射击过程的动态响应问题,影响射弹散布的因素十分复杂,如火炮结构(机构间隙与空回、结构变形、液气等)、装药(成分、形状、质量和装药结构)、弹丸(外形及光洁度、质量、转动惯量、质量偏心等)、装填条件、射手的操作、气象条件等,这些因素都是随机变量。利用传统的设计方法尚不能分析上述复杂的因素对火炮射击密集度的影响规律,得不到火炮结构参数、弹药参数与射击密集度之间的内在本质关系,仍采用实弹射击的方法统计火炮射击密集度,难以从设计的角度对火炮射击密集度进行有效的控制。

利用火炮虚拟样机,可以较好地动态仿真火炮射击过程。通过火炮虚拟样机的虚拟仿真试验,在计算机上模拟火炮机构间隙与空回、装药(包括装药药粒的弧厚、半径,装药质量,火药力)、弹丸及操作(如高低射角、方向射角)等随机因素,使输出的弹丸出炮口瞬间的运动参量为随机变量,把它们作为外弹道计算的初始条件,并模拟气象、弹形等随机因素,从而使弹着点也具有随机性,利用中间偏差计算公式可预测火炮射击密集度,并分析其影响因素。通过主要参数对火炮射击密集度的灵敏度进行分析,可以得到其有重要影响的参数。

3. 火炮总体结构参数优化设计

随着战场需求对火炮武器射击精度和机动性的不断提高,国内外火炮研究人员利用火炮虚拟样机开展火炮发射动态特性研究。从火炮武器系统的总体结构参数对火炮发射过程动态响应的影响出发,研究影响火炮射击精度和机动性的因素。火炮总体结构参数包含火炮主要零部件质量、转动惯量、重心位置、耳轴位置、立轴位置、动力偶臂、高低机等效刚度和阻尼系数、方向机等效刚度和阻尼系数等参数,寻求这些参数的最佳匹配,达到减小弹丸出炮口时扰动的目的。国外,美国阿伯丁靶场弹道研究所考克斯和霍肯斯在理论模型上对 M68 式 105mm 坦克炮炮口运动进行了深入研究,用梁单元建立了身管的有限元模型,通过输入各种不同的参数进行广泛的计算,确定出影响因素中的敏感参数,分析结果表明,运动及相关力、弹丸偏心度、炮管边界条件、炮尾偏心度是主要影响因素。英国皇家军事理学院的霍尔设计了专门的模拟炮,研究了摇架结构特点和炮尾质量偏心(后坐部分质量偏心)对火炮炮口振动的影响。

火炮总体结构参量的优化与匹配在火炮总体设计与结构设计中有着重要的作用,合理地选择火炮总体结构参量可以有效地提高火炮武器的射击精度、机动性等总体性能,从而为火炮武器的研制提供了理论依据。

由于火炮武器的总体结构参量非常多,即使选择其中的几十个或几百个参量进行优化匹配也是不现实的，因为一方面总体优化的优化算法（寻优过程）随着设计变量的增加，其计算量也呈指数级大幅度增长；另一方面，每寻优一次就需要计算一次目标函数，这就需要进行全炮多体系统动力学数值计算，为了较真实地反映火炮发射时的物理规律，在火炮多体系统动力学模型中需要考虑刚柔耦合、接触/碰撞、液气、土壤等复杂因素，系统自由度一般在几百个以上，描述这种系统的动力学方程通常是一组高度非线性的刚性微分方程，其数值计算的工作量也是非常巨大的。为了解决这种矛盾，通常先进行火炮总体结构参量的灵敏度分析，选出一组对目标函数（如炮口扰动）贡献较大的参量，在此基础上再利用火炮虚拟样机进行火炮总体结构参量的优化与匹配。

4. 火炮故障预测

火炮故障预测是以火炮当前的状态为起点，给定要执行的训练和作战任务，对未来任务段内可能发生的故障进行准确分析和预测，以合理安排维修活动。故障预测对于改革现行的维修保障制度，实现预防性维修和精确化保障，提高部队的战斗力和保障力具有重要意义。

借助商业软件平台建立火炮的虚拟样机，通过火炮设计研制时物理样机的设计数据和试验结果，经试验—修正—再试验—再修正，保证虚拟样机的可信性。所建立的火炮虚拟样机上增设传感器，模拟系统的故障状态，提供故障仿真信息，获取系统的初始状态，预先确定系统在发生故障时的行为特征，进而通过推理实现系统实现的故障预测和故障定位。所建立的火炮虚拟样机，可以描述其射击过程中的故障发生和发展过程，对常见的故障模式进行定量的仿真，从而为故障预测推理过程中获取初始状态和确认实际发生的故障提供仿真依据。

通过建立火炮故障模型，运用火炮虚拟样机对各故障参数变化情况下的火炮性能指标变化进行故障参数影响仿真。为准确评价故障因素对性能指标影响程度，运用灵敏度分析方法研究各故障参数对火炮性能的影响。通过研究火炮故障因素对火炮性能指标的影响，获得重要故障因素极限变化量。可以通过建立火炮故障参数相对于使用条件（行驶里程或射弹发数）变化规律模型，进而利用虚拟样机技术预测装备的使用剩余寿命。

2.4　现代火炮人机环工程技术

2.4.1　人机环工程

人机环工程的研究对象是人、机器和环境系统，其中，“人”是指对武器系统操作的人，“机”是人所控制的一切对象的总称，“环境”是人、机共处的特定条件，它既包括物理因素效应，也包括社会因素的影响。工程是指为某项目所进行的系列工作的综合，一般是指系统的规划、设计、试制、生产与试验过程。人机环工程就是在系统研制的整个过程中，把人的因素、人与系统接口、环境作为全系统概念的重要组成部分，用系统工程的分析方法加以研究、设计和工程实施，使系统的综合效能发挥最佳效果的过程。

人机环工程设计的显著特点是，对于系统中人、机和环境3个组成要素，不单纯追求某一个要素的最优，而是在总体上、系统级的最高层次上正确地解决好人机功能分配、人机关系匹配和人机界面设计合理3个基本问题，以求得满足系统总体目标的优化方案。

在人机系统中,充分发挥人与机械各自的特长,互补所短,以达到人机系统整体的最佳效率与总体功能,这是人机系统设计的基础。人机功能分配必须建立在对人和机械特性充分分析比较的基础上。一般地说,灵活多变、指令程序编制、系统监控、维修排除故障、设计、创造、辨认、调整以及应付突发事件等工作应由人承担。速度快、精密度高、规律性的、长时间的重复操作、高阶运算、危险和笨重等方面的工作,则应由机械来承担。随着科学技术的发展,在人机系统中,人的工作将逐渐由机械所替代,从而使人逐渐从各种不利于发挥人的特长的工作岗位上得到解放。人机功能分配的结果形成了由人、机共同作用而实现的人机系统功能。现代人机系统的功能包括信息接收、储存、处理、反馈和输入/输出及执行等。

在复杂的人机系统中,人是一个子系统,为使人机系统总体效能最优,必须使机械设备与操作者之间达到最佳的配合,即达到最佳的人机匹配。人机匹配包括显示器与人的信息通道特性的匹配,控制器与人体运动特性的匹配,显示器与控制器之间的匹配,环境(气温、噪声、振动和照明等)与操作者适应性的匹配,人、机器、环境要素与作业之间的匹配等。要选用最有利于发挥人的能力、提高人的操作可靠性的匹配方式来进行设计。应充分考虑有利于人能很好地完成任务,既能减轻人的负担,又能改善人的工作条件。

人机界面设计主要是指显示、控制及其关系的设计。作业空间设计、作业分析等也是人机界面设计的内容。人机界面设计必须解决好两个主要问题,即人控制机械和人接收信息。前者主要是指控制器要适合于人的操作,应考虑人进行操作时的空间与控制器的配置。例如,采用坐姿脚动的控制器,其配置必须考虑脚的最佳活动空间,而采用手动控制器,则必须考虑手的最佳活动空间。后者主要是指显示器的配置如何与控制器相匹配,使人在操作时观察方便,判断迅速、准确。

2.4.2 火炮人机环工程

现代武器装备的特点是越来越复杂、先进,因而,对操作、使用和维修人员的要求越来越高。然而,人的能力是有限的,如果在武器装备的设计、生产和使用过程中,没有考虑到人的生理、心理特点和能力限度,使得在武器装备的先进性、复杂性与充分发挥人的能力之间存在较大的差距,武器装备不适合于人,那么人就不能有效地、可靠地和安全地操纵、使用和维修武器装备,就难以充分发挥武器装备的战术技术性能,武器装备甚至不能使用。据统计,美军武器装备在使用过程中发生的故障和事故,有40%~70%是人为差错造成的。例如,美国空军在1971年共发生313起飞机事故,其中234起(占74.7%)是人为差错所致。另外,人只有在操纵和维修良好的条件下,武器系统才能工作得很好。也就是说,武器系统的设计,只有把人、机器、环境紧密结合才能最大提高武器的作战效能。因此,在设计武器装备、确定其性能指标时,人的因素以及环境的因素应当包括在系统分析的思维过程中,绝不要忽视人的生理、心理特点、工作能力限度以及环境因素,相反,必须重视人的因素,以人为中心进行各种设计,使武器装备在良好的操作环境下适合于人,使人的操作方便、安全、高效和舒适。在武器系统研制过程中,需要大量的关于乘员的因素数据,其主要目的在于帮助设计师进行人机环工程设计,使乘员有个良好的工作环境,以利于提高战斗力。

火炮系统处于战场对抗环境下,如何充分发挥火炮系统的作战效能,毫无疑问操作火炮的快速和准确是人机环系统的关键技术指标。系统的性能是人、机、环境综合效能的集合，只有和人有机、协调地结合起来，火炮系统才能形成强大的战斗力。

火炮是由人来操作、使用与维护的。如果要使火炮的效能达到最大值，人的因素及其与火炮的接口问题就更为重要。因此，人机环系统工程设计就成为火炮设计的一个重要组成部分，人的因素应当包括在火炮总体设计技术研究的思维过程中，在火炮研制过程中，要始终贯彻"以人为本"的工程设计思想。

在火炮研制过程中，需要大量人的因素数据，其主要目的在于帮助设计师确定人机界面，设计显示装置和控制装置，布置乘员的工作区域和操作空间等。

火炮操作的可靠性、安全性、便捷性、协调性等极为重要，战斗人员的视觉和心理感受是影响战斗力的重要因素之一，这与"人、机器和环境"关系的状况密切相关。如果因人机关系不尽合理而影响到火炮的操控性能或造成人员伤害、身心疲劳等，后果是严重的。因此，需以安全、可靠、高效、灵活、便利、舒适等为目标，认真、细致地分析火炮武器系统操作中相关的"人、机器和环境"关系，并据以进行相应的设计，努力做到总体上空间、色调及色彩配置协调、悦目，细节处求精、求美；视觉上要美观，操作上要感觉便利。

火炮人机环系统工程设计要从总体着眼、细节着手，落到实处。整体视觉效果和外部构件的设计，将有助于改善火炮外部整体视觉印象，如全系统色彩计划和外部造型美化等。细节设计是否合理、到位、周全、精致，很能反映设计与技术水准，会使人产生精致或粗陋、人性或冷酷、先进或落伍等诸多联想，应予精心考虑，否则会因小失大，影响对整个装备设计水准的印象和判断，如操作空间、视域和作业域，环境温度、湿度、空气质量、照明，人的习惯与舒适性，防误措施等。

2.4.3　火炮人机环系统工程分析

分析火炮系统发展的定位和层次，处理好人、战场环境与火炮系统的关系，是充分发挥火炮系统性能和战斗力的首要条件。火炮系统人机环系统工程分析必须开展以下4个重要方面的分析，即武器系统总体分析、人的特性及能力分析、火炮系统的分析和作业环境因素分析。

1. 武器系统总体分析

一般情况下，武器系统设计中人机环系统的工程分析遵循以下几个方面的设计准则和原理：

(1) 系统和人的工程关系。

(2) 作为系统一个组成部分的人的结构要素。

(3) 信息显示的视觉要素。

(4) 信息显示的听觉和其他感觉要素。

(5) 语言交流要素。

(6) 人机动力学要素。

(7) 输入装置和输入程序人性化设计。

(8) 控制装置的人为能力及要求设计。

(9) 单人机工作场所的环境舒适度和独立行为设计。

(10) 多人机工作区域的相容性和生活化设计。

(11) 人类工程学研究。

(12) 维护和保养方便性设计。

(13) 操作人员日常训练系统设计。

(14) 操作人员模拟训练装置设计。

(15) 可检验与可评价设计。

2. 人的特性及能力分析

人的能力是变化的,就武器系统的操作而言,对这种可变性的估计是很重要的。因为人的状态是一个不稳定因素,人的能力不仅有个体差异,而且可能将随着环境的变化而变化,所以工程技术人员在武器系统设计中,一方面尽量避免由于人的因素影响系统效能;另一方面在人的影响必须参与的环节上准确分析和判断人的能力。人的特性和能力主要从以下几个方面考虑:

(1) 人体的几何特性和机械特性。人体的几何特性和机械特性的研究称为人体测量学。人体的结构和机械功能在人机系统设计中居于中心地位。人体测量学一般包括人体各部位尺寸、肢体动作范围与肌肉力量。这些数据可供设计乘员座位的安排、工作空间,控制器与显示器、通道入口尺寸以及能由单人方便携带或举起的单件设备的大小与质量等。

(2) 人的感知能力和心理机制。人作为人机环系统的组成部分,拥有许多有用的“传感器”。除了视、听、味、嗅与触觉 5 种主要感觉外,人还能感知温度、位置、旋转运动与直线运动、压力、振动、冲击及加速度等。由于人具有信息处理系统和控制系统,并能在很大的范围内对上述的感觉有较高的灵敏度,所以可自动地辨别刺激的变化并做出反应。人和机器相比,有些事情人和机器做得一样好,有些事情人做得比机器好,有些事情则机器做得比人好。这种能力上的差异在设计系统时必须仔细考虑,在决定人机功能分配时,这是非常重要的。这种能力上的差异也告诉人们怎样设计机器和环境才能使人在操作机器时发挥最佳效率,从而使武器系统的可用性得到提高。

(3) 人的信息处理能力。人和机器相比,人作为信息处理者有其优、缺点。人对综合经验的远期记忆力较好,而对于大多数感觉作用的即时记忆力很差。例如,人的信息存取很慢,但对定性的非数值计算远远超过计算机。

(4) 人的适应性。人是善于适应环境的。人能够运用已有的知识和经验来变换他的反应和行为模式,实际上是一个自适应控制系统。人对精神的需要和肉体的需要会做出反应。在精神方面,有舒适、稳定、安全、焦虑、疲乏、厌烦与刺激等。人的工作效果和工作效率是这些精神因素的函数,设计师必须把它们考虑进去。

(5) 人的可靠性。人的可靠性的简单概念,是操作人员控制或使用武器装备时可能发生的差错比例,也可以定义为操作人员感到疲劳之前的“平均战斗时间”。可以说,检查操作人员对系统的维护程度,就是分析人的可靠性。可以把人的可靠性看作是操作人员在执行各种分配任务时取得成功的相对频率。人的能力和人的可靠性是密切相关的,这里特别强调可靠性这个特征,是因为可靠性现在已经成为人们普遍了解和承认的一个相当重要的领域。在人的可靠性研究中,如果不恰当地考虑人的因素,就很可能把研究引入歧途。无论如何,系统可靠性研究是包含可能影响武器总体可靠性的系统各个组成部分或部件的可靠性研究,当然也包含人的可靠性研究。实际上,在某些应用中,人所造成的故障可能是最频繁、最重要的。因此,人对系统可靠性的影响是主要的。

3. 火炮系统分析

火炮系统分析就是为了满足人的影响因素而进行火炮系统具体的分析。根据火炮系统的工程实践,在火炮(尤其是自行火炮)研制中应该重点考虑以下几个方面的因素:

(1) 安全性。贯彻“安全第一”的设计思想,消除安全隐患,避免一切对操作者和装备及其设备构成危险的设计。

(2) 舒适性。操作者的工作空间、行动范围和位置符合人的因素的基本要求,使操作者感觉舒适,降低疲劳度,增加工作可靠性。

(3) 操作性。武器装备的操作设计符合人的因素要求,使操作者力所能及。操作部位便于人员工作;操作力应满足军标对平均能力的要求;操作方法合理,符合习惯;操作观视和检查效果好。

(4)维修性。应该同时考虑不同使用环境下的维修性,即日常维护、阵地紧急抢修、营地维修和基地大修,并具有较好的破坏重组能力。

(5) 训练性。武器装备的设计要充分考虑有利于操作者的正常和非正常训练,满足日常、特殊及模拟训练要求。

(6) 美观性。要求设计的外形和内部装饰具有美学研究,给人以较好的观感和触感,整体色彩和轮廓协调、美观。

4. 作业环境因素分析

炮手的操作质量直接或间接地受作业环境的影响。恶劣的作业环境会大大降低工作效率,甚至影响整个系统的运行和危害人体安全。在火炮系统人机环系统中,对系统产生影响的一般环境主要有照明、噪声、热环境、振动及有毒物质等。在系统设计的各个阶段,尽可能排除各个环境因素对人体的不良影响,使人具有“舒适”的作业环境,有利于最大限度地提高系统的综合效能。

(1) 噪声。环境中起干扰作用的声音、人们感到吵闹的声音或不需要的声音,称为噪声。噪声是多种频率和声强的声波的杂乱组合,听起来使人烦躁和生厌。噪声对人的听觉器官、人体健康及工作有影响。轮式自行火炮在实弹射击时,乘员在战斗室内接触的噪声大于95dB,即使有护耳器,仍可能损伤乘员的内耳,甚至损伤大脑。履带式自行火炮规定乘员在战斗室内接触的噪声不得大于105dB。国军标《军事作业噪声限值》(GJB 50—1985)规定了我国军事作业噪声容许限值。自行火炮在行驶和发射时产生的噪声值都很高,必须设法降低。同时,必须加强乘员的个人防护措施。

(2) 照明。自行火炮炮塔内顶板上一般都装有照明灯,如果整个战斗室内的光线太弱,对乘员的生理和心理可能产生不良的影响。因此,有必要适当提高照度,改善光环境。这样,不仅能减少视觉疲劳,而且也有益于提高工作效率。军用系统装备和设施所需照度的大小美军标准荐为540 lx,最小值为325 lx。

(3) 温度环境。国军标《工作舱(室)温度环境的通用医学要求》(GJB 898—1990)规定了各种非敞露式工作舱(室)温度环境的通用要求。一般认为,20℃左右是最佳的工作温度,25℃以上时,人体状况开始恶化,30℃左右时,心理状态开始恶化,50℃的环境里,人体只能忍受1h左右。然而,一般自行火炮战斗室内的温度在夏季高达65℃以上。在如此高温高热的环境下作业,炮手极易中暑、虚脱,影响作战效率,甚至危及生命。因此,必须配备有效的通风降温装置。

(4) 振动。自行火炮系统在行驶状态或战斗状态都会产生较大振动,这势必影响乘员的工作能力,进而影响战斗力。振动频率较高时会使乘员很快地感到疲乏,但低频率又可能会引起乘员晕车。因此,武器系统的振动应加以控制,一般希望在乘员位置振动冲击不大于 20g。

(5) 舒适性。当长距离战术机动时,如果工作环境的舒适性不好,特别是座椅的舒适性不好,驾驶员会很快疲劳。如果座椅前后、高低、角度可调,则可有效提高其舒适性。

2.4.4 火炮人机环系统工程设计

火炮人机环系统工程设计是指围绕火炮总体设计进行的功能分配、人机关系匹配和人机界面设计等。在明确系统总体要求的前提下,着重研究炮手、火炮、环境三大要素对火炮系统总体性能的影响和所应具备的各自功能及相互关系,如系统中炮手和火炮的职能如何分配、火炮和环境如何适应炮手及火炮和炮手对环境又有何影响等问题。经过不断修改和完善火炮人机系统的结构方式,最终确保系统最优组合方案的实现。很显然,对任何一个系统来说,系统的总体性能不仅取决于各组成要素的单独性能,但更重要的是取决于系统中各要素的关联形式,即信息的传递、加工和控制的方式。从“系统”的总体高度出发,一方面既注意研究人、机器和环境各要素本身的性能,另一方面却更重视研究这三大要素之间的相互关系、相互作用、相互影响及其协调方式,并借助系统工程的科学成就,引导人们有条不紊地找到最优组合方案,使人机环系统的总体性能达到最佳状态。这种状态一般都应满足安全、高效、经济等指标。

人机系统的显著特点是,对于系统中人、机器和环境 3 个组成要素,不单纯追求某一个要素的最优,而是在总体上、系统级的最高层次上正确地解决好人机功能分配、人机关系匹配和人机界面设计合理 3 个基本问题,以求得满足系统总体目标的优化方案。因此,应该掌握总体设计的要点。

1. 人机功能分配

设计的目的就是为了实现某种特定功能,也就确定了机器是人体哪一功能的延伸。离开了功能,就谈不上机器与人体的匹配关系,设计也就失去了意义。所以设计的一切活动都要围绕这一目标开展,应以尽可能简单明了的手段来确保实现这一设计目的。

在人机系统中,充分发挥人与机械各自的特长,互补所短,以达到人机系统整体的最佳效率与总体功能,这是人机系统设计的基础,称为人机功能分配,也称为划定人机界限。

人机功能分配必须建立在对人和机械特性充分分析比较的基础上。一般地说,灵活多变、指令程序编制、系统监控、维修排除故障、设计、创造、辨认、调整以及应付突发事件等工作应由人承担。速度快、精密度高、规律性、长时间的重复操作、高阶运算、危险和笨重等方面的工作,则应由机械来承担。随着科学技术的发展,在人机系统中,人的工作将逐渐由机械所替代,从而使人逐渐从各种不利于发挥人的特长的工作岗位上得到解放。在人机系统设计中,对人和机械进行功能分配,主要考虑的是系统的效能、可靠性和成本。

自行火炮功能分配通常应考虑以下几点:

(1) 人与武器系统的性能、负荷能力、潜力及局限性。

(2) 人进行规定操作所需的训练时间和精力限度。

（3）对异常情况的适应性和反应能力的人机对比。

（4）人的个体差异的统计。

（5）机械代替人的效果和成本等。

人机功能分配的结果形成了由人和机器共同作用而实现的人机系统功能。现代人机系统的功能包括信息接收、储存、处理、反馈和输入/输出及执行等。

2. 人机匹配

在复杂的人机系统中，人是一个子系统，为使人机系统总体效能最优，必须使机械设备与操作者之间达到最佳的配合，即达到最佳的人机匹配。火炮系统是一种集机、电、液、光于一体的复杂系统，尤其是自行火炮的炮塔空间紧张、系统构成复杂、机构动作繁多且操作规程严谨。在这种特定的操作环境中，要求乘员反应能力强，反应速度快，相互配合默契，而且要适应较大的操作强度和具有较强的心理承受能力。自行火炮作战状态对乘员位置及姿态有严格的要求和限制。

火炮系统人机匹配包括显示器与人的信息通道特性的匹配，控制器与人体运动特性的匹配，显示器与控制器之间的匹配，环境（气温、噪声、振动和照明等）与操作者适应性的匹配，人、机器和环境要素与作业之间的匹配等。要选用最有利于发挥人的能力、提高人的操作可靠性的匹配方式来进行设计。应充分考虑有利于人能很好地完成任务，既能减轻人的负担，又能改善人的工作条件。例如，设计控制与显示装置时，必须研究人的生理、心理特点，了解感觉器官功能的限度和能力以及使用时可能出现的疲劳程度，以保证人和机器之间最佳的协调。随着人机系统现代化程度的提高，脑力作业及心理紧张性作业的负荷加重，这将成为突出的问题，在这种情况下，往往导致重大事故的发生。在设备设计中，必须考虑人的因素，使人既舒适又高效地工作。随着电子计算机的不断发展，将会使人机配合、人机对话进入新的阶段，使人机系统形成一种新的组成形式——人与智能机的结合，人类智能与人工智能的结合，人与机械的结合，从而使人在人机系统中处于新的主导地位。

3. 人机界面设计

每一项分配给人的功能都要依赖人的操作来实现。人实现对机器的操作，必然面临人机界面问题。除了对人提出操作品质要求（如精度、速度、技能、培训时间、满意度、耐久度等要求）之外，还应充分考虑操作人员的能力、技能、知识、态度的实际情况，对分配给人的功能作进一步的分解和研究，设计合理的人机界面，确保操作功能的实现。

人机界面设计主要是指显示、控制及其关系的设计。作业空间设计、作业分析等也是人机界面设计的内容。

人机界面设计，必须解决好两个主要问题，即人控制机械和人接收信息。人控制机械主要是指控制器要适合于人的操作，应考虑人进行操作时的空间与控制器的配置。例如，采用坐姿脚动的控制器，其配置必须考虑脚的最佳活动空间，而采用手动控制器，则必须考虑手的最佳活动空间。人接收信息主要是指显示器的配置如何与控制器相匹配，使人在操作时观察方便，判断迅速、准确。总之，应有良好的人机界面，能够使特定操作者以最易懂、最易做的操作实现功能。对于关键操作，还应进行动素分析。除对正常条件下系统的功能过程进行分析和研究外，还应特别注意非正常条件和仓促条件下的功能，如偶发事件的处理过程。

第3章　提高初速与射程技术

3.1　概　　述

3.1.1　初速的含义

初速的基本含义是指“初始速度”。在火炮中,初速一般指外弹道计算的初始速度。由于外弹道计算是以发射时炮口中心为外弹道起点,因此初速意指弹丸出炮口时的速度。然而,由于后效期效应,弹丸出炮口时的速度 v_g(内弹道计算结束时弹丸速度,有时也称初速)并不是最大速度,在弹丸出炮口后,弹丸将继续受火药燃气的推动而加速达到最大速度 v_m。而外弹道计算中是不考虑后效作用的,因此外弹道计算中一般采用虚拟的弹丸膛口速度 v_0 作为弹丸初速(即初速)。虚拟的弹丸膛口速度 v_0 是根据实测炮口外某点弹丸速度 v_{0c} 和位移 x_c(要求初速测量区间在后效期之外),按照弹丸只在空气阻力作用下的运动,利用简化公式(3.1)换算出的炮口速度。也可以根据内弹道计算的弹丸炮口速度 v_g 和炮口压力 p_g,并计算出后效期结束时弹丸速度 v_m 和位移 x_m,利用简化公式(3.2)换算出的炮口速度。弹丸初速如图3.1所示。

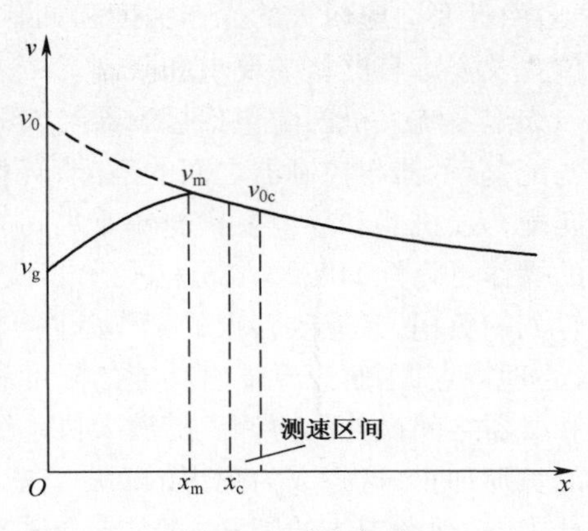

图3.1　弹丸初速

$$v_0 = v_{0c} + \frac{id^2 x_c}{m\Delta D(v)} \tag{3.1}$$

$$v_0 = v_m + \frac{id^2 x_m}{m\Delta D(v)} \tag{3.2}$$

式中　i——弹形系数;

d——火炮口径;

m——弹丸质量;

$\Delta D(v)$——按空气阻力定律计算的弹速变化系数(可查表得到)。

3.1.2　提高初速的意义

现代战争具有正面宽、纵深远、高低空领域大的特点。在这种情况下,随着各种新式武器和装甲的相继出现,对各种火炮及其弹药不断提出了更高的要求。但总的来说主要是要求射程远、威力大、精度高、机动性好。火炮的这些性能之间是相互矛盾和彼此制约的。但是,在一定弹丸质量或一定身管长度的前提下,它们都要求武器有尽可能高的炮口初速,这又是统一的。在现代战争中,使用高初速火炮能取得战斗的优势。提高火炮弹丸的初速就成为火炮技术(尤其是内弹道技术)永恒的主题。

对压制火炮而言,提高初速可以增加炮的射程、增强火力灵活性,使火炮能在不转移阵地的情况下进行大纵深的火力支援。对高射炮而言,提高火炮初速可以增加有效射程(高)、缩短弹丸飞行时间、提高对目标特别是运动目标的命中概率。对反坦克炮而言,对于像坦克这类装甲目标,提高火炮初速可以增加直射距离、提高弹丸的穿透深度和侵彻装甲的能力。特别是在现代战争的条件下,武器对目标的首发命中概率一方面反映了武器杀伤或毁坏敌方目标的能力;另一方面又反映了武器自身在战场上的生存能力。因此,提高初速对提高火炮性能具有重要意义。

3.1.3　提高初速的技术途径及其局限

1. 影响弹丸初速的因素分析

提高初速主要是指提高弹丸出炮口时的速度。根据经典内弹道理论,弹丸在炮膛内的运动可以用微分方程来描述,即

$$\varphi m\frac{\mathrm{d}v}{\mathrm{d}t}=Sp \tag{3.3}$$

式中　φ——弹丸虚拟质量系数(或称次要功系数);
m——弹丸质量;
S——炮膛截面积;
p——膛内平均压力。

对式(3.3)积分,开始时 $v=0$,有

$$v_g^2=\frac{2S}{\varphi m}\int_0^{l_g}p\mathrm{d}l \tag{3.4}$$

式中　l_g——弹丸出炮口行程。

由式(3.4)可以看出,影响初速的因素主要是炮膛截面积 S、弹丸质量 m 以及压力曲线下的积分。很显然,增大炮膛截面积也就是增大火炮的口径,随着口径的增大,弹丸的受力面积也增大。在其他条件相同的情况下,弹丸能获得更大的加速度,最后使初速得到提高。若其他条件不变,则随着弹丸质量的减轻而增加弹丸的初速。目前火炮技术中应用的次口径弹就是根据这个原理来提高初速的。至于压力曲线下的面积,可由式(3.4)看出,它又决定于弹丸全行程长和弹底压力这两个因素。弹底压力越高,则作用在弹丸上的力也越大,这显然是增加弹丸初速的一个重要途径。在第二次世界大战中使用的火炮,其膛压一般不超过300MPa,而目前新研制的坦克炮和反坦克炮的膛压已经达到600~700MPa,并且还有增加的趋势。另外,随着弹丸行程长的增大,火药气体对弹丸膨胀做功的距离也就越大,使火药气体的内能更充分地转化为弹丸的动能,因而使弹丸初速得到提高。

然而从整个火炮战术技术要求来全面地分析,上述影响初速的诸因素,它们各自又受到很多的限制。口径增大虽然能提高初速,但相应的火炮重量也很快增加,而使火炮的机动性下降,身管寿命缩短。对于动能弹,由于动能与速度平方成正比,通过减小质量来提

高初速,可以达到提高弹丸动能和威力的目的,如采用次口径弹、脱壳弹等。但是,对于榴弹而言,弹丸质量减小,意味弹丸体积减小,炸药量减小,势必影响到弹丸的威力。增长身管不仅影响到火炮的机动性,而且由于炮身振动的增加影响到射击精度。提高膛压也受到炮身材料和炮口冲击波的限制。膛压的增加会带来身管强度、烧蚀及炮架强度等问题。对传统固体发射药来说,其性能改变受到很多客观条件的限制。总之,在现有的火药、炮身材料和发射原理的条件下,要求大幅度地提高初速遇到很大困难。能够使提高初速有新的突破,那就要去寻求新能源、新材料和新的发射原理。

2. 非定常条件下的弹丸最大极限速度——弹丸逃逸速度

火炮发射时,火药在膛底药室中生成燃气,燃气运动到弹底推动弹丸运动。将燃烧室看成是足够大,可以提供足够发射气体的气室,并假设燃烧室里的流动速度为零;将身管看成是等直径、无限长的发射管。假设身管内的气流流动是一维非定常等熵流,根据气体动力学,当气体膨胀做功非常充分,直到压力降为零,可得气体所能获得的最大膨胀速度,即极限流速为

$$v_{1\max} = \frac{2}{k-1}c_0 = \frac{2}{k-1}\sqrt{f} \tag{3.5}$$

式中 k——气体绝热指数;

c_0——未受扰动的气体声速;

f——火药力。

把 $v_{1\max}$ 称为弹丸逃逸速度,就是说弹丸的速度超过 $v_{1\max}$ 时,膛内火药气体的流动速度就跟不上弹丸而在弹底与气体之间形成弹后真空。如果不考虑阻力,弹丸只能保持逃逸速度做惯性运动。所以,逃逸速度是指无限长发射管,不考虑损耗时,弹丸可能达到的最大极限速度。一般发射药燃烧气体 k 值在 1.225 左右,若火药力以 10^6J/kg 计,则弹丸最大极限速度为 8890 m/s。

直观上很容易理解,若要提高弹丸初速,必须在有限的气体压力做功时间内,尽可能增大气体的流动速度。从式(3.5)可以看出,c_0 值越大(音速越高),弹丸最大极限速度 $v_{1\max}$ 越高;$k(>1)$ 值越接近 1,弹丸最大极限速度 $v_{1\max}$ 越高,即选择 k 值接近 1 和具有较大声速值的气体,有利于提高弹丸极限速度,也就有利于提高弹丸初速。k 值对不同气体而言,变化范围是十分有限的,而声速是一个很重要的量,使用不同气体可使它的选择余地很大。

3. 经典内弹道理论的弹丸极限速度

对于固体发射药为能源的火炮,其初速在理论上可以达到怎样一个极限,这也是内弹道理论中一个十分重要的问题。根据经典弹道理论,在几何燃烧定律和正比燃烧速度定律的假设下,可以得到以下的初速公式,即

$$v_g = v_j\sqrt{1-\left(\frac{l_1+l_k}{l_1+l_g}\right)^{k-1}\left(1-\frac{v_k^2}{v_j^2}\right)} \tag{3.6}$$

式中 $l_1 = l_0(1-\alpha\Delta)$;

l_0——药室容积缩径长;

α——火药余容;

Δ——装填密度;

l_k——燃烧结束瞬间弹丸的行程；

l_g——弹丸全行程长；

v_k——燃烧结束瞬间弹丸的速度；

v_j——极限速度。

由式(3.6)可以看出，当 $l_g \to \infty$ 时，这时 $v_g \to v_j$。这表明在给定的装填条件下，随着 l_g 的增长，弹丸的初速逐渐趋于极限速度 v_j。当 $l_g \to \infty$ 的情况下，这时膛内火药气体压力膨胀到零，或者火药气体的温度趋于零。在这种情况下，火药气体的内能全都转化为弹丸的动能。所以把 v_j 叫做在给定装填条件下的弹丸极限速度。随着装填条件的变化，这个极限速度也将发生变化。

在拉格朗日弹后气体运动线性分布假设情况下，极限速度 v_j 计算式为

$$v_j = \sqrt{\frac{2fm_y}{(k-1)\left(K + \frac{m_y}{3m}\right)m}} \tag{3.7}$$

式中　m——弹丸质量；

m_y——火药的质量(装药量)；

K——除气体运动外的次要功系数。

当装药量 $m_y \to \infty$ 时，弹丸极限速度将达到

$$v_{jm} = \sqrt{\frac{6f}{(k-1)}} \tag{3.8}$$

v_{jm} 叫做经典弹丸最大极限速度。一般发射药燃烧气体 k 值在 1.225 左右，若火药力以 10^6J/ kg 计，则可以计算出 v_{jm} = 5160 m/s，此时相当于1/3 的气体达到极限速度。

实际上，m_y 不可能→∞ 。由式(3.7)和式(3.6)可以看出，弹丸初速与装填总内能的平方根成正比，即弹丸初速由发射药的本身能量特性和装填条件决定。提高弹丸初速应着眼于提高装填总内能。例如，某火炮装药量为 5.5kg，弹丸质量 15.6kg，火药力 10^6J/ kg，K=1.03，可计算出 v_j = 1670m/s。

火炮在发射时还要受最大膛压 p_m 的限制，做功能力又受身管横截面积和长度的限制，即受实际结构的限制。在最大膛压不变条件下(恒压)可获得最大的可能初速(图 3.2)。根据力学原理，在恒压条件下炮口最大可能初速为

$$v_{gm} = \sqrt{\frac{2Sp_m l_g}{\varphi m}} \tag{3.9}$$

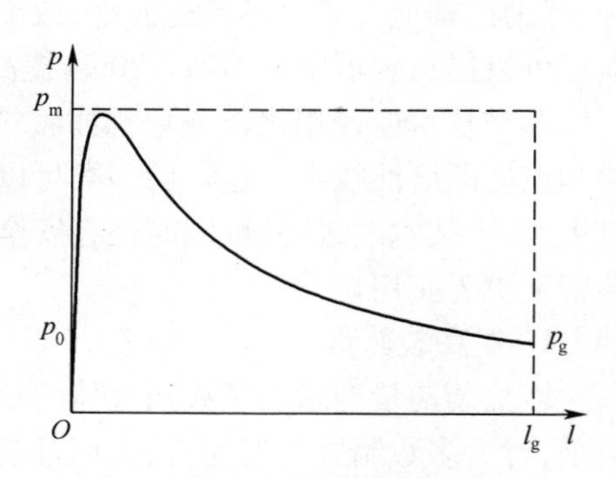

图 3.2　实际膛压与恒压示意图

式中　S——炮膛横截面积；

p_m——膛压(恒压)；

l_g——弹丸行程；

m——弹丸质量；

φ——次要功计算系数(虚拟质量系数)。

仍以上述某火炮为例，炮膛面积为 81.8cm²，最大膛压 315MPa，弹丸行程长 4.738m，

次要功计算系数 1.15，弹丸质量 15.6kg，可以计算出其最大可能初速 $v_{gm}=1170\ m/s$。

实际中，火炮恒压的实现是困难的，这个最大可能初速就是实际火炮初速设计努力的目标。实际的膛压曲线受发射药燃烧规律的制约。这样火炮的实际初速比最大可能初速 v_{gm} 还要小。上述某火炮的实际初速只有 $v_g=900m/s$，膛压充满度约为 0.6。

提高弹丸极限速度是提高弹丸初速的主要技术途径。弹丸极限速度均与总装填能量的平方根成正比，由此可见，提高弹丸初速的重要途径之一是提高装填能量。但是，对传统固体发射药来说，其性能改变受到很多客观条件的限制。一般的规律是在其他装填条件不变时，提高能量的结果是速度与膛压同时升高，并且分别为 1/2 和 1 次方的关系，即膛压比速度提高得更快。如果膛压不变而提高速度，就需要改善装药，提高发射药的能量释放特性，增加 $p-l$ 曲线下的面积。在现有的火药、炮身材料和发射原理的条件下，提高初速受到很多限制。能够使提高初速有新的突破，那就要去寻求新能源、新材料和新的发射原理。

3.2 提高初速的装药技术

众所周知，增加 $p-l$ 曲线下的面积，就可增大弹丸初速 v_0，就火药装药本身而言，可通过下述途径获得：①增加火药气体的总能量；②改善燃气生成规律。

3.2.1 提高装填能量

提高装填能量可以从两个技术途径实现：

（1）提高发射药的内能。发射药的内能由 $f/(k-1)$ 表示，可见通常人们以火药力来表征发射药的能量大小，忽略了 k 值影响是完全不恰当的。目前从发射药配方着眼提高火药力已经达到一定的限制，尽管火药力可以达到 1250J/g 以上，但是，目前制式火炮发射药装药均在 1100J/g 以下。如果装填条件不变，在不考虑其他（如安全）条件下，采用高能量的发射药可以将能量提高 10%～15%，提高速度的潜力达到 4%～5%。

（2）提高发射药装药密度从而达到提高装填能量。提高装填密度可以通过压实装药、辅助以其他含能可燃装药元件、改变发射药（粒）形状和装填方式来实现。这类技术途径可以提高装填密度 10%～20%，提高速度的潜力在 5%左右。

两类技术途径相比较，前一类以高能发射药为前提，需解决发射药的燃烧气体释放规律和燃烧渐增性技术问题。后一类可以采用现有的制式发射药，但增加了发射药装药的点火、传火技术改进问题，同时还有安全技术问题。从传统发射技术来看，提高发射药装药密度更为实用。

1. 提高装药量

增加装药量即增加了火药气体的总能量，因此提高装药量显然可以提高弹丸的初速。但是，对大多数制式武器而言，采用常规方法提高装药量受到许多因素的限制。首先，增加装药量会使最大压力 p_m 提高、燃气生成量及流速增加，加剧了对火炮身管的烧蚀作用；其次，增加装药量要受到装填密度的限制，对于装填密度本来就已接近饱和的某些火炮而言，增加装药量的潜力是有限的，更何况过大的装填密度会给装药的点传火以及正常稳定燃烧带来某些困难。因此，国内外正在积极研究提高装填密度，同时提高能量利用率和综合性能良好的新技术。

1）密实装药

人们对密实装药的兴趣一直未减,研究一直没有停顿。这是因为密实装药具有明显的潜在优越性,即在容积不变时,提高发射药装药量和弹丸的质量比所获得的性能要比单纯提高发射药能量对弹丸做功产生的效果要好。在密实发射药研究方面大致有如下途径:

（1）多层密实结构发射药装药。它由多层发射药片叠加而成,各层之间有明显的界限。每一层都有各自的燃速,每一层的“热值”也不相同(各层的燃烧时间是总燃烧时间的一部分)。采用这种装药后,不但可以增加装药量;不用或少去考虑火药的几何外形,而只需通过选择不同热值或选择不同燃速的多层火药组分就能制备所需要的渐增性燃烧的发射药装药。其制造工艺可以采用复式压伸或发射药圆片叠加等。

（2）小粒药或球形药压实成密实发射装药。采用的球形药压实工艺是采用溶剂蒸汽软化技术先将药粒软化,然后进行压实。采用大尺寸、深度钝感的球扁药在药筒内直接压实。另一种压实工艺是先将单体药粒用溶剂蒸汽进行处理,然后在模具中进行压制,再进行干燥固化,并在装药块周边进行阻燃涂覆。

（3）纺织式密实发射药装药。将发射药组分溶于挥发性溶剂中制成粘稠溶液,在一定压力下通过抽丝器抽丝并使之固化。细丝用纺织机按预定式样绕成一定形状。

2）混合装药

混合装药可以是双元的或多元的。由于采用了大颗粒的多孔火药与小颗粒的球形药混合配置,有效地利用了装药空间,提高了装填密度。并且由于小颗粒的球形药提供了较大的初始燃烧表面,它们与多孔药一起燃烧使膛压能迅速升至最大值,而当球形药继续减面燃烧时,多孔药都是渐增性燃烧;因而能使装药在最大压力水平上保持燃烧一段较长的时间,压力下降较缓,因此改进了 $p-l$ 曲线,从而使初速得以提高。

在大口径火炮中,混合装药似乎要比压实装药易行,当然也要相应解决点火、传火以及恰当设计燃气生成规律等问题。

提高装药量虽然可以提高初速,但在一般情况下也同时提高了膛压。因此,为提高穿甲威力,国内外身管武器研制和发展的一个重要趋势是通过高膛压实现高初速,出现了高膛压火炮。如坦克炮与第二次世界大战时期的相比,火力系统发生了非常明显的变化。膛压由原来的 300～400MPa 增大到现在的 600～700MPa;初速则由原来的 800～900m/s 增加到 1500～1800m/s;穿甲威力由原来的 500m 距离穿透 120mm 厚装甲发展到目前的 2000m 距离穿透 600mm 厚装甲。

对于制式火炮,装药量增加引起膛压的增加和初速的增加。单纯提高装药量所引起的膛压增加的幅度要比初速增加的幅度大得多。因此,通过提高装药量来提高初速,必须考虑由膛压增加所引起的方案的合理性和经济性。通常提高装药量可与其他措施(如包覆阻燃技术)配套使用,以使膛压维持在可接受的水平上。

2. 提高火药力

提高火药力与增加药量两者对增速的效果是一致的。按照火药力 f 的定义,有

$$f = \frac{1000}{M_g} R T_1 \tag{3.10}$$

式中　R——摩尔气体常数;

M_g——火药燃气平均摩尔质量;

T_1——火药的爆温。

式(3.10)表明,增加 T_1 或减少 M_g 后都可以提高火药力 f。

现有制式火药,M_g 约为 25g/mol,T_1 为 2600~3600K。因此,火药力的范围为 880~1200kJ/kg。但目前大口径武器使用的火药其火药力大致在 1100kJ/kg 以下,只有迫击炮才用较高火药力的火药。这是由于使用高火药力的火药往往受到武器烧蚀的限制。通常火药力每增加 20kJ,爆温要增加 200~700K,对于承受 3000K 高温已有困难的炮钢来讲,采用高爆温的火药来提高初速显然不是一个可取的方法。因此,长期以来研究低温而又高火药力的火药,即冷燃火药,一直进行得十分活跃。显然,此办法能有效地降低火药燃气的平均相对分子质量。

1) 硝胺火药

为了降低 M_g,在燃烧产物中要增加 H_2、H_2O 和降低 CO_2 的体积分数,这就要求提高 H/C 比。根据 C—H—O—N 系火药的燃烧反应规律,在一定温度下,平衡产物中 H_2O 的增加必定伴随 CO_2 的增加,而 H_2 的体积分数即要减少。只有在火药组分中减少氧的质量分数才会在减少 CO_2 的同时使 H_2 的体积分数增加。已发现,用含有 $>N—NO_2$ 基的硝胺类物质代替普通火药中部分含有 $—ONO_2$ 基的硝酸酯作为火药组分对降低燃气平均相对分子质量、提高火药力有明显的效果。目前,硝基胍火药(三基火药)已获得实际应用。由于黑索金(RDX)、奥克托金(HMX)分子中 $>N—NO_2$ 基的质量分数较硝基胍的多,因此,含 RDX、HMX 或其他硝胺类物质的新型火药也已获得应用。

2) 混合硝酸酯火药

用新型的硝酸酯来部分或全部代替双基火药中的硝化甘油,在不显著提高爆温的前提下,增加火药的做功能力,这也是目前和今后探索高火药力发射药的一个方向。例如,美军研制的一种混合酯火药,用丁烷三醇三硝酸酯(BTFN)、三羟甲基乙烷三硝酸酯(TMETN)及三乙二醇二硝酸酯(TEGDN)组成的混合酯取代硝化甘油,制成了 PPL-A-2923 发射药,其火焰温度比 M8 双基火药的低 309K,而火药力却比 M8 的高 2.4%。又如,用三羟甲基乙烷三硝酸酯、三乙二醇二硝酸酯、二乙二醇二硝酸酯(DEGDN)组成的混合酯制得的 XM35 火药,其爆温与 M30 硝基胍药的相当,火药力略高于 M30,但力学性能特别是低温力学性能得到了很大改善。发展较低爆温而较高火药力的混合酯火药,也是以获得较低的燃气平均相对分子质量为手段的。

3) 含金属氢化物的高能发射药

美国陆军弹道研究所根据"减少燃烧产物的相对分子质量可增加发射药能量"的原理,开展了将金属氢化物和硼氢化物加到制式发射药组分中的研究。例如,添加 LiH 或 $LiBH_4$ 后,发射药能量比具有相同火焰温度的普通制式药高 10%~15%。这种药在 2200K 的定容火焰温度时,计算火药力大于 1500kJ/kg;而在定容火焰温度 3100K 时,计算火药力大于 1750kJ/kg,目前,这种组分的高能发射药仍处于研究阶段,其过强的反应活性和毒性等问题使其实际应用面临困难。

3.2.2 改善发射药的燃烧特性

要提高火炮初速,必须增大 p-l 曲线下的面积。比较理想的方案是保持最大压力不变,即在燃烧结束点之前使 $p=p_m=\text{const}$,即形成压力平台效应。用现在的火药及装药技术来实现压力平台似乎是不可能的。但是,适当改善火药的燃烧特性,改进 $p-l$ 曲线的形状,使其在最大压力点附近的曲线变得平缓些还是有可能做到的。

改善火药的燃烧特性,改进 $p-l$ 曲线的形状,提高火炮初速的主要技术途径可分为5种:

(1) 改变形状,增加发射药孔数。现实的情况已经从单孔增加到19孔之多,可以在一定程度上实现发射药装药的渐增燃烧,也是能量释放的渐增特性。

(2) 包覆技术。在发射药的表面涂覆阻燃或缓燃材料,降低发射药在点火和燃烧初始阶段的燃烧速度,实现燃烧和能量释放的渐增特性。

(3) 多层结构发射药,以能量和燃速(由低到高)不同的配方构成(由外到里)多层发射药,实现燃烧渐增特性。

(4) 按序分裂杆状发射药与装药(PSS),是利用发射药本身的几何形状特征,实现大量的燃烧面积增加出现在最佳的时间和膛内最大压力以后。

(5) 延迟点燃另一种装药。利用特殊技术,使一部分发射药在一定时间内点燃,相当于设计一个定时开关。

广义地理解后3种技术均属延迟点燃范畴。现已采用前两种技术,但燃烧渐增特性的效果是有限的。后3种技术可达到较理想的燃烧渐增特性,但难度很大。

1. 高渐增性火药

定义单位压力下的气体生成速率为气体生成猛度 Γ,即

$$\Gamma = \frac{1}{p}\frac{\mathrm{d}\psi}{\mathrm{d}t} \tag{3.11}$$

式中 p——膛压;

ψ——火药相对已燃体积。

根据内弹道理论,如若使气体生成猛度随膛内弹丸的加速而增长,就可以使 $p-l$ 曲线比较平缓。根据燃烧速度定律可得

$$\Gamma = \frac{\chi}{e_1}u_1\sigma \tag{3.12}$$

式中 χ——火药形状特征量;

e_1——火药起始厚度的一半;

u_1——火药燃速系数;

σ——火药相对燃烧表面积。

由式(3.12)可以看出,要使燃烧过程中气体生成猛度 Γ 变化,可以通过改变燃速系数 u_1 或相对燃烧表面 σ 来实现。因此,具有渐增性燃速系数或渐增性相对燃烧表面的火药(增面火药)装药都可以改善 $p-l$ 曲线,提高初速。

根据几何燃烧定律,多孔火药是增面燃烧火药。若采用多孔火药燃烧至分裂块形成瞬间的相对表面积 σ_s 作为渐增性的标识量,则随着孔数的增加,σ_s 增加,即孔数越多,增面性越强。但是当孔数增加至127孔以上时,σ_s 随孔数的增加已很缓慢。国外已研制过19孔和37孔的多孔火药。

2. 程序控制——开裂棒状发射药

程序控制——开裂棒状发射药(PSS)的结构如图3.3所示,这是一种高渐增性高密

度新药型。其概念是在发射药燃烧过程中,不是在初始点火时来控制燃烧表面面积的增加,而是在最需要增加燃气生成速率的时刻,发射药燃烧表面积按程序控制突然增加,有效地改善 $p-l$ 曲线,使火炮性能获得大幅度提高。其实现的方法是在药柱内部设计一种"埋置式"的槽,药柱开始燃烧时,这种槽不暴露在燃烧的炽热气体中,在标准减面燃烧期间的某一理想时间上,特别是在达到最高压力后,通过预定程序使药柱横槽暴露、开裂,导致燃烧表面积大大增加,相应地增大了气体生成速率。为保证内设槽按程序开裂,此种药柱的两端必须进行有效封端。此种发射药燃烧渐增性越大,装药的温度系数也越高,这一点有待解决。

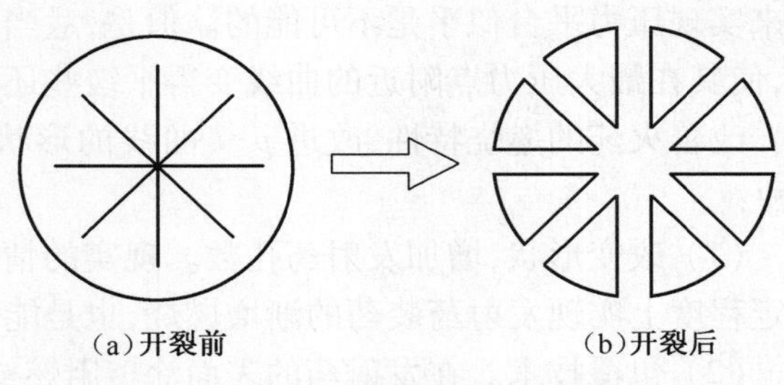

图 3.3 开裂棒状发射药结构示意图

3. 阻燃包覆发射药

在发射药药粒外表面包覆一层阻燃覆层,当这种经包覆的药粒点火时,燃烧基本从未包覆孔的内表面开始,这样,在药粒整个燃烧过程中,被阻燃的药粒外表面不燃烧,或直至药粒大部分燃烧后外表面才开始燃烧。显然,采用这一技术,使发射药装药的燃烧具有更强的渐增性,且由于其药粒初始燃烧表面比未阻燃药粒小,因此在同一最大膛压下,装药量允许得到增强,从而提高了弹丸初速。例如,未包覆的单孔药,呈减面性燃烧;若将其外表面用阻燃层阻燃,使药粒外表面在燃烧过程中完全阻燃,则可以实现完全的增面燃烧。研究表明,多孔火药采用阻燃包覆之后,其增面性和增速效果也有所提高。在相同的峰值压力下,经阻燃处理发射药获得的弹丸初速比用制式发射药获得的初速提高 2%,使有效射程提高 500m。如果把阻燃剂的设计与其他已证明行之有效的发射药技术,如高能组分和药粒增面燃烧药形等结合起来,初速提高 10%是可以达到的。阻燃剂也可采用借助于溶剂向发射药粒内部进行渗透的方法进行分布,使阻燃剂浓度自药粒外层向内层逐渐减少,使外层燃速充分下降,且形成一种渐增性燃烧效果。这种方法通常称为钝感。钝感技术过去多用于枪用发射药,近年来已开始用于炮用发射药。

如何有效地控制发射药粒的阻燃区厚度,解决阻燃剂与基本发射药的化学相容性以及防止阻燃剂在药粒内浓度分布随储存时间变化而产生弹道性能的下降等,是发射药阻燃包覆、钝感技术要解决的重要课题。

目前,国内在发射药包覆阻燃技术方面已有重大突破。国内的专家采用特种包覆材料,加入 TiO_2 等迁移能力十分低的阻燃剂,解决了与本体发射药的粘结强度、化学相容性以及阻燃剂在药粒内部的迁移等问题。并且,通过多层包覆,可使阻燃剂质量分数分布自外层向内层逐渐减少,从而实现阻燃或钝感深度任意可调的效果。

3.3 提高初速的新发射原理

火炮的初速在一定的技术条件下是有限度的,就目前的技术水平而言,可以将现有的火炮速度提高 5%以上,更大幅度地提高需要在发射原理与方式上改变。

就利用固体发射药发射的传统火炮而言,其工作模式是借助药室内火药燃烧产生的高压气体产物膨胀对弹丸做功，从而在极短时间内获得极高的弹丸初速。然而，传统火炮发射过程中，火药在膛底燃烧，而依靠弹底压力推动弹丸，由于燃气分子存在惯性，形成弹后压力梯度，并且压力梯度是装药质量比 m_y/m（m_y 为装药质量，m 为弹丸质量）的强函数，当初速增加到一定值之后，初速增加速度远远低于装药量增加速度，如图 3.4 所示。弹丸初速极限是由于常规火药气体分子量太大造成的。用分子量大的火药燃气加速弹丸时，火药燃气有很大一部分能量用来加速火药燃气本身，因此用来加速弹丸的能量就减少了。所以，即使非常轻的弹丸所能获得的最大速度也是比较低的。

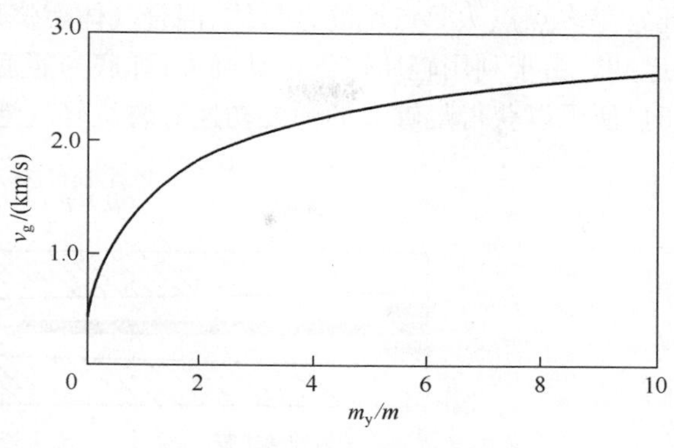

图 3.4　弹丸初速与装药质量比

由此可见，提高初速的主要技术途径，除传统减小弹丸质量、增大炮膛面积、增长身管、增大装药量、减小弹后压力梯度、提高膛压曲线充满度等外，还可以从提高初速极限和减小压力梯度（采用轻质工质和减小分子运动等）角度出发，研究新型发射原理和技术，如轻气发射、随行装药发射、液体发射药发射、电热发射及电磁发射等。

3.3.1　提高极限速度发射原理

1. 轻质气体发射

欲要提高初速极限，势必选择具有低密度、低声阻抗和高声速性能的轻质气体作为发射弹丸的工作气体。为了区别利用火药燃气作为发射弹丸的工作气体的常规火炮，称这种利用轻质气体作为发射弹丸的工作气体的火炮为轻气炮。

以不同种类的气体注入同一容器内，获得相同的压力所需的气体质量是不相同的。假设使某容器内气体压力达 200MPa，那么注入氢气时，其质量仅相当空气的 7%或相当火药气体的 4%就可以了。所以，以轻质气体作为发射的工作介质肯定对提高弹丸初速有利。

在满足低密度、低声阻抗和高声速性能要求方面，氢气和氦气明显比火药气体优越。在低分子量和低绝热指数方面，氢是比较优越的，因此使用氢气作为驱动气体会得到最好的发射性能。假定等熵压缩至 200MPa 时，氢气的温升比氦气要小得多。高温气体烧蚀发射管会在工作气体中掺入很多金属蒸汽，加大了气体分子量，使气体性能下降。因此，在相同工作压力下，氢气对发射管的烧蚀作用比氦气要小得多。但是，从使用安全性考虑，氦气是惰性气体，不会发生爆炸，比较安全。然而在我国，氦气的价格比氢气的价格高许多，这也是选择驱动气体时不可忽视的因素。

燃烧轻气炮是一种利用低分子量的可燃混合气燃烧膨胀做功的方式来推进弹丸，使之获得较高速度的发射系统。燃烧轻气炮使用两种或多种反应气体，如可燃轻质气体（通常为氢气）和氧化剂气体（通常为氧气）代替普通火炮的发射药。可燃轻质气体和氧化剂气体在压力作用下按给定配比进入燃烧室而合成为混合气体。发射时，通过点火

(通常是多点点火)点燃混合气体,混合气体燃烧形成高温高压轻质燃气推动弹丸在炮膛内运动。由于利用轻质燃气推动弹丸,弹底与膛底的压力降小,膛内声速大,当身管足够长时,便可以获得足够大的弹丸初速。燃烧轻气炮工作原理如图3.5所示。

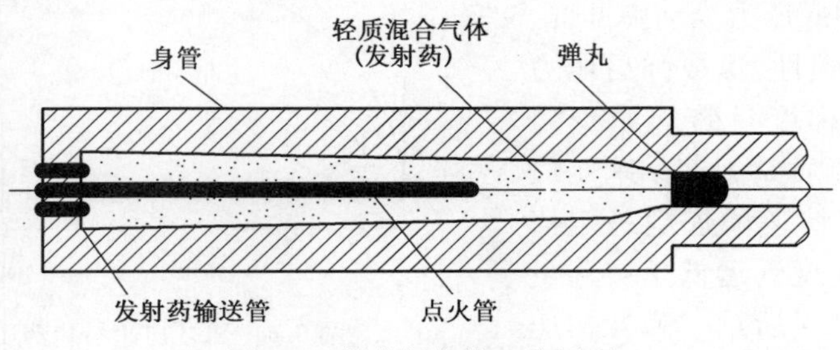

图3.5 燃烧轻气炮工作原理

美国通用动力公司使用氢、氧、氦混合气体发射2g重的16mm弹丸,初速达4200m/s。美国UTRON公司45mm燃烧轻气炮,发射1.1kg弹丸的炮口初速为1700m/s;发射0.544kg弹丸,初速达到2100m/s。UTRON公司155mm燃烧轻气炮,采用70倍口径身管发射质量15kg的弹丸,初速超过2000m/s;采用70倍口径身管发射质量45kg的弹丸,初速也将超过1500m/s。

2. 电热发射

自然界中,物质的分子或原子的内部结构主要由电子和原子核组成。在通常情况下电子与原子核之间的关系比较固定,物质也就分别以相对固定的3种基本形态存在,即通常熟悉的固态、液态和气态,相应物质称为固体、液体和气体。实际上,物质还存在于第四态——等离子态(等离子体)。

随着温度的上升,物质的存在状态一般会呈现出固态→液态→气态3种物态的转化过程。普通气体温度升高时,由于物质分子热运动加剧,使气体粒子之间发生强烈碰撞,大量原子或分子中的电子被撞掉而"电离",这样物质就变成由自由运动并相互作用的正离子和电子组成的混合物。通常把物质的这种存在状态称为物质的第四态,即等离子体。因为电离过程中正离子和电子总是成对出现,所以等离子体中正离子和电子的总数大致相等,总体来看为准电中性。即等离子体可以看作是"电离"了的"气体",它呈现出高度激发的不稳定态,其中包含离子、电子以及未电离的中性粒子(原子和分子),其中正负粒子相等而整体呈中性。当温度高达$10^6\sim10^8$K时,可能所有气体原子全部电离。

等离子体比标准发射药生成的气体轻,加速气体自身做功能量损耗少,利用等离子体来加速弹丸时其做功贡献多,有较高的效率,可以获得很高初速。等离子体本身是"带电"的,利用等离子体来加速弹丸时,初速极限会大大提高。从人工电离的原理和方法可以知道,可以通过高压放电,使不同物质电离,形成等离子体。通过高压放电得到的等离子体是高温等离子体(温度可达5000~20000K),也称热等离子体。利用热等离子体来加速弹丸的火炮,称为电热炮。

电热炮是全部或部分地利用电能加热工质产生热等离子体来推进弹丸的发射装置。它主要由外部电源和加速器两大部分组成,如图3.6所示。

电热炮的工作原理是靠电所产生的等离子压力推动弹丸运行。电热炮的工作过程(也称电热发射过程)主要分为有限高压放电、形成等离子体射流、内弹道过程3个阶段。

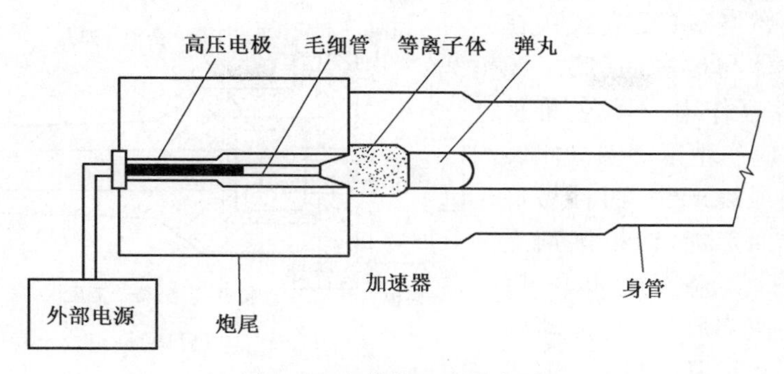

图3.6　电热炮组成示意图

在电热过程中,外部电源提供的电能经导线输入连接毛细管的电极,在高电压、强电流作用下电极放电,激发毛细管,从而产生低质量、高温(10^4K以上)、高压等离子体,从而沿身管加速弹丸。电热炮中的等离子体产生及其做功过程是在封闭的放电管或炮膛内进行,又都是脉冲式工作的。用等离子体直接推进弹丸的,称为直热式电热炮或单热式电热炮,也称普通电热炮。从能源和工作机理方面考虑,直热式电热炮是全部利用电能,“纯粹”利用“热等离子体”来推进弹丸的,故也称为纯电热炮。

1956年,一位名叫布洛克松的科学家,设计出另一种电热炮,采用电弧加热氦气的方法,把直径为3mm的尼龙环加速到2.99km/s。

由于纯电热炮是脉冲式工作的,发射过程极短,对发射过程的控制困难,很难获得稳定的发射性能。一般电热发射,是先利用高功率脉冲电源放电产生高温高压等离子体,然后再利用加热第一工质产生的等离子体射流去与其他更多质量的低分子量的第二工质作用,使第二工质汽化或离解和燃烧、加热,产生高温高压燃气,借助高温高压燃气的热膨胀做功来推进弹丸。用电能产生的热等离子体再加热其他更多质量轻工质成高压气体而推进弹丸的,称为间热式电热炮或复热式电热炮。绝大多数间热式电热炮,发射弹丸既使用电能产生的“热等离子体”,又使用第二工质化学反应的“化学能”来推进弹丸,故也称为电热化学炮。一般电热化学炮发射能量的20%~30%来自电能,70%~80%来自化学能。

电热化学炮的第二工质的初始状态可以是固体、液体、浆糊状的胶体或气体,但其分子量一般都比常规火炮用的固体发射药分子量低得多。也可以直接用热等离子体与普通固体或液体发射药作用,使其发生化学反应,变成含少量热等离子体的高温高压燃气来推动弹丸。

通常所说的电热化学炮,是将电能转变为热能,使固体推进剂或液体推进剂燃烧,产生高温高压气体推动弹丸高速发射的火炮。电热化学炮的炮弹由等离子体喷管、推进剂和弹丸等组成。电热化学炮的组成如图3.7所示。

典型电热化学炮的基本工作原理是,由外部电源提供电能,由第二工质提供化学能;当闭合开关后,由大容量高功率脉冲电源发出的高电压大电流(所用的电压为5~25kV不等,电流在100kA~1MA范围内),经脉冲成形网络的调节,使其成为波形符合弹道要求的电流脉冲,输入到毛细放电管两端的电极上使之放电,高电压、大电流加热放电管内的介质(第一介质);在高电压、强电流的作用下,电极放电,激发毛细管,在毛细放电管内产生低原子量、高温、高压的热等离子体射流;在高压作用下,高温等离子体射流从喷口高速射入含有工质的燃烧室(反应区),在其内热等离子体与推进剂(第二工质)及其燃气相互作用,不仅使推进剂发生化学反应产生以高温高压燃烧气体为主的最终产物,而且将输入的电能转化为热能,向推进剂提供外加的能量;燃烧室压力上升,使推进剂气体快速膨胀做功,推动弹丸沿炮管向前运动,从炮口射出。

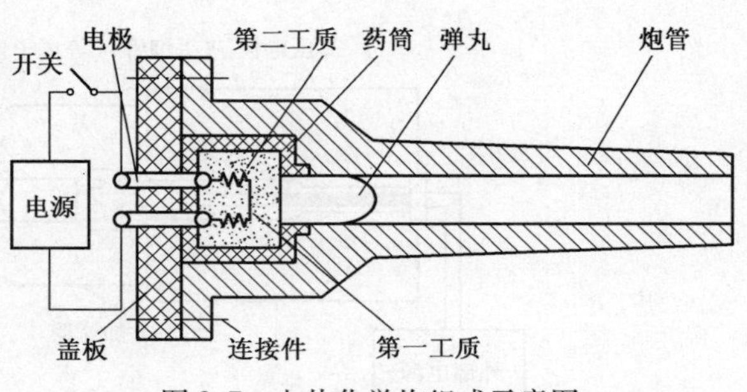

图 3.7 电热化学炮组成示意图

1993 年,美国国防核武器局已制成炮口动能为 18MJ 的 127mm 舰炮样炮,把 25kg 的弹丸加速到 1.2km/s 的初速;陆军武器发展中心委托食品机械公司(FMC)研制的 120mm 反坦克炮已能把弹丸加速到 3km/s。

3.3.2 改善弹后压力分布发射原理

对于普通装药的火炮发射,由于药室内的燃气大部分都不能跟上弹丸的运动速度,在膛底和弹底之间存在着一个压力梯度分布,由于这一压力梯度的存在,使得用于推动弹丸运动的压力小于膛底压力;同时发射药燃烧释放出的能量,不仅用于推动弹丸运动,还要用于加速弹丸尾部的发射药气体,以保证该部分气体与弹丸以相同的速度运动,因而严重地影响了弹丸初速的提高。

1. 随行装药效应

为了减小这种压差和气体流动时的能量损失,1939 年兰维勒提出随行装药的概念,将发射药装于弹底,使其可以随弹丸一起运动(随行),点火后,随着弹丸一起运动的弹后发射药不断燃烧,产生发射药燃气,利用发射药燃气推动弹丸,并在弹丸出炮口前燃烧完毕。由于随行装药的燃烧,能够在弹丸底部形成一个很高的气体生成速率,从而有效提高了弹底压力;同时,局部的、高速的固体发射药燃烧生成的发射药气体在气固交界面上形成很大的推力。与普通装药的火炮相比,该推力与弹丸底部附近的气体压力相结合,导致了对弹丸做功能力的增加,直至该部分发射药燃完。在理想情况下,由于随行装药燃烧释放出的燃气直接有效地作用于弹底,在膛底和弹底之间不存在像普通装药情况那样的压力梯度,所以使用随行装药技术能够使得弹丸获得更高的初速。

2. 随行装药火炮工作原理

在常规发射药火炮中,可通过增加装药量来提高初速。这样当弹丸开始起动时,大量的化学能开始加速燃烧气体,这使得在药室和弹丸之间产生了极高的压力梯度,膛底压力过高而弹底压力增加却不十分显著。弹丸初速主要取决于弹底压力,由于药室尺寸的限制和大口径武器的烧蚀问题,装药量不可能太大,这样仅靠提高装药量来解决初速问题就受到一定的限制。

典型的火炮系统是随行装药/弹丸的综合体。一般随行装药的火炮工作过程可分为两个阶段,第一阶段是点燃常规粒状助推装药,这时膛压迅速增加并且弹丸和附在弹底的高燃速随行装药发射药也开始加速。第二阶段是在起始增压过程的某一点上,通常在助推装药产生的最大压力之后,随行装药开始点燃。接着调节随行装药的燃烧,使其以极高的速度喷射燃烧产物,以此获得恒定的弹底推力/压力,一直到炮口发射药燃完。随行装药火炮工作原理如图3.8所示。

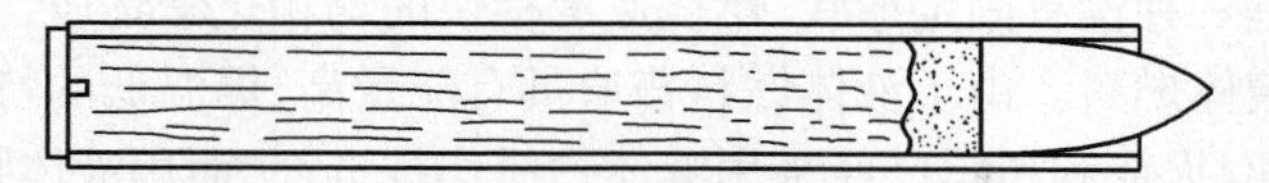

图3.8　随行装药火炮工作原理

利用随行装药效应,随行装药一边燃烧产生高速气流,一边与弹丸一起运动,弹丸除受到助推药的推力外,还在运动中受到随行装药的推力,与常规装药相比提高了弹底压力,降低了膛底与弹底之间的压力差,这样在最大膛压不变的情况下提高了初速,或者选到相同的初速时,膛压下降了。降低了对火炮的烧蚀,随行装药发射药燃烧时,在出口处气流速度比常规装药的气流速度低,结果用于加速燃烧气体的化学能也就降低了,这样提高了能量利用率。

有人已在40mm火炮上采用固体随行装药方案,把质量为160g的弹丸加速到2063m/s。美国使用液体随行装药发射系统的试验结果表明,采用LP1845液体发射药,可将弹丸初速提高到3000m/s以上。

3.3.3　压力平台发射原理

按经典火炮内弹道理论,发射药的燃烧服从几何燃烧规律,即燃气生成速率取决于发射药的线燃速(发射药的固有特性)和燃烧表面积(发射药形状)。选定发射药之后,决定燃烧规律的就只有发射药的形状。目前常规火炮用的发射药都是固体发射药(火药)。

固体既有固定体积又有固定形状。固体发射药是一种具有固定形状、燃烧速度很快的化学物质。对固体发射药而言,一经装药设计完成后,发射药的颗粒形状就确定了,其燃烧规律也就确定了,内弹道规律亦被确定。因此,固体发射药一经点火燃烧,燃烧过程几乎就没法控制。在发射过程中,发射药燃烧,不断生成燃气,具有使膛压上升的趋势;而弹丸加速运动,不断增加弹后空间,具有使膛压下降趋势;在这两种因素综合作用下,膛压曲线呈现先上升后下降的单峰形式。火炮初速取决于膛压曲线下的面积,提高火炮初速的技术途径之一就是提高膛压曲线下的面积(膛压充满度),如果最大膛压能维持一段时间(称为压力平台),则能有效提高火炮初速。控制火药的燃烧规律的技术措施有控制火药线燃速(取决于火药特性)和燃烧表面积(取决于装药设计)。显然,固体发射药是无法实现"压力平台"的。此外,固体发射药火炮还有几个明显的缺点:一是,固体发射药一般制成带孔颗粒装填到炮膛,颗粒间还存在较大间隙,因此火炮的装填密度远小于发射药本身密度(例如,硝化棉火药的密度为1.56~1.62g/cm^3,一般火炮装填密度为0.5~0.8g/cm^{3}甚至更低),导致火炮性能受限;二是,固体发射药颗粒形状决定了燃烧过程,一旦发生前固体发射药颗粒破碎,将改变燃烧过程,甚至会带来灾难性后果;三是,固体发射药的爆温高,给火炮造成的烧蚀严重,限制火炮使用寿命;四是,固体发射药一般要用药筒盛装,药筒不但占据了炮弹的相当一部分重量和尺寸,还限制了火炮的安装和使用。由于上述缺点靠固体发射药自身难以克服,因此人们希望能够开辟一些新能源代替固体发射药,液态发射药就是首当其冲。

液体有固定体积而没有固定形状,具有易流动的特性,便于控制。如果采用液态发射药,那么就有可能对发射过程中的发射药燃烧过程实施控制,达到提高火炮发射性能的目的。

液体发射药是一种没有固定形状、燃烧速度很快的均相化学物质,其实就是加入了一定量的氧化剂的液体燃料。由于液体燃料普遍具有能量高、爆温低的特点,早已引起了军事工程人员的兴趣,火箭和鱼雷已经采用液体物质作推进剂,而用液体物质作火炮的发射药的研究则始于20世纪40年代。

液体发射药火炮(LPG)是使用液体发射药(LP)作为发射能源的火炮。平时可以将发射药与弹丸分开保存,发射时同时装填。

外喷式液体发射药火炮,是将喷射活塞、贮液室与火炮身管分置,利用外加动力或火炮本身燃气压力,将液体发射药按照发射过程需要的流量,喷射到燃烧室,按预定规律燃烧,形成压力平台,提高初速,如图3.9所示。由于该方案对实际应用中喷射能量要求过大,因而仅在液体发射药火炮的初期研究中进行了少量试验就被放弃。

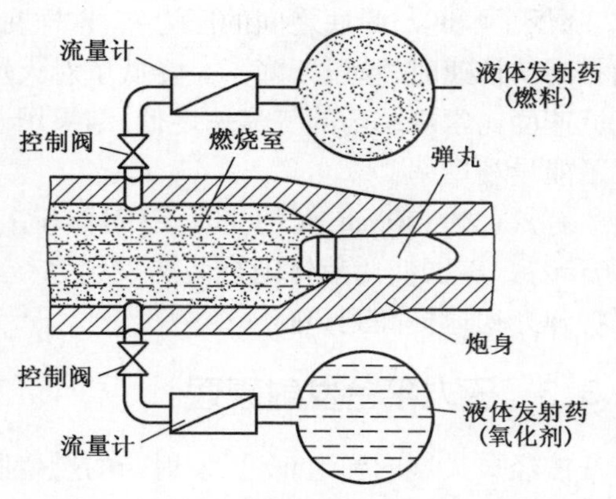

图3.9 外喷式液体发射药火炮示意图

再生式液体发射药火炮(RLPG)的工作原理如图3.10所示。在发射前,液体发射药被注入贮液室。点火具点火,点火腔内的点火药(固态或液态)燃烧,生成的高温高压气体由点火具孔喷入燃烧室中,使得燃烧室内压力升高,推动再生喷射活塞并挤压贮液室中的液体发射药。由于差动活塞的压力放大作用,使得贮液室内液体压力大于燃烧室内气体压力,迫使贮液室中的液体发射药经再生喷射活塞喷孔喷入燃烧室,在燃烧室中迅速雾化,被点燃并不断燃烧,使燃烧室压力进一步上升,继续推动活塞并挤压贮液室中的液体发射药,使其不断喷入燃烧室,同时推动弹丸沿炮管高速运动,形成再生喷射循环,直到贮液室中的液体发射药喷完为止。

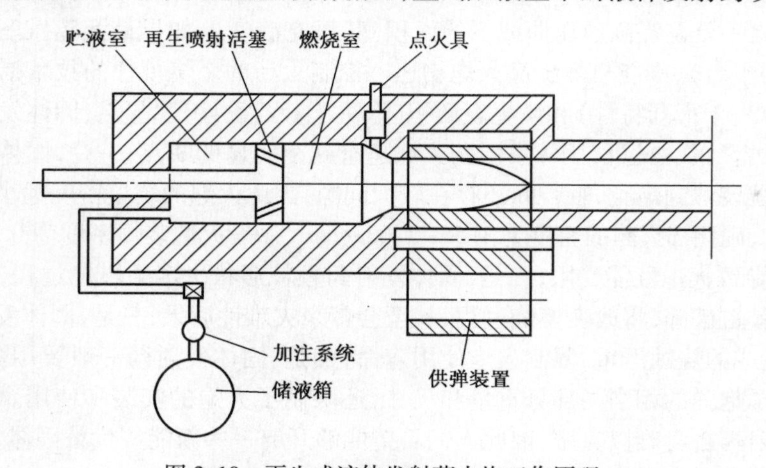

图3.10 再生式液体发射药火炮工作原理

液体发射药火炮就是为适应现代战争的需要而发展起来的一种新型火炮。再生式液体发射药火炮是利用液体发射药作为发射能源，利用再生喷射原理进行工作，利用膛压的压力平台提高初速（图3.11），利用无药筒和发射药自动加注提高射速，利用发射药的可变性减小弹药储存体积和提高携弹量，利用发射药的低易损性提高安全性，利用液体发射药加注可控性较易实现火炮发射无人控制和减小操作空间。再生式液体发射药火炮在提高火炮初速、射速、自动化程度、机动性及后勤保障性能等方面具有其独到之处。再生式液体发射药火炮是目前发展最快、最接近实用的液体发射药火炮。

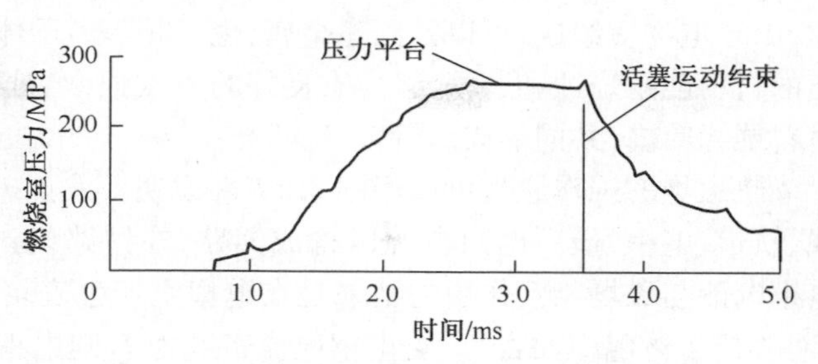

图3.11　再生式液体发射药火炮压力平台

3.3.4　电磁发射原理

电磁发射是一种新概念军事技术，其借助电磁力做功，将电磁能转化为弹丸的动能，完成各种作战任务。电磁发射器就是利用电磁能发射物体，即全部利用电磁能工作。尽管电磁发射器的概念已经远超出“火炮”的范畴，由于最典型的化学发射是火炮，而电磁发射器的外形又与传统火炮具有一定相似性，因此人们习惯上俗称电磁发射器为“电磁炮”。

1. 电磁发射原理

根据工作方式不同，电磁炮包括轨道炮、线圈炮和重接炮。从电动力学的观点，所有电磁发射用的推力都来电磁力（即洛伦兹力或安培力）。

电磁炮一般包括发射器本体、被发射物组件和高功率脉冲电源三部分。发射器本体是高功率脉冲电源的负载，高功率脉冲电源向其提供强大的电流；而被发射物组件由被发射的有效载荷及其承载机构组成，它在发射器本体上或其内被发射器加速到超高速。这三部分组成不可分割的完整系统。

由于电磁炮发射“一发弹”，就是要在极短的脉冲时间内把大质量发射体加速到超高速，使其具有极高的功能，相当于需要在瞬间聚积几座发电站输出的强大电力（瞬时功率），直接利用“公共电源”是不可能的，因此电磁炮所用的电源必须是高功率脉冲电源，其储能多、释放快和大电流（几十千安到几兆安），即电磁炮要求高功率脉冲电源储能密度高、体积小或重量轻，以便能机动应用。

2. 轨道炮工作原理

轨道炮又称导轨炮，是电磁炮的主要形式之一。简单轨道炮由一对平行金属轨道、一个带电枢的弹丸（发射物）以及高功率脉冲电源组成。其中电枢位于两轨道间，由导电物质组成，发射过程中导通两轨道，与之形成电流回路。弹丸在两轨道间和电枢前，视不同目的，可以是不同形状和材料。两金属轨道必须是良导体。轨道的功能除传导大电流而形成强大磁场外，还用于为发射体导向，引导发射体运动。高功率脉冲电源提供MA量级的脉冲电流，输出电压在100kV量级，一般通过开关与轨道相连接。位于两轨道间的电枢,由导电物质组成,可以是固态金属,也可是等离子体,或者是两者的混合体。两金属轨道的材料能耐烧蚀和磨损,且应有良好的机械强度。这种轨道常常镶嵌在高强度的复合材料绝缘筒内,共同形成炮管。

轨道炮的工作原理可以用图 3.12 来说明。发射时,将开关闭合,电流 i 通过馈电母线、轨道、电枢,最后返回电源以构成回路,在回路内产生磁场(设其磁感应强度为 $\boldsymbol{B}$)。电枢电流与磁场相互作用的结果是在电枢上产生安培力(对固体电枢而言)或洛伦兹力(对等离子体电枢而言)。若电枢电流密度为 $\boldsymbol{I}$,则电枢被 $\boldsymbol{I}\times\boldsymbol{B}$ 力所加速。电枢推动弹丸前进。因为 $\boldsymbol{I}$ 和 $\boldsymbol{B}$ 的大小均正比于电流 i,所以加速弹丸的电磁力正比于电流 i 的平方。不计电路中的其他损失,作用在电枢弹丸上的电磁力为 $F=L_r i^2/2$,其中 L_r 为轨道电感梯度(轨道单位长度的电感)。当然,轨道和馈电母线也因受力而向外扩张,但因它们已事先被固定,因而不能移动。

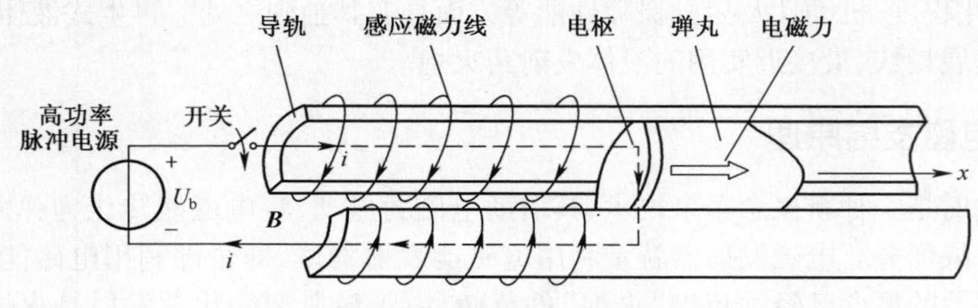

图 3.12 轨道炮的工作原理

2001 年 11 月,美国海军决定发展一型炮口动能为 64MJ 的舰载电磁轨道炮,以满足海军对未来海上火力支援的需求。电磁轨道炮必须是可以安装在水面舰只上,其重量相当于 155mm 高级火炮系统,能够以 64MJ 初始动能和 2500m/s(7.5 倍声速)的初速度发射 20kg 的弹丸。2008 年的试验以 2500m/s 的速度发射了重约 3kg 的炮弹(炮口动能约为 10MJ)。2010 年 12 月,美国海军成功试射电磁轨道炮,炮口动能达到 33MJ,其炮弹速度超过 5 倍声速,射程远达 110 海里(204km)。

3. 线圈炮及其工作原理

线圈炮是电磁炮的主要形式之一,早期称为“同轴发射器”、“质量驱动器”或“行波加速器”等。线圈炮一般是指用脉冲或交变电流产生磁行波来驱动带有线圈的弹丸或磁性材料弹丸的发射装置。

就一般情况而言,线圈炮由若干个固定的定子线圈组成火炮的“身管”,起驱动作用,称为驱动线圈,也可称身管线圈;固连在弹丸(发射体)上的线圈构成电枢(被驱动),称为弹丸线圈,其内装有弹丸或其他发射体;电枢经各级定子线圈逐级加速,最后获得出口速度而发射。由于线圈炮是利用驱动线圈和弹丸线圈间的磁耦合机制工作,因此线圈炮的本质可以理解成直线电动机。

线圈炮的加速机制可以用一对线圈来说明,驱动线圈与弹丸线圈同轴布置,在线圈中心线平面上,加速原理如图 3.13 所示。驱动线圈被激励产生磁场。电枢中也载有电流,它可以是单独供给的,也可以是因驱动线圈中的电流感应产生的。设电枢向右运动,两线圈电流同向,由左手定律可以得到磁场方向。当电枢位于驱动线圈左侧时,电枢所受的电磁力向右,成为加速力,加速电枢运动。但是,假若当电枢通过驱动线圈中面以后,两电流仍同向,则电枢所受的电磁力向左,成为减速力。因此,必须使两电流之一反向,以便仍为加速力;或者切断,使之不受减速力。前者为全波工作,后者为半波工作。总之,要求线圈炮的驱动线圈放电驱动弹丸线圈应当同步。

1976年,苏联科学家本达列托夫和伊凡诺夫采用电容器供电的感应线圈把质量为2g的金属环抛体加速到1.2km/s。

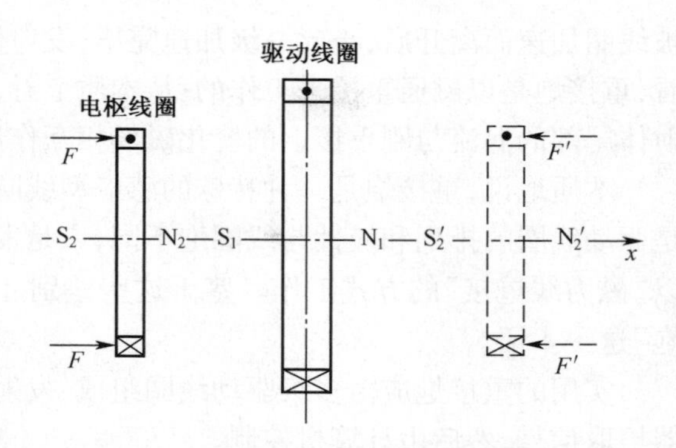

图3.13　一对同轴线圈的加速原理示意图

4. 重接炮工作原理

典型的重接炮是由一对或多对线圈和一个实心发射体组成。下面以单级重接炮为例介绍其组成和工作原理,如图3.14所示。单级重接型电磁发射装置上下各有一个驱动线圈,两驱动线圈同轴对称放置,中间留出较小间隙以便发射体(板状弹丸)在其中运动。发射体是由抗磁性良导电材料做成的实心物体,以防止磁场快速渗入其内。各驱动线圈可有自己的独立电流或共用一个电源。两线圈缠绕或串联时应保证磁力线方向相同,并且垂直于板状发射体。发射体的面积应略大于线圈空心口的面积,以便能完全将空心口遮住。对重接炮,当板状发射体尚未进入线圈间隙时,此时不需要对线圈馈电。此时线圈无电流和无磁场。可以用机械或其他电磁方法推动板状发射体进入,以便板状发射体以一初始注入速度进入重接炮的两驱动线圈中间的间隙中。当板状发射体的前端达到线圈前沿,即发射体完全遮住线圈空心口时,发射体与驱动线圈有最大的磁耦合,外接脉冲电源向驱动线圈充电并使电流达到最大值。当发射体的后沿与线圈的后沿重合时,将外接的脉冲电源断开,此时的电能以磁能方式储存在上下两个线圈的磁场中。由于磁力线不能在短时间内渗入或通过抗磁性的发射体,所以磁力线被发射体截断,强迫上下驱动线圈产生的磁通自成回路,不能"重接"。当发射体向前运动使其尾部与线圈边缘拉开缝隙时,即上下两线圈间的磁隔离被部分地取消,原来被发射体截断的磁力线在拉开的缝隙中重接,重接使原来弯曲的磁力线有被"拉紧"变直的趋势,从而推动发射体后缘使其向前运动。此时原储存在驱动线圈内的磁能变成发射体的动能,这是因为发射体后沿受到重接的磁通强有力的加速作用所致。因此,发射体只会被加速而不受减速作用。当发射体

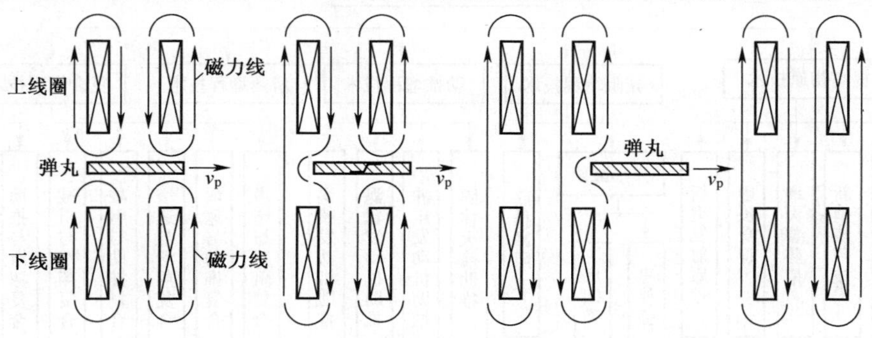

图3.14　重接炮工作原理

被线圈加速而离开后，至此一级加速完毕，发射体进入下一级并重复以上过程。从形式上看，重接炮是以磁通重接来工作的；从本质上看，是变化的磁场在发射体内产生涡流，而发射体尾部的涡流与刚重接上的变化磁场相互作用产生电磁力，从而推动发射体向前运动。

本质地说，重接炮是一种特殊的感应型线圈炮。重接炮与线圈炮的主要差别在于：一是驱动线圈的排列和极性与线圈炮不同；二是发射体为实心的非铁磁材料的良导体；三是以“磁力线重接”的方式工作。鉴于这些差别并尊重发明者和习惯称谓，一直沿用“重接炮”这一术语。

实用的重接炮应由多级驱动线圈组成，发射体仍需与各级电源的激励同步，并用传感器拾取信号，然后由计算机控制。

1990 年，美国桑迪亚国家实验室建成直径为 14cm 的六级重接炮，在 81cm 长度上，把将 5kg 的柱状弹丸加速到 335m/s。现已能把 150g 重的板状发射体加速到 1km/s。

3.4　提高射程技术

3.4.1　提高射程的主要技术途径

射程是火炮的主要性能指标，增大火炮射程是火炮发展的永恒主题之一，一直是火炮技术的发展核心。

战争的根本原则：消灭敌人，保存自己。战争中总是希望在“安全的距离”上消灭敌人。在冷兵器时代，兵器长一寸威力就强一分。现代战争，在精确命中、先敌开火、突然袭击的条件下，火炮射程的增大使火力覆盖范围增大，可以在敌方火力范围之外开火，如果射程超过敌方则有利于取得战场的主动权，可实现纵深战场压制，可提高战场生存能力。从 20 世纪 70 年代开始，世界各国竞相研究火炮增程技术，并把它作为 21 世纪初火炮发展的重要内容。

火炮增程技术是增大火炮射程的综合技术。它是在利用内弹道学、空气动力学、外弹道学、发动机原理和新型发射技术研究成果的基础上发展起来的。增大火炮射程的技术途径有多种，如图 3.15 所示。在火炮设计时，很少单一使用一种增程技术，而是几种技术合理匹配、复合，从而使火炮获得最大的增程效果。

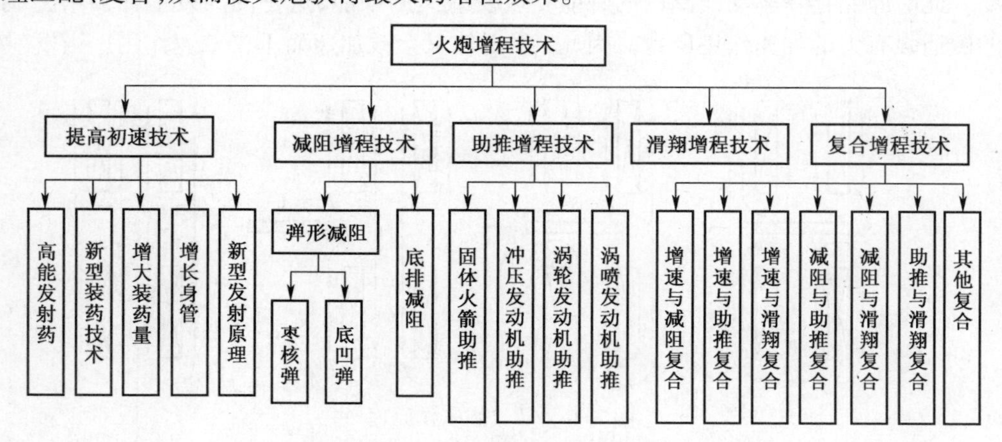

图 3.15　增大火炮射程的技术途径

加长身管是增大火炮射程的技术措施之一。身管的长度决定了弹丸在膛内的行程，从而决定了高压气体对弹丸的作用时间。增加身管长度后，延长了高压气体对弹丸的作用时间，因而提高了弹丸的飞行速度，增大了射程。20世纪80年代以前，国外研制的155mm榴弹炮，身管长度一般为39或40倍口径，炮管实际长6m左右，火炮初速约820m/s，射程22～24km。新研制的同口径火炮，身管长增加至45倍口径（长约7m），初速提高到900m/s左右，最大射程超过30km；美国改进型M109A6式自行榴弹炮等，其身管长度达到52倍口径（长在8m以上），发射普通榴弹最大射程可达40km。加大药室容积，增加发射药装药量，采用高能发射药，研究新的发射能源、新发射原理等提高弹丸初速，是增大射程的主要技术途径。

减少弹丸飞行阻力是常用的增大射程技术措施。作用在弹丸上的阻力由摩阻阻力、涡流阻力（底阻）、波动阻力组成，超声速时这些阻力的比例分别为10%、30%、60%左右，低声速时，这些阻力的比例分别为35%、60%、5%。将弹丸设计成流线形的目的就是减少波动阻力。从减小底阻考虑出发来增程，主要采用底凹弹、枣核弹及底排弹等。枣核弹的弹形长径比在6倍以上，弹头长占全弹长的80%左右。这种弹形的阻力比圆柱榴弹的阻力减少25%～30%，弹形减阻增程率达6%～10%。底排弹的圆柱形弹丸的弹尾部形成低压区（即周围被气体边界包围的低压空间），造成底部阻力。底排增程技术根据气体热力学原理，向弹尾部的低压区排入质量、热量（即加能、加热），提高这一空间的压力，从而减小底阻、增大射程，增程率达25%～40%。目前，底排技术已经比较成熟，各国已有装备。如比利时155mm榴弹炮原射程为30km，改用底排增程弹后达到39km，增程率为30%。

发展助推增程弹药技术是增大射程的有效途径之一。火箭助推增程弹靠火箭发动机产生的高速后喷气流对火箭产生反作用力，再加上火箭发动机出口处的压力与大气压力之间的压力差，产生向前的推力，增大火箭向前的速度从而达到增程目的。尽管火箭弹的弹体内要装燃料，对战斗部的威力有一定负面影响，但是在各国新近研制的先进火炮系统中仍有利用，一般火箭增程的增程率可达25%～40%，目前155mm火箭增程榴弹可以使射程达到50km。冲压发动机增程弹是在弹丸从膛内发射出去后，利用冲压发动机获得高初速。在高速飞行中，空气由弹丸头部的进气口进入弹丸内膛的喷射器，然后进入燃烧室，空气流过燃烧的燃料表面，氧气与燃料充分作用，燃气流经喷管加速，以很高的速度从喷管喷出。这种很大的后喷动量，使弹丸得到高初速。南非52倍口径155mm火炮采用冲压发动机增程可以使射程达到70km。

滑翔增程弹是弹体上装有翼面的炮弹，通过增大弹丸升力来实现增程。增程原理：炮弹在以一定速度飞行、保持一定攻角的情况下，能依靠弹翼产生向上的升力，使炮弹的高度降低很慢，从而飞行较远的距离，达到增大射程的目的。理想的结果是使弹丸在运动过程中法向加速度趋近于零。这样弹丸便能以较小的倾角沿纵向滑翔较大距离，从而达到增加射程的目的。

在实际应用中，这些增程技术途径并非单独使用，火炮通常综合采用多项技术途径增大射程。目前采用滑翔增程与底部排气/弹形优化设计复合、滑翔增程与火箭发动机、弹形优化设计复合以及滑翔增程与弹形优化设计复合增程的技术，使炮弹的射程大幅度提高，成为弹药增程技术研究的热点。例如，美国MK45Mod4式127mm舰炮采用62倍口径身管，采用高能硝铵发射装药，炮口动能增加到18MJ，采用火箭发动机增程和滑翔增程的制导弹药等多项增程技术,射程达 117km。

3.4.2 超远程火炮

目前,发达国家的军队已进入一个新军事变革的时代,它以科学技术新成就为基础,不断创造出原理上具有创新概念的武器系统。近年来,美国、英国、德国、法国、意大利等国家综合采用各种先进技术,改进原有的武器和弹药,创新出射程超过 100km 的超远程火炮系统,如美国海军的 MK45 Mod4 式 127mm/62 倍口径的火炮系统等,使常规火炮系统的作用再度引人注目。

超远程火炮系统是指以中大口径常规火炮发射增程制导弹药,并采用各种增程手段,使射程达到 100km 以上的火炮系统。超远程火炮系统发射的炮弹称为超远程炮弹。

超远程火炮的主要特点:综合采用各种增程技术,使火炮系统射程超过 100km;采用全球定位系统和制导技术,使圆概率误差精度达到 30m 以下;采用模块式战斗部技术,携带不同的有效载荷,以完成不同的作战任务。超远程火炮系统可以大大提高海上炮火支援和野战炮兵常规火炮系统的纵深打击能力,是火炮界一次革命性的发展。

超远程火炮武器化关键技术包括系统总体技术、超远程火炮的主要技术(提高炮口动能所必需的结构改进、提高射击精度所必需的结构改进等)和超远程火炮的弹药技术(减阻技术、增程技术、制导技术、多任务技术等)。

在超远程火炮系统的研究方面,美国一直处于领先地位,火炮技术的改进尤以美国 MK45 Mod4 式 127mm 舰炮为典型(图 3.16)。美国 MK45 Mod4 式 127mm 舰炮主要改进内容是:提高炮口动能所必需的结构改进,发射常规弹药时炮口动能为 9.6MJ,发射 ERGM(远程制导弹药)时炮口动能从现有的 10MJ 增加到 18MJ;提高发射药质量和能量,采用 EX-167 高能硝胺发射药;用 62 倍口径身管代替 54 倍口径身管;提高制动负载量和后坐行程;采用改进型控制系统,并提供与 MK160 火控计算机系统的数字式接口。这种改进型舰炮于 1999 年 4 月进入小批量生产,2000 年年底,第一门改进型火炮将装备美国海军的 DDG81 驱逐舰。改进后的舰炮系统射程达到 116.5km,圆概率误差精度提高到 10~20m,

图 3.16 美国 MK45 Mod4 式 127mm 超远程舰炮

极大地提高了海军对岸火力支援能力。目前，韩国、智利、日本、澳大利亚、希腊、泰国、土耳其等国家是采用这种改进型舰炮的潜在客户。

美国155mm先进火炮系统。为了进一步增强海军水面火力支援能力，美国海军目前又在进行52倍口径155mm先进火炮系统（AGS）的研制工作，以装备到DD21对地攻击驱逐舰上。将火炮口径从127mm增加到155mm，并采用全自动弹药装卸与装填系统和传统的炮塔回转/俯仰技术（不是垂直发射火炮），同时研制127mm ERGM的放大型155mm ERGM炮弹，炮口动能将达到35～36MJ，并能将质量约91kg的155mm ERGM投送到185km的距离上，发射加速度预计为8000～10000g。

意大利127mm轻型舰炮由奥托·布雷达公司研制，其主要改进是：质量减小（22t），射速提高（35发/min），可安装到小型护卫舰和各种舰艇上；采用具有两个径向装填臂的自动装填系统和同轴后坐系统技术；炮塔外形具有隐身特性，且便于安装；发射定装式弹药，只需要一部输弹机。该火炮射击时可重新装弹，作战反应时间约5s。当发射新型弹药时，射程将达到70～100km。意大利还将采用60～65倍口径的身管改进这种轻型火炮，发射新型弹药的射程将达到120km以上。

法国GIAT公司的研究包括52倍口径的155mm火炮及弹药、带自动装填系统的炮架和专用火控系统。由英国宇航系统公司、国防评估与研究局、亨廷工程公司、马特拉宇航动力公司和汤姆森·肖恩导弹电子公司组成的低成本制导弹药（LCGM）项目组对155mm火炮与弹药技术进行了研究，研究的技术内容包括模块式装药系统、复合材料、炮用加固型GPS接收机、鸭式翼控制装置、采用微机电系统技术的惯性测量装置和相关传感器技术以及适于线膛身管的滑动闭气环等，火炮系统的射程将达到100km以上，舰炮将达到150km。

德国莱茵金属有限公司W&M分公司也在研制一种155mm旋转稳定并可转为尾翼稳定控制的底部排气制导炮弹。该研究由德国BWB采购局进行部分投资，以满足德国陆军未来作战的要求。该GPS制导弹药由现有155mm火炮发射时，射程为75～80km，当利用改进型火炮系统发射时，初速为1030～1220m/s，射程达到100km以上。

超远程火炮发展，主要是综合利用先进增程技术大幅度提高超远程打击能力，利用电子、信息、探测及控制等技术提高超远程精确打击能力，利用高效毁伤战斗部技术提高超远程作战效能。

第4章　提高射速技术

4.1　提高射速及其意义

炮兵火力单元在单位时间内发射弹丸的数量称为火力密度。火力密度大,对目标毁伤的概率和开火的突然性大,既增加了命中目标的可能性,也使敌方来不及采取机动的防御措施,从而增大了对目标毁伤的效果。尤其是提高防空反导的火力密度,可以提高自身生存能力。

火力密度通常用火炮的速射性来表述。火炮的速射性就是指火炮快速发射的性能。火炮的速射性是火炮战术指标的一项重要内容,是火炮快速发射炮弹的能力,它直接影响总体火力性能。通常用射速来表示。火炮的发射速度(简称射速)是指单门火炮在单位时间内(通常是指每分钟)可能发射的炮弹数量。

火炮的射速又分为理论射速和实际射速,往往不特别指明时所说“射速”可以理解为指的是理论射速。

理论射速,是指在不考虑外界条件的影响下,单门火炮在单位时间内(每分钟)可能的射击循环次数。理论射速体现为不考虑外界条件的影响时火炮本身能力。对小口径发射武器,往往将理论射速称为射击频率(简称射频)。

实际射速,是指在战斗条件下按规定的环境和射击方式,单门火炮在单位时间内能发射的平均弹数。实际射速是将瞄准、修正瞄准、重新装填(更换弹夹、弹匣或弹带)以及更换或冷却身管所需时间考虑在内,单门火炮在单位时间内所能发射的弹数。实际射速也称为战斗射速。

实际射速又分为最大射速、爆发射速(也称突击射速)和持续射速(也称极限射速和额定射速)。最大射速,是指在正常操作和射击条件下,单门火炮在单位时间内(每分钟)能发射的最大弹数。爆发射速,是指在最有利条件下在给定的短时间(一般10~30s)内,单门火炮能发射的最大弹数。持续射速,是指在给定的较长时间(一般1h)内持续射击,在不损害火炮技术性能条件下,所允许发射的最大弹数。持续射速一般是根据炮身温升情况确定的,即火炮持续射击而不超过温升极限时所允许发射的最大弹数。考虑极限射速可以避免身管材料的力学性能降低太多,炮膛烧蚀和磨损太快。通常限制炮身最高温度,小口径高炮为400~500℃,中口径高炮为350℃。一般爆发射速远大于正常的射速。例如,FH77式155mm榴弹炮的最大射速为6发/min,爆发射速为3发/15s,持续射速为2发/ min(1h内)。

火炮射速高低是相对的,根据不同类型而定,小口径自动炮的发射速度比大口径地面压制火炮的发射速度高2~3个数量级。例如,射速500发/min,对小口径自动火炮而言,简直就是小菜一碟(美国20mm转管自动炮的理论射速可以达到6000发/min),而对大口径火炮是不可能达到的指标(目前155mm火炮最大射速小于10发/min)。对自动炮,单管平均射速已经超过1000发/min,已经研制出超高射速火炮,射速达到每分钟万发以上。压制火炮采用自动装填系统,155mm加榴炮的射速可达到8~10发/min,突击射速要达到3发/15s。

一般高射速,特指自动武器具有很高理论射速。一般对小口径自动机而言,低射速是指理论射速小于1000发/min,中射速是指理论射速为1000~4000发/min,高射速是指理论射速为4000~6000发/min,超高射速是指理论射速大于6000发/min。

虽然射速高低是相对的,但是,现代战争对火炮速射性提出了更高要求,提高射速是火炮技术发展的永恒主题。

火炮的射击速度越高,即火力密度越大,单位时间内发射的弹丸数越多,杀伤面可以更广,增加了命中目标可能性和对目标毁伤的概率。

21世纪的战争是信息战争,随着目标探测技术的发展,如目标定位雷达、移动目标探测雷达、热成像仪、卫星探测系统等信息装备的大量使用,使得敌方有迅速反击的优势,如果我方没能一次性击垮目标而迅速转移到一新的位置,这时很可能就会被探测到并遭受毁灭性反击。“3min死亡线”就是说,当我方第一发炮弹出炮口后,如果没有击垮目标,3min后,敌方炮弹就会落到自己头上。因此,这就要求现代大口径压制火炮必须在短时间内,迅速发射大量炮弹,对敌方目标实施有效的毁灭性打击,即要求现代大口径压制火炮大大提高其射速和命中率。例如,一门先进的榴弹炮利用其高的发射能力,足以担负起一个传统炮兵连的使命(6~8门)。

现代空中目标的飞行速度不断提高,目标位置变化极快,使得每发弹丸的命中公算变得极小。空中目标的体积越来越小。为了抓住战机消灭目标,必须增加射击的火力密度,即增加单位时间内对目标的射弹数,形成密集火力网。射速越大,火力密度越大,对目标开火的突然性大,既增加了命中目标的可能性,也使敌方来不及采取机动的防御措施,从而增大了对目标毁伤的效果。因此希望自动炮的射速越大越好。尤其是在现代战争中,自动炮作为防空反导的最后一道屏障,火炮的射速高,火力密度大,就意味着自我生存能力的增强。因此,提高火炮自动机的射速是火炮自动机技术发展的永恒主题。

现代战争,空袭威胁越来越大,并且各种导弹成为主要空袭武器,因此,现代高射炮面临的任务由原先“防空”(打飞机)转变成防空反导(打导弹),并且以“反导”为主、“防空”为辅。“消灭敌人,保存自己”是战争基本原则。提高高射炮射速,增大火力密度,增大对目标毁伤效果,就意味着提高自身生存能力。美国高射速近程防空武器“守门员”的命名,即形象说明了近程防空武器的作用就是最后一道防线。

4.2　提高射速的技术途径

火炮发展,首先是需求牵引,也就是说,战争需要什么样的火炮就发展什么样的火炮。火炮发射速度与目标密切相关。对付空中快速飞行目标时,要求的射速要比对付地面轻装甲目标的射速高得多。就自动炮而言,防空反导自动炮的射速已经高达10000发/min,而伴随步兵作战,主要用于对付地面轻装甲目标的战车炮,为了提高命中概率,减少弹药消耗,射速一般在400发/min以下。

火炮发射速度与采用的自动工作原理密切相关。自动工作原理与射速有着非常紧密的内在联系，当自动工作原理确定下来时，火炮所能达到的最高射速往往也就随之确定下来。例如，炮闩往复式自动炮的最高射速约为 1200 发/min，单管转膛式自动炮的最高射速接近 2000 发/min，而转管式自动炮所能达到的最高射速为 4000~10000 发/min。

火炮发射速度与火炮口径密切相关。在自动炮工作原理相同的条件下，一般来说，当武器的口径增大时，射速将随之降低。这是因为当口径增大时，弹药的质量与结构尺寸增大，这就意味着自动炮各构件的结构尺寸和运动行程增大。若要保持射速不变，必将使各构件的运动速度、加速度和惯性力增加，造成武器构件间的撞击和震动加剧、身管的温升加剧。

火炮发射速度还与自动炮工作协调性、自动机主要机构构成、弹药等有关。

火炮发射速度还与操作及使用条件有关。影响实际射速的因素还有炮手的熟练程度，火炮的反应、瞄准时间，身管的冷却速度、使用条件等。

制约提高射速的因素，主要有技术难度和性能要求。

制约提高射速的技术难度因素是指技术实现的可能性。结构设计的重要特征之一是设计问题的多解性，即满足同一设计要求的结构并不是唯一的。通常，在结构设计中可很方便地得到一个可行的结构方案，然后设计者从这一可行结构方案出发，通过变换得到大量的可行方案，再通过对这些方案中参数的优化，得到多个局部最优解，最后对这些局部最优解进行分析和比较，就可得到较优解或全局最优解。火炮自动工作原理研究中还有不少问题有待解决，还需要不断地发展。勇于创新、敢于创新，是赶超世界先进水平的重要方面之一，只有立足于创新，才能有更大的发展。创新是相对的，创新是建立在一定基础之上的。目前火炮自动工作原理中，各种自动工作原理都有其利弊，随着科技发展和战争需求，还将不断创新自动工作原理。现役自动炮的自动工作原理，是采用依次连续发射原理，其最高射速已可达到 10000 发/min 左右，已趋于极限射速，再想大幅度提高，要受到更严峻的约束，将难以实现。有些原理理论上可行，由于技术水平和基础能力等，实际上很难实现。总结依次连续发射原理在射速上的局限性，研究并行发射、串行发射、串并行发射等超高射速自动工作原理是重要的创新途径。

制约提高射速的性能要求因素是指，射速与后坐力、射击精度、可靠性等其他主要性能相矛盾。提高火炮射速，也就是提高火炮威力。射速的提高带来的直接后果是后坐力增大。后坐力是火炮发射时最主要载荷。后坐力影响火炮的质量、机动性、射击稳定性、炮架结构、射击精度等。提高火炮机动性的主要技术途径之一就是减小后坐力。在结构不变时，减小后坐力就是减小结构破坏的概率，相当提高了结构强度。对现有结构火炮，减小后坐力可以提高火炮射击稳定性，提高射击精度。对新设计火炮，必须在提高射速与减小后坐力之间合理平衡。火炮射速越高，单位时间发射出去的能量越多，同时作用于火炮本身的冲量也就越大，引起火炮冲击振动，严重影响射击密集度。通常，要在射速与射击精度之间权衡。当把射速提高到很高的指标时，在精度上必然会有所降低，即有所得必有所失；同样，当要求自动机的射击精度指标很高时，又必将降低其射速，以牺牲射速来获得精度。火炮是一个偏重于机械的机电产品，机构协调性要求高，构件受的作用力大，易于低周疲劳。火炮发射速度提高，其组成机构和构件的工作时间短而频繁，运动速度和加速度极高，对机构运动协调性极为不利，构件的强度也存在问题，严重影响火炮的可靠性。此外，对利用火药发射的传统火炮，射速提高就意味着单位时间产生的热量多，热应力对火炮构件的影响，尤其是对火炮身管寿命的影响将是非常大的，往往是决定火炮走向的主要因素之一。因此,设计新火炮时,在提高射速与提高可靠性之间必须合理决策。

提高射速可以从提高理论射速和实际射速两方面考虑。理论射速主要取决于火炮本身,实际射速取决于理论射速、炮手的熟练程度、火炮的反应时间、瞄准时间、身管的冷却条件等。因此,提高射速主要是提高理论射速。

理论射速定义为单位时间(每分钟)火炮循环次数,即

$$n = \frac{60}{T}$$

式中 n——理论射速;

T——发射一发炮弹所需要的循环时间(s)。

由上式可以看出,若要提高理论射速 n,就是要缩短发射一发炮弹所需要的循环时间 T。发射一发炮弹所需要的循环时间 T 的构成:包括各机构运动时间的叠加,可以用典型火炮工作过程循环图图 4.1 来说明。图 4.1 中,"0"点代表炮身开始后坐运动,"1"点代表拨弹板开始空回,"2"点代表炮闩开始加速运动,"3"点代表拨弹板空回到位,"4"点代表炮闩后坐运动到位并开始复进,"5"点代表炮闩反跳后被自动发射卡锁卡住,"6"点代表炮身后坐到位,"7"点代表拨弹板开始拨弹,"8"点代表炮身复进到位,"9"点代表拨弹板拨弹到位,"10"点代表炮闩开始复进运动并输弹,"11"点代表炮闩复进运动到位、输弹到位并击发底火,"12"点代表点火延迟后开始下一发自动循环。

提高理论射速,主要是合理设计火炮自动工作循环图,实现装填自动化,合理设计各机构及其构件,尽可能减少自动机整个循环时间。提高射速的主要技术途径:提高构件运动速度,缩短构件运动时间;并联循环动作,尽量使自动动作和各机构的工作过程在时间上重叠起来,减少相互等待的时间;减少循环动作,消除构件运动时间。

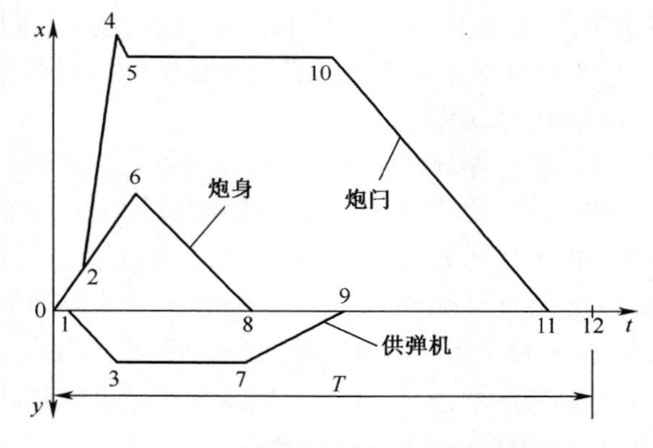

图 4.1 典型火炮工作过程循环图

1. 提高构件运动速度

提高火炮自动工作过程中每个构件的运动速度,可以减少各个构件的运动时间,从而减少整个自动工作循环时间。提高构件的运动速度,可以从以下几个方面着手:

(1) 减小构件运动行程,可以有效减少各个构件的运动时间,从而减少自动机整个循环时间。由于火炮自动工作循环必须完成许多特定自动动作,减小构件运动行程是比较困难的,主要是通过优化设计,从几何学角度合理设计机构及其构件的运动线路。

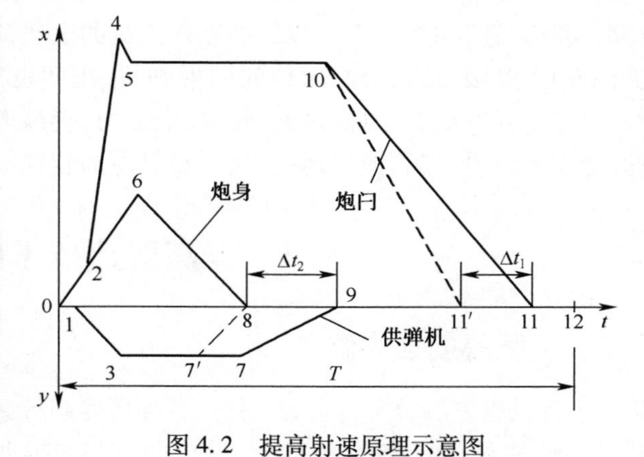

图 4.2 提高射速原理示意图

(2) 在运动距离和作用力都一定时,尽可能减小构件质量,可以提高构件加速度及速度。

(3)在运动距离和构件质量都一定时,尽可能提高作用于构件上的作用力的作用强度,可以提高构件加速度及速度。

(4) 在运动距离、构件质量和作用力都一定时,提高初始运动速度,可以提高构件平均运动速度。

例如,提高输弹速度,则可以缩短输弹时间,如图 4.2 所示,“11”将提前到“11′”,缩短时间 Δt_1。HP-23 自动炮,采用撞击式复进加速臂,使炮闩复进开始时获得一个较大起始复进速度,可以有效提高射速。

2. 并联自动动作

火炮在一个射击循环中必须完成许多特定的自动动作,但是火炮自动工作循环所涉及的各机构及构件完成这些特定自动动作并不是同时工作,大多是只有一个动作完成之后才能进行下面的动作,也就是大多数动作是“串联”形式。例如,药筒没有从药室抽出之前就无法进行输弹入膛。整个循环时间是这些“串联”动作所需时间的叠加。尽可能将自动动作“并联”起来,使部分机构及构件的动作时间重叠在其他机构及构件的动作时间中,而不单独占用整体循环时间,最大限度地减小自动机的整个循环时间。假如,拨弹动作在炮身复进动作过程中进行,则可以省去拨弹单独占用的时间,如图 4.2 所示,将“7”提前到“7′”,相应 “9”将提前到“8”,缩短时间 Δt_2。“并联”火炮自动工作循环的自动动作,主要是从自动原理和结构上进行创新,采用新型的自动原理和新型的结构。转膛原理、转管原理等就是将许多自动动作“并联”起来,同时进行,因此可以有效提高射速。

3. 减少自动动作

火炮整个循环时间是各机构及构件的自动动作所需时间的叠加。如果能减少火炮自动工作循环的自动动作,将从根本上解决减小自动循环时间问题。火炮自动工作循环的自动动作是由火炮功能及其自动原理决定的,要完成同样功能又要减少自动动作,必须从概念和原理上创新,设计全新概念、全新原理的火炮自动机,甚至颠覆“自动机”概念。例如,“金属风暴”是一种全新的全电发射“自动炮”,根本没有运动部件,也就没有“自动机”的意思。

提高实际射速,主要是在提高理论射速的基础上,进一步缩短发射一发炮弹所需的准备时间和操作时间。在作战条件下,由于目标显现时间很短,新的目标随机出现,希望火炮能快速反应,对目标实施射击,并取得预期射击效果。提高实际射速具有更实际意义。提高实际射速,主要是进一步提高操作人员的素质,以适应火炮日益复杂化和现代化的要求;采用多联装方式,提高单位时间射弹量,用架发射减少人力依赖性等;提高对目标搜索、跟踪和瞄准能力,以提高武器的反应能力;提高火炮操作自动化程度,采用连续供弹装置,增加容弹量,提高换弹速度,采用身管冷却装置等,以提高火炮的操作能力。

4.3 提高射速技术的新进展

4.3.1 超高射速火炮

现代及未来战争中将会大量使用各种精确制导武器,对付精确制导武器的前提条件是及早地发现、快速反应、实施拦截。由于目标越来越小,火炮命中概率就越来越低,加上目标飞行速度越来越快,每次攻击的机会越来越小。为了抓住这样的机会,就只有在最短的时间内发射尽可能多的炮弹,形成有效弹幕,以提高毁伤概率,这就要求火炮具有非常高的射速。超高速火炮,一般指理论射速超过6000发/min的小口径自动炮。在近程末端防空反导作战中,超高速火炮对付近距离、短时间、突然出现的机动性导弹和武装直升机时具有无可比拟的优势:射击频率高,在空中形成弹雨,一旦发现目标即可将其摧毁或毁伤;系统反应时间短、机动性好、转移火力迅速、身管寿命较高、生存能力强;不存在低空、超低空的射击死角,受地形的制约程度小;常规的光电火控抗各种干扰能力强;装备量大、成本低、可靠性好。可以弥补导弹在末端近距离防御的不足,成为陆、海防空系统中首选的最后一道硬杀伤手段。由于超高速火炮主要是以超高射速弹幕来有效拦截目标,因此超高速火炮有时也称为超高射速弹幕武器系统。超高射速弹幕武器系统在战场上,除了要对有生目标进行防御和进攻外,还面临着武装直升机、中小型导弹、远程火箭弹、反舰掠海鱼雷和登陆艇等高机动性武器的袭击,以超高射速发射弹丸可形成能量密度高、落点相对集中的弹幕,是进行反袭击的有效手段。因此,超高射速弹幕武器很适合作为保护作战部队、大型舰船和重要设施的防空、反导武器系统,所以它在未来战争中必然会具有很重要的作用。

自20世纪70年代以来,一些国家相继推出一系列多管小口径火炮,在很大程度上加强了近程反导能力。目前防空反导技术成了热点,大幅度提高防空火炮的射速也成了共同的话题。很多人的目光又转向转管炮,认为它是提高射速的有效途径。因为转管炮由多根刚性连接在一起的身管和炮尾组成,每根身管都有各自的炮闩,通过内/外能源实现连续射击。由于每根身管的工作时间重叠,所以它具有射速稳定、身管寿命长、可靠性高等特点。美国海军从第三次中东战争开始认识到近程反导的重要性,立即着手研制“密集阵”6管20mm武器系统。“密集阵”系统于1980年首先装备在“美国”号航空母舰上,射速为3000发/min(改进型为4500发/min),最大有效射程1850m,最小有效射程约460m,初速达1.1km/s。荷兰与美国1975年合作发展“守门员”7管30mm近程防御武器系统。1979年首次交付给荷兰皇家海军进行实测验证,并在1980年正式用于荷兰皇家海军的船舰上。“守门员”射速4200发/min,射程3000m。该系统可以用来抗击400~500m内低空(5m高度)飞行反舰巡航导弹,也可攻击来犯飞机。俄罗斯AK630反导速射舰炮是近防系统中的佼佼者,1970年服役,该炮集成6管30mm内能源转管炮与测控设备,组成了世界上第一套近程防御系统,已装备在“基辅”级航空母舰及“现代”级导弹驱逐舰等舰艇上,运用于近距离的防御系统。其射速达到4000~5000发/min,对付低飞的反舰导弹时最大射程为4000m,对付轻型水面目标时最大射程为5000m,装备有雷达和电视探测及跟踪系统。国产730型近防系统,是一种使用7管30mm口径外能源转管炮的近防系统,装设在自动型炮塔基座上,同时配有雷达、光学、红外线追踪系统,其射速达到4200发/min,目标探测距离为15~20km,如图4.3所示。

图4.3　国产730近防炮射击场面

但是,随着现代导弹技术日新月异的发展,其速度更快,机动能力更强,这类小口径火炮存在的"结构复杂,射速和初速基本上已经达到极限"的固有不足,使其在与导弹的对抗中日益显现出"力不从心"之势。对于小口径火炮而言,由于发射技术没有发生根本性的变化,单管发射速度至今未能突破 2000 发/min。

因此,为使火炮达到更高的射速,许多国家都在积极探索全新概念的小口径火炮武器,试图以新的发射机理突破传统火炮的射速极限,夺取近程反导作战的绝对优势。

从自动原理上看,转管原理是目前实现射速最高的自动工作原理。以外能源 6 管转管炮为例来说明射击循环动作。例如,美国 M61 型 20mm 6 管转管炮(图 4.4),由 6 根炮管组成的炮管组转动 1 周,依次在同一位置射击 6 发炮弹,转速为 1000r/min 时,射速为 6000 发/min。在炮管组转动过程中,炮闩通过滚轮沿炮箱内螺旋槽(圆柱凸轮)的轨迹做圆周和往复直线的合成运动,炮管沿圆周均匀分布,每根炮管配置 1 套炮闩,炮闩沿着各自的导轨做相对炮管的往复直线运动,以完成射击循环动作。由于炮管组被驱动后相对于炮箱做旋转运动,对每套炮闩而言,在相对各自炮管做往复直线运动同时,还要在炮箱的螺旋槽作用下绕炮管组中心轴做旋转运动。螺旋槽由左斜直线段和右斜直线段、前直线段和后直线段及 4 条过渡曲线组成,如图 4.5 所示。右斜直线段使炮闩相对炮管做复进运动,以完成输弹入膛动作;左斜直线段使炮闩相对炮管做后坐运动,以完成抽筒动作;后直线段使炮闩相对炮管停在后方不动,此时炮闩镜面与进弹机炮弹后引导面齐平,以完成供弹动作,后直线段还使抽出的空药筒在抛筒横梁作用下完成抛筒动作;前直线段使炮闩相对炮管停在前方不动,炮闩在前直线段通过闭锁凸轮、击发机构和开锁凸轮完成闭锁、击发和开锁等动作;过渡曲线起加速和减速的作用;在左、右斜直线段,炮闩做等速运动。

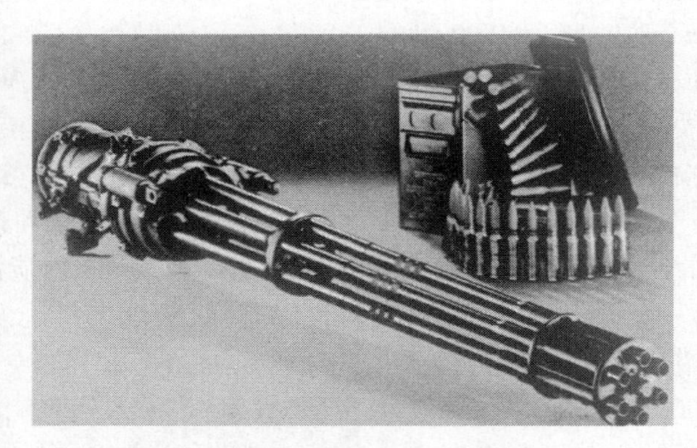

图 4.4 美国 M61 型 20mm 6 管转管炮

对外能源转管炮,只要外能源足够大,转速足够大,理论上就可以实现超高射速。因此,实行超高速发射,转管原理是可行的技术途径。然而,由于超高速转管炮的转动速度非常大,与之匹配的供弹系统运动速度也非常大,超高速运动的机械系统往往故障频频,使得供弹系统难以

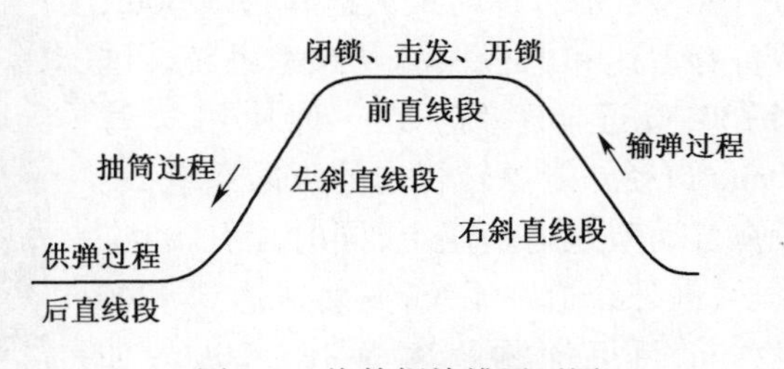

图 4.5 炮管螺旋槽展开图

及时供弹；并且从击发到膛压降低到安全值开锁这一段时间的限制，要提高射速必须缩短这一段的时间，而要缩短这一段时间，只好牺牲初速，即缩短身管的长度、降低初速对初速的要求也是影响提高转管武器射速的原因之一。因此，单纯提高转速来提高转管武器的射速是有限制的。靠增加管数、增大直径提高射速，其结果将导致增大转动惯量和增大斜直线段的压力角，加大驱动力矩，加大武器后坐力等。提高射速的关键，是在创新的前提下，合理处理各种因素之间的关系。

据报道，30mm 口径 11 管外能源转管炮，采用双供弹系统方式，射速可达每分钟近万发，号称“万发炮”，如图 4.6 所示。“万发炮”主要用于防御新型隐身反舰导弹和超声速反舰导弹的饱和攻击，作为最后一道保护大型舰艇的“屏障”。据称，目前在全世界并未有同类型“万发炮”系统武器装备部队。据悉，曾有人研究 13 根身管内外双层布置，采用双供弹系统方式，外能源双层转管“万发炮”，设计射速超过每分钟近万发。

图 4.6　11 管外能源转管“万发炮”

并行发射，也是提高火炮整体射速的技术途径之一。并行发射包含两重意义：其一是将独立的单管炮或者多管炮组装成多联装火炮（并联装火炮），各火炮独立工作；其二是采用多管并列，采用整体式炮尾和炮闩，并共用一套自动供输弹系统和发射系统，各管可以一齐发射或者按规定次序依次发射，形成批次发射。目前，采用并联装较多，火炮射速就等于各并联装火炮射速之和。利用多管并联，构成并行发射万发炮，并且可控发射速度。

俄罗斯将两座 AK630 并联装，在一套火控系统作用下工作，形成射速高达 10000 发/min 的并联装万发炮，如图 4.7 所示。最近，俄罗斯图拉设计局研发 AK-630M2 并联装万发炮，如图 4.8 所示。外形采用隐身设计，两座 AK630 并联装，发射速度高达 10000 发/min，能够有效对付低空突防的小型目标。

俄罗斯研制的“卡什坦”系统，不仅将两座 6 管 30mm 转管炮进行并联装，而且还与 8 枚 SA-N-11 近程防空导弹组并联装在同一基座上组成“弹炮一体化”系统（图 4.9），两者可同步行动，不论是回旋、俯仰，还是接收同一火控系统的控制信息都运用自如。这种巧妙的结合，可以使防空导弹和小口径速射炮在不同距离拦截来袭导弹的优势发挥得淋漓尽致。

意大利“巨数”（也称“万发”）两联装 7 管 25mm 近防系统也是一款不错的近防系统。1990 年开始研制，其射速也达到了 10000 发/min，射程 2000m，系统总重 7700kg。

西班牙“梅洛卡”近防系统，没有采用目前国际上流行的转管炮布局方式（图 4.10），

图 4.7　双联装 AK630 万发炮

图 4.8　隐身型 AK-630M2 并联装万发炮

图 4.9　俄罗斯“卡什坦”弹炮一体化系统

而是采用 12 根单管炮上下两排组合成，每排 6 管，是世界上管数最多的近防系统，火力强大，排除了转膛炮因 1 管卡壳而全炮“罢工”的不足。“梅洛卡”的命中率为 87%左右，理论射速为 9000 发/min，初速 1290m/s。射程 3000m，射界为水平 360°，高低-15°~+85°，应急弹数 720 发，全炮重 4.5t。改型火炮系统由火炮装置、搜索雷达、跟踪雷达和控制台等部分组成，采用国际上通用的三位一体的体制，即跟踪雷达、搜索雷达均置于炮架，与火炮形成一体结构。

图 4.10　西班牙“梅洛卡”近防系统

并联装多管火炮，虽然能有效提高火炮射速，但是单管集成得越多，其后坐力就越大，不利于武器在其他载体上的布置，所以不能联装太多；由于采用多管并联装结构，往往其射击精度远低于其他超高射速武器系统。

对于身管武器而言，由于发射技术没有发生根本性的变化，单管发射速度至今未能突破 2000 发/min。为使武器达到更高的射频，就必须着重从弹药的最基本的结构着眼，研究新的装弹、装药、点火方式，探索新的弹药发射原理。串行发射就是将一定数量的弹丸装在身管中，弹丸与弹丸之间用发射药隔开，弹丸在前，发射药在后，依次在身管中串联排列；身管中对应每组发射药都设置有电子脉冲点火头，电子控制处理器用以控制每节发射药的点火间隔。发射时，通过电子控制装置设置在身管中的电子脉冲点火头，可靠地点燃最前面一发弹的发射药，发射药燃烧后产生的火药燃气压力推动弹丸沿身管加速运动飞出管口。根据设计，在前方火药燃气压力作用下，弹丸会一端立即膨胀，紧贴身管膛内侧，承受弹丸前部的高压燃气，并保持在身管中的位置不变。它不会导致高压、高温的火药燃气泄漏到后面，而点燃次发弹的发射药，从而起到很好的封闭作用，对后面弹丸的发射不会产生影响。前一发弹启动一定时间后，后一发弹的发射药被点燃，继而弹丸解锁，并由火药燃气压力推动而沿身管加速运动飞出管口，如图 4.11 所示。依此过程，每发弹按顺序从身管中发射出去。串行发射摆脱了小口径火炮常规发射技术的瓶颈，由电子装置控制串行弹组点火发射，极大提高了射频，受到国内外武器研究人员的关注研究。例如，假设弹丸膛内运动时间为 4ms，对串行发射，一发弹丸出炮口时就发射下一发，则射速可达到 15000 发/min。

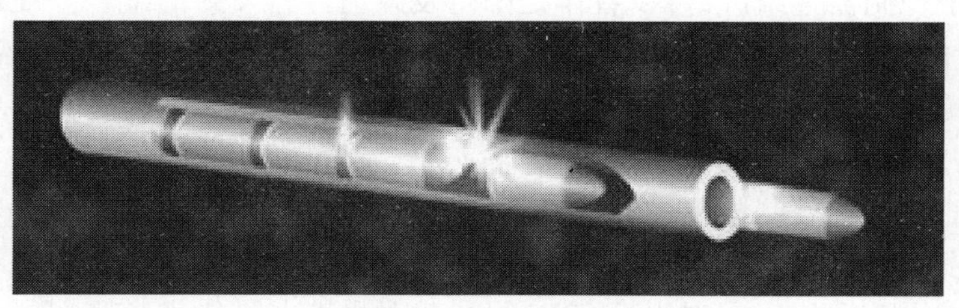

图 4.11　串行发射示意图

串行发射系统设计的关键问题是弹丸在炮膛的定位、内弹道药室初容积和弹丸启动压力的精确控制、火药燃气的隔离密闭性能以及点火控制系统的可靠性等。整体结构设计的基本要求是弹药装填方便,药室及点火位置对应一致,点火装置绝缘可靠。为了精确控制内弹道药室初容积和弹丸启动压力,保证弹丸在炮膛内高温高压燃气冲击下的定位问题,防止火药燃气泄漏,设计时将弹丸分为弹丸前端支撑、弹体、弹丸后端支撑、密封结构及尾翼等几个部分。弹丸依次连接起来组成串联弹组,两弹丸之间的空间即为药室,后一发弹丸药室处的支撑部分承受膛内的压力。弹体既是弹丸前导向的前支撑,也是密封体,与密封结构共同作用,将高温高压火药燃气封闭在药室中。可根据各发弹丸在点火时不同的弹前压力,调整前后端支撑的连接长度,确保每发弹有相同的启动压力,使每发弹的内弹道性能稳定一致。这样就保证了每一发弹丸的初速和膛压。发射时,高温高压火药燃气的压力传递给后续弹组的支撑上,支撑要承受多次冲击,支撑变形会影响系统发射性能。电子控制测试装置包括点火控制模块、射击测试模块和用户交互模块。点火控制模块保证弹丸可靠地、高速地发射,需要完成以下两个任务:能够按照任意射击频率进行单发、连发射击;通过计算机对点火后底火电阻电位的测量判断,来检查发射过程中弹丸的发射状态。若为高电位,则认为弹丸未正常发射,需要报警并停止射击。射击测试模块则需对弹丸的实际发射频率、炮口初速及膛压进行测试。用户交互模块主要包括实现点火、检查发射和参数测试功能等。

4.3.2 全电发射武器——金属风暴

1. 金属风暴工作原理

随着21世纪信息时代的来临,各界人士都在预测、规划不同领域的未来,军事技术领域也是如此。从军事技术的发展历程来看,自第二次世界大战以来,近半个世纪里,科技的进步已使常规武器的性能几乎达到了它们的物理极限。对于身管武器而言,由于发射技术没有发生根本性的变化,单管发射速度至今未能突破2000发/min。为使武器达到更高的射频,就必须着重从弹药的最基本的结构着眼,研究新的装弹、装药、点火方式,探索新的弹药发射原理。20世纪90年代中期,澳大利亚人提出了“金属风暴”超射速小口径火炮概念,以期能从多根身管以超过100万的超高射频在全世界掀起一场强劲的“金属风暴”。

金属风暴武器系统是一种全电发射武器系统,采用电子脉冲点火系统和电子控制系统,可以通过设置不同的发射方式及选择不同的发射频率达到最佳射击效果,可以方便地与火控和信息系统结合构成网络防御系统,如图4.12所示。

金属风暴武器结构示意图如图4.13所示,其主要由多根预装有弹药的身管、电子脉冲点火头、电子控制器等组成,可以看作是串行发射与并行发射的组合。在每根身管中都装填一定数量的弹丸,弹丸与弹丸之间用发射药隔开,弹丸在前,发射药在后,依次在身管中串联排列;身管中对应每组发射药都设置有电子脉冲点火头,电子控制处理器用以控制每节发射药的点火间隔,如图4.14所示。

发射时,通过电子控制装置设置在身管中的电子脉冲点火头,可靠地点燃最前面一发弹的发射药,发射药燃烧后产生的火药燃气压力推动弹丸沿身管加速运动飞出管口。根据设计,在前方火药燃气压力作用下,金属风暴的弹丸会一端立即膨胀,紧贴身管膛内侧,

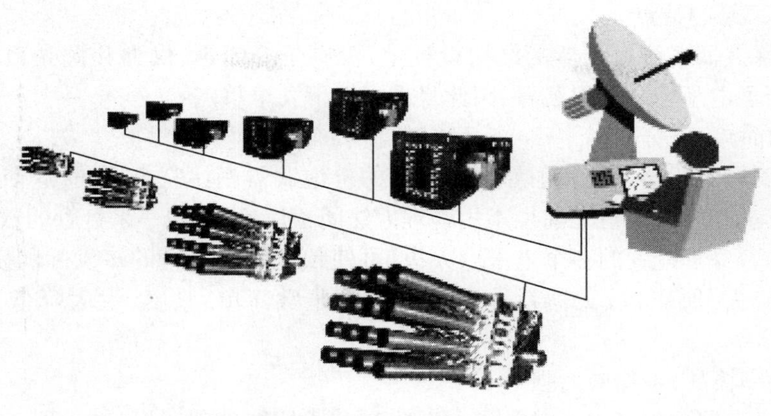

图4.12　金属风暴武器网络防御系统

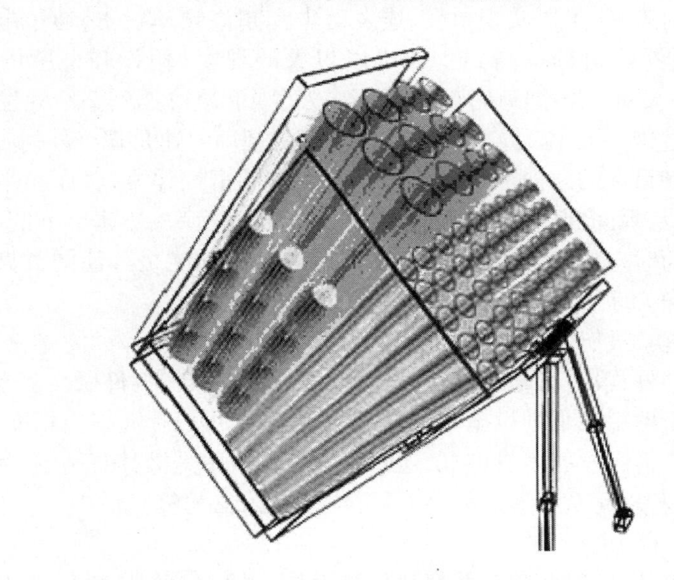

图4.13　金属风暴武器系统结构示意图

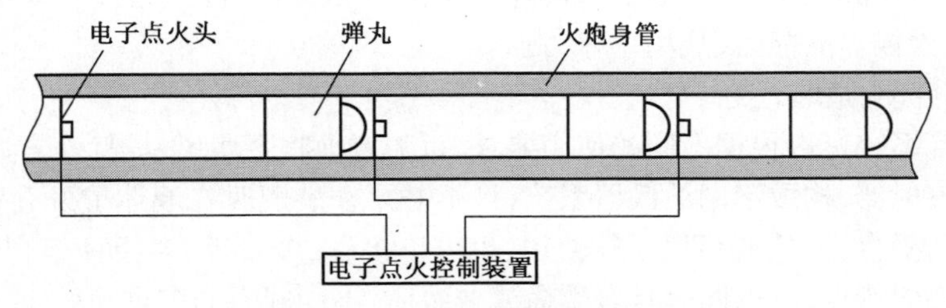

图4.14　每根身管结构示意图

承受弹丸前部的高压燃气，并保持在身管中的位置不变。它不会导致高压、高温的火药燃气泄漏到后面，而点燃次发弹的发射药，从而起到很好的封闭作用，对后面弹丸的发射不会产生影响。前一发弹启动一定时间后，后一发弹的发射药被点燃，继而弹丸“解锁”并击发。依此过程，每发弹按顺序从身管中发射出去。形成串行发射。将多根身管并联在一起，由计算机控制各个身管以及各个弹丸的发射，形成密集“弹雨”。

2. 金属风暴的特点

金属风暴武器系统在武器的结构设计上,没有了开闭锁、供弹和抛壳系统及运动部件,并且采用了电子控制发射装置,因此呈现了以下几个特点:

1）结构简单、安全可靠

由于金属风暴武器系统发射原理与传统的枪炮武器相比完全不同,这使得它没有传统机械上的运动部件,发射之前也不用物理方法闭锁尾部,这样一来身管的数量就不受限制。此外,沿着身管配置的多个电子点火头,可使预先装在身管的多发弹的发射药点燃,而相继发射出去,所以,该武器系统的结构设计非常简单、紧凑,大大降低了系统的故障率。

2）发射率极高、杀伤威力强

金属风暴武器预装了电子脉冲点火系统和电子控制处理器,通过设置不同的发射方式及选择不同的发射频率,可以实现单发、连发射击和超高频率射击,通过电子控制器的装定频率,可以将武器的射频提高到令人难以想象的程度(假设弹丸膛内运动时间为3ms,对串行发射,一发弹丸出炮口时就发射下一发,则射速可达到20000发/min),若采用多管组合还将超过这一数字。这种令人匪夷所思的超高射速是现今任何自动炮都无法比拟的。它可在来袭目标的航向上形成一堵名副其实的钢铁弹幕,轻而易举地突破一切阻挡弹丸飞行的障碍,瞬间摧毁一切来袭目标。由于射速极高,初速也不低于常规火炮,所以在使用相同弹药时,金属风暴在单位时间内所产生的动能是其他同类火炮无法比拟的(据计算是“密集阵”的“弹雨”动能的378倍)。

3）没有机械运动、毁伤概率高

由于除弹丸运动外,没有其他机械构件运动,也就没有机械构件做往复运动所产生的撞击,故振动小,便于射手在辅助设施的帮助下控制武器,可以提高射击精度。另外,按照装定频率能以极高的射频发射多发弹丸,这对提高毁伤概率是极其有利的。例如,在抗击巡航导弹的过程中,若以此系统形成的“弹幕”实施打击,必将提高命中率。

4）成本低廉、生存力强

该系统除了身管外,发射药和弹丸都和传统火炮一样。而使用之后可用预装弹架重新装弹,当然也可弃之不用。如此一来,降低了造价和维护费用。另外,该系统对环境要求不高,有全天候作战能力,战场生存力强。

5）拼装容易、适装性好

金属风暴系统可以根据不同的使用要求,可随意地将金属风暴灵活、方便地组成不同形式的多管发射器,构成不同的武器系统,且不需要在装舰时在舰体上开孔(当然也可安装在陆上移动平台)。它既可以单管使用,也可以多管、多口径、多弹种组合使用,所以具有很好的模块化特点,可以同时具有致命或非致命、不同威力的多重功效。

6）全电子化射击控制、作战方式灵活

虽然使用了传统发射药,但使用了电子点火和全电子化射击控制,射速的变化完全取决于电子点火脉冲的频率。全电子化射击控制带来的优异操作性能(快速反应,即无需待发动作、基本无需击发时间、可遥控操作,基本没有扳机力)以及与火控和信息系统良好的结合能力。这样一来可以根据目标特性威胁程度和距离来选择不同射速(单管可选择1~20000发/min)和火力密度,从而灵活选择“非致命性针刺式打击”、“密集火力的面式打击”和“绝对集中的点式打击”这3种不同的作战方式,以可控的射速实现对不同目标的最大杀伤。

任何事物都有优势与弱点,金属风暴也不例外。它的技术缺陷首先是电磁干扰问题。由于金属风暴发射控制采用完全电子火控系统,因此有受到电磁干扰的可能。其次是存储问题,这是由其自身特点所决定的。其发射装置和弹药是一体的,发射装置同时用于运载、储存、发射,因此无法使用传统弹药密封技术,长期存储时如何保证发射药性能是必须解决的技术难题之一。第三是容弹量和再次装填问题。由于金属风暴采用了在弹膛预装填串联的弹丸,因而无需传统自动武器中极易产生故障的供弹机构,但同时也造成了单管一次容弹量有限(一般单管不超过10发)的问题,而且一般情况只能人工再次装填。而作战效能是命中概率和容弹量两方面的因素,如要保证必要的容弹量就需要多管组合,这将导致武器整体质量增加,在设计一次发射需要较大耗弹量的武器时会面临这个问题。

3. 金属风暴的关键技术

金属风暴武器的关键技术中,有以下几个技术点是最为根本的:

1) 瞬时密封技术

发射时,最前面一发弹的发射药产生的火药燃气压力推动弹丸沿枪管加速运动飞出枪口,与此同时要确保高温、高压的火药燃气不进入到次一发弹丸后而点燃仍在身管中的次一发弹丸及更后面弹丸的发射药,这当中还要避免引起弹丸圆柱部的损坏,不能妨碍后发弹丸的运动。

2) 弹丸定位技术

在前一发弹的高温、高压火药燃气压力作用下,确保后面的弹丸准确、可靠定位。如果后面的弹丸不能准确、可靠定位,在射击过程中因受到干扰而发生变化,将改变弹后燃烧空间的容积,影响火药燃烧规律,从而带来诸如弹丸炮口初速不一致。并且,由于火药发射是依靠火药的结构来保证火药燃烧规律性,即依靠火药药粒的形状和大小来保证内弹道规律性,如果后面的弹丸不能准确可靠定位,在射击过程中因受到干扰而发生运动,将直接造成弹后火药药粒的破碎,不仅影响内弹道规律,而且会造成膛内压力异常,甚至带来灾难性后果。

3) 点火技术

单发炮弹独立发射时都是弹底点火,先由外部能源引燃底火,再由底火引燃发射药。即使是出现瞎火或迟发火,也不会对整个火炮系统产生严重影响。金属风暴是串并联发射,电子控制点火。首先要切实解决能点着火的问题,尤其是前面几发可靠点火问题;其次要切实解决有序点火问题;还要切实解决点火安全问题,点火单元既连接着外部控制电路装置,又连接着发射管内的火药,如何确保系统的密封、绝缘、防腐、防潮、防腐蚀以及防电磁干扰问题是非常重要的。

4) 结构及优化技术

结构包括弹丸结构、点火结构、装药结构、发射装置结构等,这些结构也是相互影响的,必须进行系统结构优化。尤其发射装置结构是主体,首先是解决如何承受发射过程中巨大发射载荷的问题,结构强度、射击静止性和稳定性都取决于发射载荷的大小;其次是解决如何装填问题,如果一次性使用,则成本太高,重复使用是火炮设计最基本要求;再次是解决如何瞄准问题;还要同时考虑结构实现的可能性、易操作性和经济性等。进一步优化弹丸结构，在保证前后弹头发射药密封的前提下，重点解决弹丸的可靠定位问题。多弹头装药结构设计的重点是解决每一个药室的装药量和药室容积如何分配的问题，最终使得每发射弹的炮口处速度保持一致，从而降低射击完成后外弹道过程的危险系数。点火结构设计主要包含两方面内容，一是电子点火控制电路的设计实现，二是点火单元的安全性设计。

4. 金属风暴的发展

金属风暴的发明人是澳大利亚的奥·德怀尔（O'Dwyer）。据说，金属风暴竟然来自于乌贼的启示。当奥·德怀尔为找不到如何提高射速而苦恼时，偶然在水族馆去观赏海洋动物，看见一只乌贼遇到了强敌时喷出浓浓的墨汁而逃生，从而激发了奥·德怀尔的灵感。乌贼遇到强敌的瞬间，体内压力陡升，之后压力激发墨囊，连续喷出浓浓的墨汁。这种连续发射的方式拓宽了奥·德怀尔的思路：用机械式击发，只能是击发一次发射一发，无法做到连续，这正是枪炮射速无法提高的关键原因。而若是膛内能够提供持续不断的作用力，弹丸就可以连续不断地发射出去。机械动作的速度不可能很快，机械方式显然无法满足连续发射的要求，奥·德怀尔寻求别的发射方式，可以用电子点火。电脉冲点火的速度是不受限制的，间隔 1ms 的电脉冲就可以在 1s 内点火 1000 次，射速就可以达到 60000 发/min。这样，在枪管前方形成极为密集的“弹幕墙”，就像刮起了一阵“子弹风暴”，凡是它扫过的地方几乎无一幸免，比传统武器的命中率高得多。

奥·德怀尔在 1996 年成功地试验了第一支金属风暴原型枪，在为澳大利亚军官进行的一次演示中，他的 6 管样枪以 24 万发/min 的射速发射了 90 发子弹，瞬间将木质枪靶打得粉碎。同年，一种 36 管的样枪发射了 180 颗子弹，射速达到了 100 万发/min。1997 年 6 月，金属风暴手枪在美国的轻武器年会上首次亮相，立即引起了美国国防部和英国专家的广泛注意。

1998 年在美国政府的资助下，澳大利亚金属风暴公司开始尝试将多管武器概念应用于榴弹发射器、地面车辆和舰船的近程防御，此时的金属风暴武器系统已实现了弹药与多个发射管既可成为一个整体装置，也可单独地装填多发射弹；每个发射管都装有几发由计算机控制发射的弹丸及发射药，由于没有任何机械部件往复运动，因此可根据操作人员的需要设定不同的射速。

2000 年 4 月，金属风暴公司与布里斯班弹道技术公司联合发表的一项公报中提到，他们已成功地试射了专为警察部队和军队使用而设计的，世界上第一支完全电子化的原型手枪。该原型手枪没有弹匣，弹药成串预装在枪管里。手枪握把里装有 3 套电子装置，一套用于控制手枪的射击操作，一套用于为使用者提供手枪设置确认信息，第 3 套用来管理和限制武器使用权。尤其值得一提的是第 3 套电子装置，它使该枪具有空前先进的电子安全准许保险功能，可以限定一支武器只能由唯一的授权者使用。授权者手上的一只装饰性戒指实际是一个微型异频雷达发射机，当信号匹配时，手枪上的键控系统在几毫秒之内可激活手枪。

2000 年 3 月，金属风暴公司从美国国防部获得 1025 万美元的资金，利用金属风暴技术发展为期 3 年的原型先进狙击步枪计划。金属风暴先进狙击步枪的口径不会是 0.50in 或 20mm 这样的大口径，而可能会采用 0.45in 口径。目前为金属风暴狙击步枪研制的弹药有两种：一种是 0.17in 口径的钨合金尾翼稳定弹，另一种是 0.22in 口径的旋转稳定弹，这两种弹药都采用无壳结构和电子点火的方式。由于弹药是预先装填的，所以这种狙击步枪具有快速装填、快速改变口径或弹药类型的特点。扣一次扳机，该枪便能按照程序以极高的射速发射弹丸，所以射手在不感到后坐力的情况下可以发射多发子弹。

2001年5月，金属风暴公司从澳大利亚国防部获得了先进单兵战斗武器（AICW）的研发资金。AICW将结合两管的火力，会是一个上下布局的武器系统。根据计划，下面的枪管是现行的斯太尔AUG突击步枪的改进型，发射5.56 mm NATO标准动能弹；上面的枪管能发射不同种类的弹药，从20/40 mm空爆弹到非致命弹。此外，还计划将先进的昼/夜瞄具和激光目标指示系统整合到该武器上。该公司负责人相信，AICW将成为西方下一代步兵武器的主流。

2002年年底，金属风暴公司进一步宣称，他们将结合该项技术研制一种能为舰船提供一流自动化防御的数字化弹道系统，称为“近距离舰艇防御”（VCSD）系统。该系统利用电子速射技术，可以为舰艇提供对付超近程攻击的综合性安全防御，使其能够以极短的反应时间对付秘密攻击性武器。金属风暴武器系统不仅应用领域不断拓宽，而且在弹丸结构、弹道性能等方面也不断得到优化。

澳大利亚国防科技局（DSTO）在2000年6月首次利用金属风暴技术发射了40mm射弹，证明金属风暴技术可以成功地应用在大口径武器上；2002年3月金属风暴公司进一步将射弹发展到60mm，并取得了试验成功。与40mm射弹相比，发射60mm射弹可以显著地提高武器的火力和有效载重能力，从而预示着金属风暴武器可以摧毁车辆和永久性防御设施，摧毁或毁伤装甲车辆，其潜在的爆炸效果和杀伤区域提高了4~5倍。

2002年7月11日金属风暴公司宣布，DSTO在系统的高压应用研究中，首次成功利用50倍口径样机进行了层叠发射，药室压力已经超过了49.64MPa，弹丸炮口初速达到了420m/s。此次的研究成果为金属风暴速射技术在更大口径高压系统上的应用打开了突破口，也为加强军用和民用产品带来巨大的潜力。

2003年4月，金属风暴公司使用多管发射箱成功发射了按照金属风暴结构堆栈在发射管中的常规40mm弹丸，此次所发射的常规40mm弹丸均被转化成金属风暴多层堆栈结构，并且采用了“声光时差”弹药，“声光时差”意味着弹丸在冲击时点燃了一小部分发射药，这项特殊发射的成功，意味着金属风暴设计将会从技术上引发以金属风暴堆栈结构发射高爆弹药的趋势。

沉寂了几年后，2008年，“金属风暴”再次来袭，据称研制工作已告完成，重点开始转移到野战系统的鉴定和生产。其中，“赤背蜘蛛”的研制工作已完成。“赤背蜘蛛”是一种轻型可遥控操作武器系统，由安装在万向架上的40mm 4管“金属风暴”发射系统组成，每根发射管内可装填不同类型的弹药，包括榴弹、空爆弹和非致命弹等，系统重70kg，可安装在卡车和装甲车车顶上，对付来袭导弹和炮弹等多种威胁，实施护航、边界控制和区域防御等。它还具有网络化作战能力，多个系统协同能对付大型目标。“赤背蜘蛛”多管遥控武器系统是“金属风暴”武器系统中的龙头产品，如图4.15所示。“金属风暴”武器即将投入军用，它将像“变形金刚”一样，能组装成各种结构，既可以单管使用也可以多管、多口径、多弹种组合使用；既可以单兵携带也可以安装在固定设施、车辆、飞机或舰船平台上，对付各种威胁。

我国全电子超高频发射技术的研究才刚起步，还处在原理预研阶段，真正的应用研究还没有，而且所作的研究仅局限于小口径轻武器方面，在火炮上还未开展；但在多弹头发

图 4.15 “赤背蜘蛛”多管遥控武器系统

射、多管齐射、无壳发射、电击发等方面我国已有一定基础。另外,微电子控制技术已基本普及,这就为进一步的研究创造了条件。

将新技术与武器系统的研发相结合,创造新概念兵器,进一步提高武器系统的性能已成为新兵器研究的主流趋势,全电子化超高射频武器发射系统的研究正是在这样的背景下应运而生的。基于金属风暴武器系统特点,如果突破其关键技术,其应用领域更为广泛,如区域防御武器系统(如布雷、扫雷系统)、近战武器系统及防空武器系统。

目前对于导弹的拦截通常采取纵深梯次拦截,拦截手段也多样化。但是现代导弹的来袭突然性强且飞行速度快,使得防御的有效时间短,应对仓促,在历次的武器性能试验中常有漏网之鱼。就是在海湾战争中,名噪一时的“爱国者”导弹对性能落后的“飞毛腿”导弹的拦截也并非万无一失。因此,对这些高价值目标装备最后一层防御系统是十分必要的。金属风暴武器系统由于其结构简单、适装性强,因此很适合大量安装在高价值目标附近,覆盖高价值目标的几十米至几百米的空域内进行防御作战,根据获得的目标早期运动信息,预测其飞行轨迹,计算拦截点,采用短时间内发射大量射弹来对突防的巡航导弹、激光制导炸弹和其他来袭目标进行毁伤,以形成对目标的最后一层防御。利用金属风暴技术开发防空反导武器。“同温层导弹拦截发射系统”,将战略飞艇所具有的远距离探测和跟踪能力与金属风暴电子发射技术相结合。金属风暴为轻型、结构紧凑、成本低廉的巡航导弹防卫飞行器提供一种新型、有效的、可以对目标发射的大型动能弹头。在同温层飞艇平台上使用“金属风暴”电子发射技术,以提高其摧毁飞行器的可靠性。将金属风暴的数字技术用于炮弹发射系统,以使新型武器系统能够发射各种炮弹以对付不同威胁,如将这种发射系统用于海军舰艇对付近距离威胁,并能作为模块系统适装于海军和海军陆战队的登陆艇,也可装备在港口,为泊船提供安全保护。“金属风暴”武器系统将为等级不同的各种威胁提供灵活选择,例如,当作出第一次反应时,可给予非致命打击,随后立即选择致命打击。可重复使用的“拒绝接近武器系统”,将电子迅速开火、串联发射的金属风暴发射技术和发射平台、探测传感器、应用软件、操作平台相结合。在超近程对付来自空中、海面或陆地的小型、快速、致命的威胁,如面对装满炸药的小船、飞行器、车辆等,系统可在超近距离为目标提供极其快速的全面保护,并能同时对付多个袭击,而该武器系统仅需要很低的成本及很少的维护。利用金属风暴技术,可开发一种可代替杀伤地雷使用的“区域防御武器系统”;可开发一种非致命性武器,既可手持使用也可以安装在遥控车辆上使用。

展望未来,金属风暴技术将广泛用于海陆空作战平台上。在空中,该技术将用于飞机上的弹药排射系统(图4.16),非常适合攻击地面重要面目标,可使用在有人机、无人机、固定翼飞机及旋翼飞机上。在海上,对付低飞敌机和巡航导弹的舰载系统将采用这种技术。在陆上,金属风暴可有效压制地面兵力和装备(图4.17);将该技术用在车载系统上,可在来袭的反装甲导弹运动轨道上自动拦截,从而提高装甲装备的生存能力;远程操作或自动控制系统也许将彻底改变设置雷场的基本方法,一个大型金属风暴系统防守的通路,将会给攻击之敌造成(有形的和心理上的)巨大的障碍。

图4.16 机载弹药排射系统示意图

图4.17 金属风暴压制地面兵力和装备示意图

金属风暴武器系统除军事方面应用外,将在许多领域得到广泛应用。民用方面,将该系统的原理可以应用到灭火弹发射枪中,可以迅速控制火情,最大限度地降低损失。警用方面,该系统可应用于防暴武器中,其超高射频的能力可使武器以非常有效的方式将多发弹短时间内命中目标,通过一次点射发射多发弹迅速结束对峙,避免枪战并减少警民的可能伤亡。可见,金属风暴的研发与应用具有划时代的意义,它很可能带来一场武器革命。

第5章 提高射击精度技术

5.1 概 述

5.1.1 射击精度及其意义

火炮的射击精度,是指火炮射击时所发射的弹丸命中目标(或预期弹着点)的准确程度,是弹丸弹着点对目标偏差的概率表征值,是火炮对目标命中能力的度量(图5.1)。射击精度也称射击误差,它用目标或瞄准点到弹着点的矢径表示,它是一随机矢量。一般火炮的射击精度包括射击准确度和射击密集度两个方面。射击准确度是指平均弹着点距离预期命中点(目标或瞄准点)的偏离程度,是表征射击诸元误差,在射击学中称为射击诸元误差,它用预期命中点(目标或瞄准点)到平均弹着点的矢径表示,它是随机矢量,是由一系列系统误差引起的。射击密集度是指在相同的条件下(气象、弹重、装药、射击诸元),用同一火炮发射的弹丸,其弹着点(落点)围绕平均弹着点的密集程度(弹着点围绕平均弹着点散布的程度),是表征射弹散布误差,也称为射击散布,它用平均弹着点到弹着点的矢径表示,它也是随机矢量,是由一系列随机误差引起的。射弹越密集,平均弹着点越靠近目标预期命中点,射击精度越好。

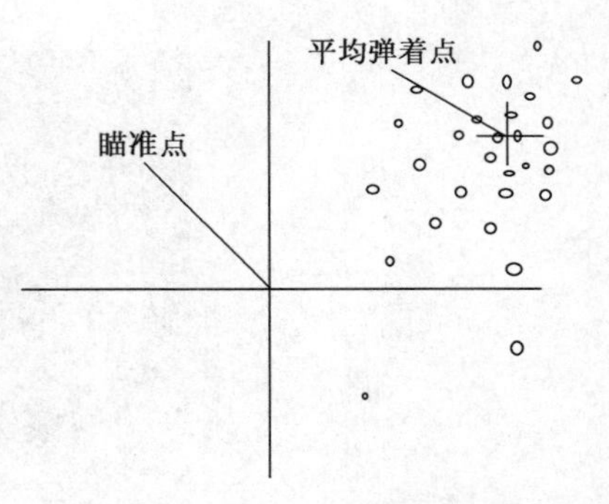

图5.1 射弹散布

射击密集度通常用公算偏差(或然误差)或标准偏差表示。对大口径地面压制火炮,射击密集度一般用地面密集度来度量。地面密集度分为纵向密集度和横向密集度。纵向密集度一般用距离标准偏差(或然误差)与最大射程的比值的百分数(或多少分之一)表示。横向密集度一般用方向标准偏差(或然误差)与最大射程的比值的密位数表示。目前大口径地面压制火炮发射非精确制导弹药的纵向密集度可以达到3‰左右,横向密集度可以达到1密位左右。对直瞄射击火炮,尤其是中小口径自动炮,射击密集度一般用立靶密集度来度量。立靶有100m立靶、200m立靶、1000m立靶等。立靶密集度分为高低密集度和方向密集度。高低密集度一般用高低标准偏差(或然误差)与立靶距离的比值的密位数表示。方向密集度一般用方向标准偏差(或然误差)与立靶距离的比值的密位数表示。目前,小口径自动炮的200m立靶密集度为1.5密位左右。

火炮的射击精度是由全武器系统的各种误差因素引起的,它是一个全武器系统对目标命中效能的指标,也是全武器系统效能和作战效能的重要基础性能参数。火炮设计中的一些重要指标都直接或间接与射击精度有关。例如,稳定性指标,稳定性好的火炮,射击时火炮姿态平稳,多次发射时射击状态改变量小,因而射击精度好,散布也小;反之则变差。在高新技术条件下的现代化炮兵战斗中，由于侦察校射器材的普遍应用，战场上炮兵对抗的加剧，火炮武器系统的命中率，特别是首发命中率，具有十分重要的意义。突然、准确的炮火袭击，准确而快速发现目标、测定目标、计算射击诸元、歼灭目标是对现代炮兵武器系统的最基本要求。因此，与以往相比，现代战场对火炮武器系统射击精度的要求更为突出。世界各国兵器研制部门和使用部门都在研究提高火炮武器系统射击精度的理论和技术。

5.1.2　火炮武器系统射击精度的主要制约因素

火炮射击精度由火炮的射击准确度和射击密集度组成。射击准确度与射击密集度的变化最终都将影响射击命中率或射击精度，但二者在性质上有差异。从误差的角度来看，一个是系统误差，一个是随机误差。系统误差主要来源于测量误差、方法误差和计算误差。随机误差主要由生产加工、制造装配、运动过程等各种参数的微小变化产生。系统误差可以根据结果进行修正，而随机误差是不能修正的。由于二者相互独立，因此射击中可能会出现准确度好而密集度不好、或者准确度不好而密集度好以及密集度和准确度都好或者密集度和准确度都不好的情况，在研究分析中需要区别对待。射击精度高，则要求密集度和准确度都好。

在火炮武器系统实际射击过程中，一般只进行有限次数的射击，在这种条件下，如果火炮系统的密集度水平高或射弹散布小，则解决射击准确度问题将相对容易，产生的系统偏差也容易修正。射击时由于用弹量少，密集度高，便于对点目标实施射击；反之，如果火炮系统的射击密集度很低，或射弹散布很大，在对目标射击时，不容易准确判定平均弹着点位置，也不容易修正系统误差。因此，射击密集度是火炮系统射击准确度的基础，也是火炮系统射击精度的基础。对于新研制的火炮系统，要研究其精度问题，首先要对火炮系统的密集度问题进行分析。在解决了密集度问题之后，才有可能在此基础上进行准确度的试验、分析和研究。

在提高火炮武器系统射击密集度的同时也要求相应地提高射击准确度，只有这样才能提高射击效果。如果只注意提高火炮武器系统射击密集度而不同时提高射击准确度是不能达到良好的射击效果的，有时甚至效果更差。射击准确度差意味着平均弹着点远离预期目标点，这时如果射击密集度差，则还有偶尔出现一些远离平均弹着点的弹丸命中目标的可能；如果射击密集度好，所有的弹着点都紧靠在平均弹着点的附近，则目标上很少有落弹的可能性。由此可见，随着武器性能的提高，大幅度提高火炮武器系统射击密集度（减小散布），则必须大力提高射击准确度（减小系统误差）。

射击过程中，火炮武器系统组成结构复杂，战场环境变化多样，射击实施环节多，这些都会直接或间接地影响射击精度。就火炮武器系统而言，在射击过程中引起误差的根源主要包括以下4类：

（1）原理误差。射击诸元是由计算装置解算的，这种计算装置对有火控系统是指火控计算机，对无火控系充是指专用计算器或战斗射表。在设计制造这些计算装置时，为了符合实战往往需要对其数学模型进行某些近似处理，从而计算公式并不完全符合实际情况，由此所产生的误差称为原理误差。具体来说，它包括数学模型误差和目标运动假设误差。数学模型误差是计算公式的某些近似处理所造成的误差。目标运动假设误差是指计算时所假设的目标运动规律与目标实际运动规律不符所造成的误差。

（2）武器仪器误差。火炮武器系统的各组成部分(观测跟踪系统、指挥仪系统、发射控制系统等）的误差称为武器仪器误差。武器仪器误差有时又称为武器系统误差。武器仪器误差包括制造误差、调整校正误差和工作误差。武器系统的各组成部分在制造过程中都有一定的精度要求,该精度是根据武器系统所担负的作战任务及制造这些系统时所能达到的精度指标确定的。在制造过程中,由于制造设备和技术水平等原因允许有一定的制造公差,因此所造成的误差属于制造误差。此外在调整、校正武器系统的机械、电气零位、空回和有关部分的水平状态时,会产生调整校正误差；在计算系统的计算舍入、传导误差和控制系统工作时也会产生工作误差。

（3）人员误差。由参与火炮武器系统射击的人员所造成的误差称为人员误差。它包括:在测量弹道气象条件、目标现在点坐标和弹着偏差量时,由于人员的精神状态、测量的环境因素等影响所造成的测量误差;在武器系统和观测、跟踪系统瞄准时,由于瞄准手的立体视觉、视力、环境等影响所引起的瞄准误差;以及由于武器系统采用机械指针显示参数时,被显示的参数分划有一定的间隔,在读取数值时,有关操作人员四舍五入或估计所造成的读数误差和人员在武器、仪器和测量装置的操作过程中所产生的操作误差。

（4）条件误差。当实际的射击条件偏差未能被完全修正时所造成的误差称为条件误差。它包括仪器工作环境的温度、湿度、磁场变化等所造成的误差,弹道气象条件偏差未能被全部修正时所造成的误差,以及未完全修正发射舰摇摆、运动及目标机动所产生的误差。

要提高火炮武器系统射击精度,主要受到以下因素的制约:

（1）对火炮系统各单体、部件的制造工艺和技术状态完全掌控。

（2）对弹丸空气动力学、内外弹道学及发射动力学的发展及认识水平。

（3）定位、定向、火控、射击指挥、气象保障等各分(子)系统的精度与技术控制水平。

（4）总体精度的耦合水平。

提高火炮武器系统射击精度要从提高火炮武器系统射击密集度和准确度入手。射击精度实质是反映计算弹道与实际弹道之间的差异。影响弹道的因素很多,包括火炮、弹药、环境、操作等各方面因素。计算弹道通常是以标准条件下为基准,按平均参数计算出弹道。对非标准条件下的弹道,通过修正方法得出计算弹道。提高准确度需从提高计算弹道的基本开始诸元(平均参数)精度入手,尽可能缩小弹道计算中各项基本开始诸元与实际情况的误差,而控制误差比重最大的误差源是提高基本开始诸元精度的关键。提高火炮的密集度主要是要能控制影响火炮密集度的各项散布源。

5.1.3 提高火炮武器系统射击精度的方法

近30年,世界各国火炮研制人员和使用人员,在两大领域研究提高火炮武器系统射击精度。一是以高新技术为基础,研制出高射击精度的武器系统;二是在射击理论和射击方法上,研究提高射击精度的有效途径。

1. 研制阶段提高射击精度的系统设计

在火炮研制阶段,利用高新技术和科学的设计方法,使系统具有优良的射击精度。主要技术措施有以下几个方面:

（1）选择合理的主装备，包括火力系统和指挥系统。选择合理的与射击精度有关的保障装备，包括火炮定位定向、目标定位定向、弹着点测定、初速测量与预测、气象诸元测量等器材。通过提高火控系统对目标的探测、跟踪精度和稳定性以及解算精度和瞄准精度，从而提高弹丸的弹着精度，提高火炮的射击精度。探测跟踪系统还要增强抗干扰能力、加大探测距离。提高抗干扰性能主要采用频率捷变技术，提高精度则采用宽频带、重滤波、双波束、双零点等信号处理技术。采用了上述技术后，火炮的射击精度会大大提高。

（2）研制阶段提高射击精度的另一重要技术措施，是把先进的制导技术用于火炮发射的常规弹药的研制，使飞行的弹丸具有修正弹道偏差或自主寻的功能，这即是目前发展的精确弹药。在制导方面，激光制导、红外制导、毫米波制导、指令制导、GPS/惯性制导等诸多制导技术已经相当成熟。在普通火炮上，发射精确弹药，可大幅度提高射击精度。现代火炮可实现精确打击，精确制导炮弹精度可达数米之内。而且这些精确制导炮弹与其他导弹相比，成本更加低廉，只有导弹的几分之一甚至几十分之一。

在具体运用上，是把普通火炮的远射性与精确弹药的高命中率相结合，把精确弹药送到目标上空，此时弹上的控制元件开始工作，锁定目标，开始对目标作用。这种射击方式，称为末段控制方式，像末敏弹、末制导弹均属于这种控制方式和射击方法。

2. 大闭环校射系统

所有与射击诸元确定有关的数据传给指挥车的火控计算机，火控计算机计算的射击诸元，自动传给火炮，使火炮自动装定射击诸元，侦察器材确定弹着点坐标，求出与目标的偏差量，再把偏差量传给指挥车，修正原射击诸元，再进行射击。构成数字化的射击系统和火炮武器系统的大闭环校射系统。

大闭环数字化系统提高射击精度，主要是从优化设计、选择减小误差源的装备和准确测定各种影响射击精度的因素考虑。

上述两种提高射击精度的方法，各有其特点。大闭环校射提高射击精度的方法，仪器设备可多次使用，价格要比精确弹药便宜，但射击精度比精确弹药要差一些；反之，精确弹药命中目标的精度高，但价格很贵。从战术使用上考虑，大闭环校射，抗干扰能力强，对天候、地形、目标坐标的要求要低些；精确弹药则相反，对天候、地形、目标坐标要求高，抗外界干扰能力要差些。因此，目前弹药的发展，虽然以精确弹药为主，但在战场使用，还是以大闭环校射，以普通弹药为主，精确弹药只用于对重点目标射击。

5.1.4　火炮武器系统射击精度的发展现状

火炮武器系统的射击精度受到理论和技术水平、战场上武器的性能、战略战术、技术和射击指挥、火炮运用、射击方法等多方面因素的影响。射击精度研究包含了多个学科，有关的国外研究成果主要涉及弹丸发射动力学、火炮发射动力学、多柔体系统动力学、弹道学和火控理论等。以美国和俄罗斯开展的研究最为活跃，成绩最为显著，在射击精度方面进行了大量的理论和试验工作。

在20世纪70年代以前，炮兵武器系统的技术水平还不高，火炮的射程不远，战场上各种侦察器材，为射击精度服务的各种保障器材的精度不高，品种不全，求取数据的时间较长，火炮的弹药种类比较单一，火炮的射击指挥和射击诸元的计算大多用手工作业和计算器，反应时间长。战场上火炮对抗射击还不激烈，火炮对目标的射击主要用交叉法，大都是对目标试射，再进行效力射。在这种条件下，火炮的射击精度问题，还没有在战术技术指标中提出，在战术技术指标中只有火炮的射击密集度以及一些器材和零部件的加工公差要求。火炮的射击精度主要靠战场使用和射击方法体现。

20世纪80年代，高新技术逐步应用于远程火炮武器系统的设计、制造和使用，使火炮武器系统的性能大幅度提高。激烈的战场火力对抗，数字化火炮武器系统以及数字化战场的逐渐形成与完善，要求火炮武器系统快速发现目标、快速准确地测定目标诸元、快速准确地计算与装定射击诸元、快速准确地毁伤目标。随着数字化透明战场的形成，隐蔽、突然、快速、准确地对目标射击成为制胜的关键，在这种条件下，快速反应、准确打击，首发命中率或首群覆盖率成为火炮武器的重要性能指标。对火炮武器系统射击精度的研究显得十分重要，已引起世界各国火炮研制和使用部门的关注。

火炮的战术技术指标由密集度转为射击精度，在火炮技术发展史上是一次质的飞跃，密集度是火力系统的概念，射击精度是全火炮武器系统的概念，射击精度直接与射击效能相关，它要求从全系统的观点进行设计，促进火炮武器系统工程的发展。把射击精度作为重要的战术技术指标，在战术技术指标论证、总体论证、总体设计、技术设计、加工制造、验收和战斗使用等各个阶段，都推动了理论和方法的发展。对过去的理论、方法、标准、规范产生了影响，目前，兵工技术界和部队使用部门都在研究这方面的问题。

中国火炮技术部门和使用部门到20世纪80年代中期，才开始注意对火炮武器系统的研究，许多问题刚刚开始研究，还没有形成完整的体系。在这种情况下，提出火炮武器系统的射击精度及其相关问题，必将促进我国地面远程火炮武器系统射击精度的研究。

从1977—2001年，美国陆军装备研究与发展中心已举办了10次火炮动力学学术会议，其内容涉及一般力学、流体力学、空气动力学、工程热物理、控制理论、测试技术、武器系统仿真等领域，包括火炮动力学、射击精度原理、弹炮相互作用、炮口振动参数测试等，较全面地反映了美国等国家在火炮动力学的理论研究和试验研究方面所取得的成就。俄罗斯也投入了大量的资金和人力研究射击精度问题，他们设置了专门的机构开展研究，在历次弹道学术会议上都有射击精度问题专题，其先进的坦克、火炮等武器足以显示其研究发展水平。

在弹丸发射动力学方面，对于弹丸的膛内运动及弹丸初始扰动对火炮射击精度的影响方面，学者们做了较多的研究，如美国 Marting 和 Robert 研究了弹丸在柔性身管中的运动等。

在研究火炮系统结构特性对火炮发射过程动态响应的影响，研究影响首发命中率和射击密集度的因素方面，美国阿伯丁靶场弹道研究所 Cox 和 Hokanson 对 M68 式 105mm 火炮炮口运动进行了深入的研究，确定影响因素中最敏感的参数。试验技术方面，英国皇家军事理学院 Holy 设计了专门的模拟炮，研究了火炮的结构特性对炮口振动的影响。

进行火炮发射动力学研究主要有两种方法：多体系统动力学和有限元法。多体系统动力学是根据火炮发射时的实际情况，基于一定的假设，将火炮简化为由若干个刚体或弹性体构成的多自由度系统。刚体与刚体(或弹性体)之间由弹簧和阻尼器连接，通过求解系统的微分方程来研究火炮的动态特性。有限元法的基本思想是将连续体离散为一组有限个通过节点相互联系在一起的单元的组合体，以节点位移为未知场函数，得到一组联立代数方程组，并求解方程组得到数值解。火炮系统可以看成由有限个杆单元、壳单元、实体单元、连接单元等构成的集合体,研究由这个集合体构成的模型的力学特性就相当于研究了实际火炮的力学特性。

为准确分析和评估火炮射击精度,国内外学者进行了大量的研究,理论方面建立了多种动力学模型和各种分析模型,提出不同的精度分析、评估方法。例如,运用连接非线性的模态综合法建立了某高炮的动力学模型,分析了该高炮的射击密集度的影响因素,并针对该炮的结构特点提出了某些减振措施;运用自由界面模态综合法建立了火炮发射动力学模型,提出了一种分析影响射击精度的广义模态综合法;建立射击误差分析模型和射击误差源分析模型,研究射击误差的合成、变换以及射击密集度和准确度的合成与变换问题,以及建立火炮系统射击精度模型并研究火炮系统的各组成部分对射击密集度和准确度的影响;对自行火炮武器系统射击诸元误差、自动操瞄调炮误差及射弹散布误差进行了详细的分析,根据误差源数据,对某自行火炮武器系统的射击精度进行研究,根据计算结果讨论主要误差因素对武器系统射击精度的影响,提出提高自行火炮射击精度的措施;根据误差源数据,分析计算现代火炮的决定诸元精度、密集度和对首发命中概率,并根据计算结果,讨论定位定向误差、目标坐标误差、弹道准备误差、气象准备误差和调炮占开始诸元误差的比例;运用 Raves 理论从仿真试验数据中提取有用信息,从而实现在少量试验样本情况下有效完成射击精度试验鉴定任务的方法;尝试在准确描述远程武器射击精度的动力学仿真模型的基础上,将均匀设计法应用于射击精度的仿真;采用均匀设计法对导弹落点精度进行了评估;通过坐标变换将弹着散布的概率密度函数用极坐标下的瑞利分布函数表示,引入方位系数和径向综合系数,推导出有脱靶弹的立靶密集度估计公式,对少量脱靶弹存在时自动火炮立靶密集度估计问题进行了研究;将蒙特卡洛方法和积分弹道方程相结合,讨论气象诸元的测量误差对射击精度影响的计算方法,通过计算分析不同初速下气象诸元测量误差对射击精度的影响,比较气象测量误差对几种火炮射击精度的影响和用不同方法计算的射击精度的结果;针对武器试验的特殊性,设计研制了直瞄火炮射击精度测量系统,采用声学检测和三维建模计算的方法,通过测量超声速弹丸的脱体激波到达各传感器的时差实现定位,以确定弹丸的着靶坐标,解算出弹丸在靶面上的弹着点,将数据传至炮位设备,根据数学模型推导出的入射坐标表达式再进行解算,实现对武器系统的射击精度测试评估。

5.2　提高射击准确度技术

5.2.1　影响火炮武器系统射击准确度的主要因素

一个制造完成的火炮武器系统的射击准确度通常认为是一个常量,在火炮使用过程中,它是一个系统误差。而我们知道,系统误差一般应包括测量误差、方法误差及计算误差等。对目标射击,总要设法使弹着点的散布中心通过预定的某一点(即瞄准点),然而任何一种决定诸元的方法都要进行许多测量、计算等工作,每一环节都会产生误差。有时将火炮武器系统的射击准确度分解为火力系统的射击准确度、火控系统的射击准确度等。

影响射击准确度的因素存在于火炮武器系统从射击准备到射击实施的全过程中。影响弹道的主要因素除射角、初速和弹道系数外,还有气温、气压、风力风向等。对射击准确度产生影响的误差主要是计算弹道所用平均参数(起始诸元)与实际参数直接的误差。对射击准确度产生影响的误差一般可以归纳如表5.1所列。

表5.1 影响火炮武器系统射击准确度的主要因素

误差分类	误差根源
测地准备误差	火炮(观察所)地理坐标误差
	火炮(观察所)海拔高度误差
	火炮定向误差
目标位置误差	目标地理坐标误差
	目标海拔高度误差
弹道准备误差	火炮和装药批号、弹重等引起的初速偏差量误差
	药温偏差量误差
气象准备误差	地面气压偏差量误差
	弹道温偏误差
	弹道风误差
模型误差	射表误差
	计算方法误差
技术准备误差	人工操瞄时零位零线检查误差,自动操瞄时传感器误差,倾斜修正误差
其　他	未测定或未修正的射击条件误差

(1) 测地准备误差,包括炮阵地以及观察所坐标测量误差、炮阵地高程测量误差和火炮定向误差。瞄准是以火炮为基准的,射击过程的起点(弹道起点)是火炮本身,即火炮阵地的三维坐标是整个射击过程的基点,确定火炮阵地的三维坐标(简称定位)的准确性决定了过程的准确性。方向瞄准是相对火炮的初始指向而言的,确定火炮的初始指向(简称定向)的准确性也决定了过程的准确性。对于间接瞄准,还需要借助第三点(一般称为观察所),观察所相对火炮阵地的位置坐标和方向的准确性是瞄准计算准确性的基础。

(2) 目标位置误差,包括目标坐标测量误差和目标高程测量误差。将弹丸输送到预定的目标点是火炮射击的目的。目标位置是弹道的终点,目标位置及状态的测量准确性直接决定了射击准确度及射击效果。

(3) 弹道准备误差,包括由于实际火炮炮膛磨损情况、弹重、装药批号、药温等与计算平均参数之间存在的误差引起初速误差。弹丸和火药的质量都是在一定公差范围内变化的,都会产生初速误差。弹丸质量变化不仅影响初速,而且影响弹道系数。火药温度偏差也会产生初速误差,并且由于很难精确测出火药内部的温度,所以尽管进行修正仍会有一定的初速误差,这一误差将造成射击误差。此外,随着火炮射击发数的增加,身管的磨损和药室容积的变化使初速逐渐减小,此初速误差称为初速减退量,尽管这一误差可以进行修正,但由于初速减退量存在测量误差,故而仍将存在一定的系统误差,造成射击误差。

(4) 气象准备误差,包括地面气压偏差量的误差,气温、气压、湿度、风速、风向的误差,数据处理误差,使用气象数据的时空误差,弹道温偏的误差和弹道风的误差等。气温和气压都是缓慢变化的,在一组弹的射击过程中可以认为是不变的,它们对散布没有影响。但是测量气温和气压的误差以及气温和气压随高度分布误差都使气温和气压的影响不可能得到准确的修正,因而将产生一定的射击误差。风的变化比较快,不仅可能产生散布,而且由于测风与射击的地点和时间上的差异又会造成一定的系统误差,所以风的修正不准确性对火炮都可能造成较大的射击误差。

(5) 模型误差,包括弹道计算模型的误差、计算方法的误差和射表的误差。计算弹道需要建立弹道模型,弹道模型是正式原型的简化和抽象,模型与原型之间存在误差,不同模型误差不同。进行模型计算,求解弹道需要数值计算方法,数值计算存在计算误差,采用不同计算方法带来的误差不同。大多数情况下,采用射表来修正非标准情况下的弹道,射表本身也存在误差。

(6) 技术准备误差,包括操瞄零位零线检查误差,操瞄系统误差和倾斜修正误差。操瞄系统本身不可避免存在误差。操瞄的前提是火炮系统是处于水平状态,虽然射击前的技术准备时,需要对火炮进行调平,修正倾斜,但是这种倾斜修正不可避免存在误差。射击前的技术准备时,为了提高射击准确度,往往需要对操瞄系统的零位零线检查和校准,零位零线检查和校准也不可避免存在误差。

(7) 与射击准备无关误差,包括未测定或未修正的射击条件的误差。

上述影响因素基本属于系统误差范畴。这些系统误差是可以通过偏差修正进行改进。对火炮系统而言,射击精度的准确度因素是可以通过一定措施予以修正或改进的。事实上,火炮系统可以通过试射修正然后进行效力射的方式对射击准确度进行修正,即先进行一次试射,确定弹丸落点或飞行状况预计落点后进行效力射修正,保证火炮射击效率。然而,现代战争节奏加快,信息化程度提高,往往要求首发命中和首群覆盖,不允许进行试射,这样就要求尽可能提高火炮武器系统本身的射击准确度。

5.2.2　提高火炮武器系统射击准确度的主要技术

研究提高火炮射击精度问题,实际上就是研究射击效果问题。射击效果是弹药、火炮系统及射击条件同时影响的结果。在理想状态下,弹药、火炮系统射出的弹丸应发发击中目标,但由于实际射击条件与理想状态有较大差别,其中任何一个影响因素发生变化都将带来相应的弹道变化,最终影响到射击效果。为此,研究火炮射击精度问题,首先必须搞清射击过程中哪个环节可能产生哪些偏差,这些偏差都是属于什么性质的偏差。尽量少考虑或不考虑影响射弹散布的偶然误差,而将系统偏差尽量排除或减小到最低限度。提高射击精度,从射击学的角度讲,就是对于给定目标,根据弹道计算结果进行射击诸元装定并射击能否将命中目标问题。

根据射击准确度影响因素分析,提高火炮射击准确度就是在技术准备正确的前提下,比较准确地预估出弹药自身的初速变化量,比较准确地预测出火炮自身的初速减退量,采用新的方法精确地确定出射击诸元,提供给炮手,在不经任何试射的情况下,提高火炮的命中精度。提高火炮武器系统射击准确度的主要技术措施有自动定位定向技术、大力发展闭环校射技术、炮射智能弹药技术等。

1. 自动定位定向技术

自动定位定向是自动为指挥系统提供武器平台和目标的位置、方向和运动信息,如载体或目标的位置、姿态、方向以及在不同坐标系中的运动速度、加速度和航程等信息。导航是将武器平台等运载体按预先规定的计划和要求,从一个地方(如出发点)引导到目的地的过程。定位是导航的基础,只有确定了出发点和目的地的位置信息,才能实现导航。通常的导航大都包含定位。导航定位定向系统是确定载体的位置并完成引导任务的设备,是信息战不可缺少的重要装备。

定位系统是以确定空间位置为目标而构成的相互关联的一个集合体或装置。目前,大凡谈到定位系统一般是指美国的全球定位系统(GPS)。GPS 是一个由覆盖全球的 24 颗卫星组成的卫星系统,这个系统可以保证在任意时刻、地球上任意一点都可以同时观测到 4 颗卫星,以保证卫星可以采集到该观测点的经纬度和高度,以便实现导航、定位、授时等功能,如图 5.2 所示。除美国 GPS 外,还有我国自主研发的北斗卫星导航系统等。

导航定位系统除具有导航功能外,还能为火控计算机连续提供自行火炮纵轴与真北方向的夹角以及自行火炮纵横摇角、自行火炮定位、武器定向等功能。导航定位定向系统主要有惯性导航(惯导)系统、卫星全球定位系统等。

图 5.2 美国全球定位系统(GPS)

惯导系统不依赖于任何外界信息,能够进行完全独立的导航,可以连续提供导航信息,然而其系统精度主要取决于惯性器件的精度,定位误差随时间积累,不能长时间使用。惯导系统主要分为平台式惯导系统和捷联式惯导系统两大类。捷联式惯导系统平台式惯导系统有实体的物理平台,陀螺和加速度计置于陀螺稳定的平台上,该平台跟踪导航坐标系,以实现速度和位置解算,姿态数据直接取自于平台的环架。捷联式惯导系统是在平台式惯导系统基础上发展而来的,它是一种无框架系统,由 3 个速率陀螺、3 个线加速度计和微型计算机组成。其陀螺和加速度计直接固连在载体上作为测量基准,它不再采用机电平台,惯性平台的功能由计算机完成,即在计算机内建立一个数学平台取代机电平台的功能,其飞行器姿态数据通过计算机计算得到,故有时也称其为"数学平台"。由于惯性元有固定漂移率,会造成导航误差,因此,通常采用数据融合技术,以武器平台上的速率捷联技术输出的定位定向数据为主,利用所有可得到的自主信息作为辅助数据,进行非相似互补来提高定位定向精度。卫星导航(卫导)系统能迅速、准确、全天候地提供导航和授时信息,但被遮挡时功能失效。尤其是使用GPS定位系统,由于受美国控制,不能单独作为一种导航手段。

自行火炮间瞄射击时必须知道本炮以及目标的位置和方向才能决定射击诸元。自行火炮系统的导航定位定向设备一般采用组合式的导航,即惯性导航(惯导)与卫星导航(卫导)的组合、导航系统与观测系统的组合。惯导与卫导组合系统克服了各自缺点,取长补短,实现全自主式作业,卫星导航系统可以给出精确的起始点位置并修正惯导的陀螺漂移误差,一旦卫导的信号受到干扰,惯导系统就可在里程计的帮助下继续进行定位定向作业。使用组合系统,可消除综合误差,提高定位精度。导航系统与观测系统的组合如导航系统与红外热像仪、激光测距机、计算机等组合成综合观测所,既能昼夜观察测距,又能定向定位,一机多用。组合系统主要利用惯导系统提供载体的位置、速度、航向和姿态角,利用卫导系统提供位置、速度和时间信息,利用激光测距机提供标定点的精确距离,利用方位、高低瞄准系统提供标定点的方位角和高低角,利用计算机系统完成相应计算任务。在自行火炮系统中,为了防止某一种导航系统出现故障时影响导航,采用惯导与卫导能独立工作的松散组合,以惯导为主、卫导辅助。为了减少运算量,提高组合导航精度,采用分散滤波技术,实现了一个可靠、高精度的导航系统,其原理结构见图5.3。

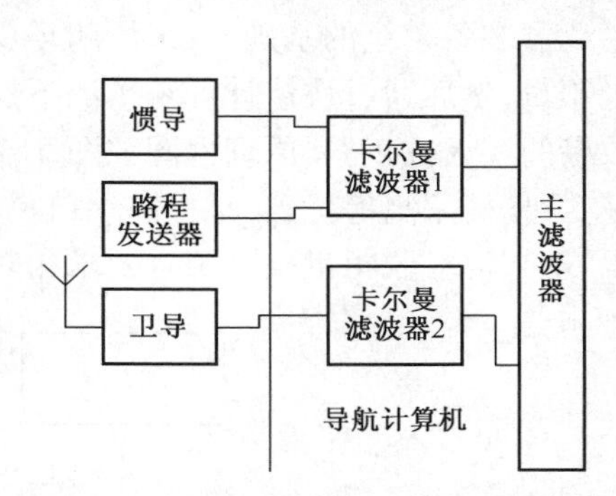

图5.3 惯导与卫导组合系统原理框图

德国和意大利联合开发的EUROLIT系列惯导与卫导组合系统,由光纤陀螺惯导系统和卫导接收机组合而成,此外还包括里程计和控制显示器。地炮射击指挥系统上安装EUROLIT,在没有GPS进行修正的情况下,用里程计辅助,导航精度为行程的1%。法国"西格玛"系统,由一捷联式环行陀螺和GPS接收机组成,控制显示器为手持式,另有里程计供选用,以增加操作使用的灵活性。定向精度为0.8mrad,定位精度为5m加行程的0.1%。其灵活的硬、软件设计使其很容易与火控系统融为一体,而且可以通过拼装组合满足不同的需要。美国GPS接收机加火炮瞄准系统,是火炮定位定向的一种低成本、高精度的手段。该系统方位读数在5min内可达到优于3mrad的精度,利用对GPS信号的动态相位跟踪来测量自身的位置,精度达到cm级。美数字化旅的M109A6 155mm自行火炮装备一种混合型炮载定位、导航与定向系统,其水平、垂直定位精度均为10m,测方位精度为0.67mrad,测纵向和横向倾斜精度为0.34mrad。火炮瞄准与定位系统GLPS,是美国陆军为满足21世纪野战炮兵作战需要而开发的一种集定位、定向、测距与计算功能于一身的三脚架式炮兵连用综合性测地设备。它由寻北陀螺、数字式电子经纬仪、人眼安全激光测距机、电池和精密轻型GPS接收机组成。使用时,将GLPS设置在炮兵连阵地的中央,由一人操作,为每门火炮赋予射向,并测定其位置。GLPS的定位精度可达10m(CEP),火炮定向精度为0.4 mrad,测方位时间3min,测距精度为2m。

2. 闭环校射技术

高炮是抗击空中飞行目标的主要武器系统，其作战对象的特点要求高炮武器系统射击精度高、射击速度快。受各种因素的影响，高炮武器系统对空中目标射击存在一定偏差，需要对武器系统进行校射。

就射击效果而言，若火控系统未实现射击效果反馈校正，整个系统属于开环系统。这种系统为了提高射击效果的精度，只能以提高火控系统组成的各个部分的精度来提高，然而系统各部分精度的提高总是有限的。因此，人们从一般的闭环控制原理推广应用到整个火控系统来提高系统精度，这就是大闭环校射。

校射就是通过观测弹道(或炸点)偏差的一系列实测值，预先估计出弹道偏差的未来值，并在弹丸出膛前校正射击诸元，消除这尚未出膛的弹丸可能形成的弹道偏差的过程。校射是提高火炮射击精度和命中概率的重要举措之一。大闭环校射技术，通常是在一般的武器装备系统的基础上，采用闭环反馈的控制方法，增加射弹偏差观测装置观测弹丸的脱靶量，然后通过快速计算和预测下发弹丸的修正量，反馈到火炮控制系统，实现对射击效果的反馈校正，其原理框图如图5.4所示。大闭环火控系统具有控制精度高、系统效能好、毁伤概率高等优点，是提高小口径高炮射击准确度的有效措施，是火控系统的一个发展方向，但对脱靶量检测装置要求相对较高。

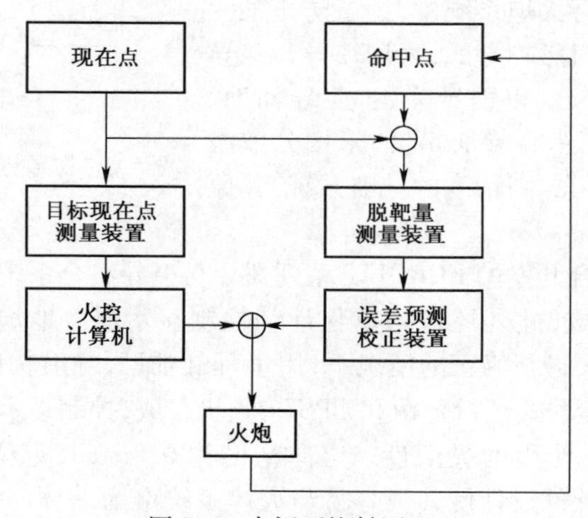

图5.4 大闭环校射原理

根据获取射击偏差量方法的不同，可将闭环校射分为偏差观测闭环校射和偏差预估闭环校射。偏差观测闭环校射是指可以通过观测器材直接观测弹道(或炸点或落点)偏差，进行射击校正。偏差预估闭环校射是指观测器材观测弹道部分弹迹，根据弹道轨迹信息预估落(炸)点的位置，再根据目标的位置求取射击校正量。闭环校射的本质是在各发炮弹射击条件大致相同的条件下，利用前一发弹丸的偏差自动对下一发炮弹的射击诸元进行修正，从而达到精确射击的目的。其优点是不用分析引起误差的具体原因，而是对所有误差源引起的共同射击偏差进行校正。而且现代高性能计算机等相关技术的发展，使得自动、快速、实时校正成为现实，这对于分秒必争的小口径高炮末端防御作战尤为重要。

传统的大闭环校射具有精度高、毁伤概率高等优点，但是，其前提是用实弹对真实目标的校射(实闭环校射)，并进行脱靶量检测。由于受航路时间短、射弹飞行需要一定时间的限制，样本量不足，因此校正量不易预测准确；脱靶量检测存在一定的难度和精度；而且需要大量的实弹试验，代价过高。没有脱靶量检测装置能否进行射击校正呢？这种校射方式就是虚拟闭环校射。

如图5.5所示，设M_k为目标运动航路目标运动现在点，目标到达M_k点的时刻为t_k。以M_k为命中点，那么，可以通过逆解射击诸元（根据命中点求解射击诸元）方法求得弹丸飞行时间$t_f(k)$和$t_k-t_f(k)$时刻的逆解射击诸元（在初速一定时主要是射击方位角和射击高低角）作为射击诸元标准值。由于$t_k-t_f(k)$时刻的目标位置M也可以得到，因此，又可以求得该时刻的顺解射击诸元，从而可以得到该时刻的射击诸元误差。因为目标运动航路可以进行预测，顺解射击诸元（根据现在点求解射击诸元）也可以通过弹道外推法求得，这样就可以求得系列射击诸元误差，利用已得到的系列射击诸元误差建立误差模型，再采用某种预测方法将可以较准确的预测出未来某时刻的射击诸元误差，以此误差预测值即可修正该时刻火控计算机输出的理论射击诸元。由于这种校射方法没有进行实弹射击和脱靶量检测，仅利用计算机进行"虚拟射击"（弹道计算）而得到射击诸元误差进行校射，因此这种校射方法被称为虚拟闭环校射。

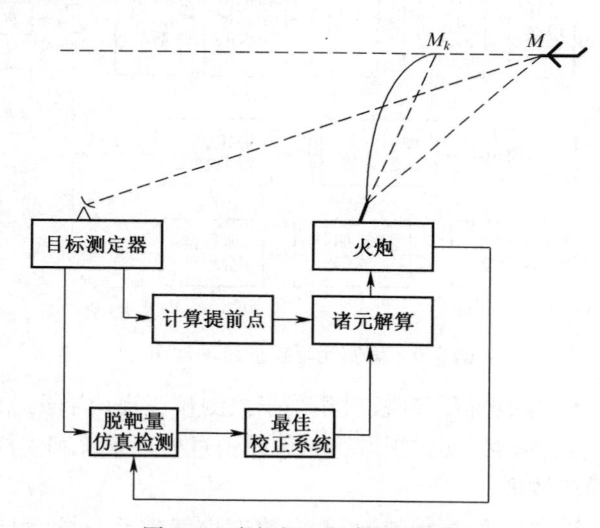

图5.5　虚拟闭环校射原理框图

为争取更多校射时间，此方法可以通过弹道外推方法。例如，利用处理射表所得的射表逼近函数将弹道做适当的和合理的延拓（称为射表的虚拟延伸），在目标进入有效射击区域之前就由目标运动方程来得到能够虚拟命中目标的逆解射击诸元和顺解射击诸元以及射击诸元误差。这样就可以在目标进入有效射击区域之前建立射击诸元误差模型，并预测出进入有效射击区域后的射击诸元误差来实现校正。这种射击诸元的获得，可以在目标进入可射击区域之前输出命中虚拟命中点的理论射击诸元让操炮手跟踪，结束操炮误差的过渡阶段，在目标一进入可射击区域，操炮误差就处在平稳阶段，也就可以对目标进行射击，这样可以争取到更多的适合射击的时机。利用经过虚拟延伸后的射表，可以在更早的时刻、更远的距离上获得射击诸元误差。只要虚拟延伸的范围合适，能保证目标在进入武器有效射击区域的瞬时就可以实现虚拟闭环校射，这对争取可校射区域极其有利。

虚拟闭环校射在不进行射击的前提下即能够对火炮武器系统的射击精度进行校正，但是，由于虚拟闭环校射是在假定气象条件、弹丸初速等修正量都是理想情况的基础上，将射击诸元误差进行分解，利用计算机“虚拟射击”，仅对其中可补偿的部分误差进行一定的修正，因此，对于除目标运动假定外的因素造成的弹目偏差则无法进行校正。

虚实闭环校射技术，是采用虚拟闭环校射和大闭环校射组合校射方式。虚实闭环校射技术中的虚拟闭环校射，只通过目标测定器实时测定目标实际信息，通过火控计算机解算出虚拟弹目偏差，进行预测获得最佳校正量，主要实现目标运动假定误差修正。虚实闭环校射技术中的实闭环校射是在炮弹射出后利用动态测量及信息处理技术获取比较准确的弹目偏差进行预测获得最佳校正量，实现射击过程中误差综合修正。然后利用最佳校正量对火炮射击诸元进行校正，得到校正后的射击诸元，控制火炮射击，原理如图5.6所示。

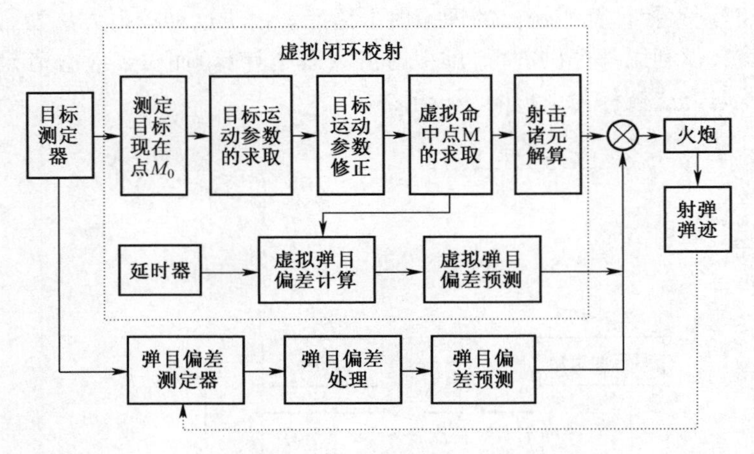

图5.6 虚实闭环校射原理框图

虚实闭环校射技术中的虚拟闭环校射相当于预测校正环(内环)，在火控计算机内完成。大闭环校射由火控计算机、实时提取弹目偏差信息处理系统和主控计算机共同完成。

3. 炮射智能化弹药技术

采用传统炮弹射击时，一般射程越远，射击精度也就越差，对远程目标的杀伤需要依靠发射大量的弹药进行“面杀伤”来实现。信息时代的到来，使得战争基本形态必然由机械化战争形态向信息化战争形态转变。未来战争中，为减少交战双方对非军事目标造成的附带损伤，对敌军事目标的狂轰乱炸必然被精确打击所取代。炮射智能化弹药是在传统弹药的基础上，增加现代引信、制导技术、智能化技术等新的技术手段，使其具有一种完全区别于传统弹药功能的新弹种，能够实现精确打击、侦察、电子对抗、高效毁伤和毁伤效果评估等功能，使得火炮远程精确打击成为可能。炮射智能化弹药的典型代表有制导炮弹、末敏弹、侦察炮弹、效果评估炮弹等。

制导炮弹是指外弹道某段上具有探测、识别、导引能力攻击目标的炮弹，目前，制导炮弹主要包括两大类，即末制导炮弹和炮射导弹。相对常规炮弹而言，制导炮弹由于其弹道可控，攻击方式灵活，具有精度高、射程远、可以打击静止和运动目标等优势；相对发射及制导系统复杂的其他制导武器而言，制导炮弹具有较为简单的发射平台和制导机构、较为低廉的价格以及毫不逊色的制导精度。制导炮弹有着更为广泛的应用范围。在制导炮弹的发展进程中,对精度、射程和威力的追求将是永恒的主题;从经济性、作战使用和维护角度考虑,智能化、发射后不管、小型化、模块化、低成本也将是制导炮弹未来的发展方向。

末制导炮弹就是在炮弹前部加装导引头,炮弹发射后能在外弹道飞行末段具有探测、识别、导引能力攻击目标的炮弹。末制导炮弹发射后,弹道前段与普通炮弹一样靠惯性飞行,在弹道末段则转入导引段飞行,炮弹前部的导引头接收从目标反射回的信号,导引炮弹准确飞向攻击的目标,具有很高的命中率。末制导炮弹分为人工照射末制导炮弹(第一代)及自动寻的末制导炮弹(第二代)。第一代末制导炮弹研制工作起于20世纪70年代,装备于80年代,最典型的产品就是美国的"铜斑蛇"和苏联的"红土地"(图5.7)。第一代末制导炮弹一般都采用激光半主动制导方式,虽然激光半主动末制导炮弹可攻击由激光指示器照射的所有目标,具有较高的命中概率,任务成本比较低,在照射目标的同时可监视射击的结果。但是作为第一代末制导炮弹需要用激光指示器照射目标,在战场上使用不方便。于是在20世纪80年代初开始,以美国为首的西方国家,相继研制第二代末制导炮弹,又称"打了就不管"的弹药。如美国的"铜斑蛇-2"末制导炮弹(采用激光半主动与红外成像双模制导)、英国的81mm"灰背隼"(采用毫米波制导)等。

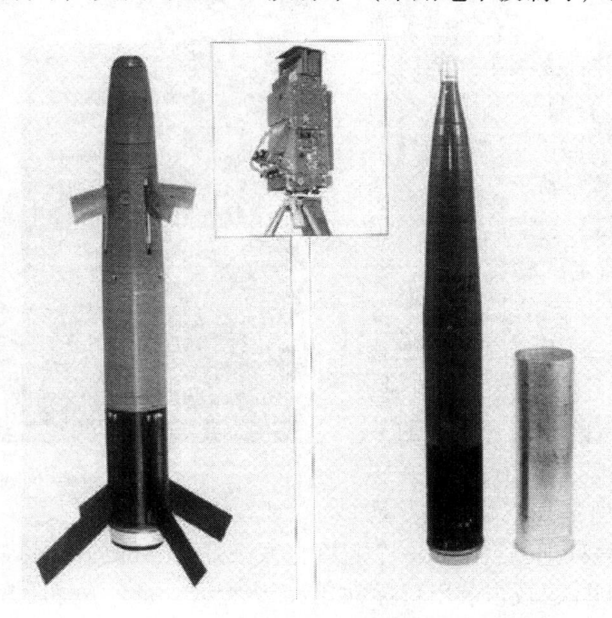

图5.7　苏联"红土地-M"激光末制导炮弹

炮射导弹是具有制导能力和自推动力的制导炮弹,是一种发射式导弹,如图5.8所示。炮射导弹在外弹道上能探测、捕获、跟踪直至命中目标。它将常规弹药技术与精确制导技术结合在一起,提高了武器系统的射程、命中精度和威力。炮射导弹的投射部由发射药和火箭发动机组成,首先,由火炮发射赋予导弹一定的初速,当导弹飞离炮口后,火箭发动机工作,继续推动弹丸运动,使导弹不断增速。由于炮射导弹装有制导装置、数据处理装置和其他电子器件,发射时过载不能太大,所以发射导弹的初速比一般炮弹的初速低得多。现有的炮射导弹的制导体制多为激光波束半主动遥控制导,又称激光驾束制导。适合在近距离(一般约10km以内)直视条件下使用,常用于地空导弹系统及反坦克武器系统。激光驾束制导是利用激光器发射的激光束引导导弹飞向目标。世界上研制炮射导弹的国家有西方国家和原苏联。早在20世纪50、60年代,西方国家和苏联都提出了炮射导弹的发展计划。如美国的"橡树棍"和法国的"阿克拉"(ACRA)计划。俄罗斯坚持系列化开发,现在俄罗斯有了装备其所有主战坦克和最新步兵战车的系列炮射导弹系统。

图5.8 炮射导弹

末敏弹是利用自身的目标探测识别装置,在目标区具有探测、捕获、识别目标能力,发射后不用管,靠爆炸成形弹丸击毁目标的炮弹。一般由战斗部、目标探测识别装置、稳态扫描装置、信号处理控制器等组成。末敏弹大多数为子母弹形式,对于旋转稳定高速弹药,末敏子弹还有减速减旋装置。装有敏感子弹药的母弹由火炮发射后按预定弹道以无控的方式飞向目标,在目标区域上空的预定高度,时间引信作用,点燃抛射药,将敏感子弹从弹体尾部抛出。敏感子弹被抛出后,靠减速和减旋装置(一般是阻力伞和翼片)达到预定的稳定状态。在子弹的降落过程中,弹上的扫描装置对地面做螺旋状扫描。弹上还有距离敏感装置,当它测出预定的距地面的斜距时,即解除引爆机构的保险。随着子弹的下降,螺旋扫描的范围越来越小,一旦敏感装置在其视场范围内发现目标(也就是被敏感)时,弹上信号处理器就发出一个起爆自锻破片战斗部的信号,战斗部起爆后瞬时形成高速飞行的侵彻体去攻击装甲目标,如图5.9所示。如果敏感装置没有探测到目标,子弹便在着地时自毁。美国是最早研究末敏弹的国家,在20世纪60年代后期,为了解决火炮远距离间瞄射击装甲目标的问题,开展了大量研究工作。现在美国M898式155mm"萨达姆"末敏弹已装备部队,美多管火箭发射系统的MLRS/SADARM通用末敏子弹于20世纪80年代末已开始研究。继美国之后,德国、中国、法国、瑞典等国也相继进行了末敏弹的研制。火炮发射的末敏弹研究项目尽管很多,但最具有代表性的产品主要有3种。即美国的"萨达姆"、德国的"斯马特-155"、瑞典的"博纳斯"。这种末敏弹都配用于155mm榴弹炮,其战术性能与工作过程也大致相似,但这些弹在解决抛撒、扫描、探测、击毁目标等技术上,既相互借鉴又各具特色。

图5.9 末敏弹药工作状态

侦察炮弹是一种通过摄像机、传感器等电子设备,对目标进行侦察、探测的信息化炮弹。侦察炮弹一般用火炮发射到目标区上空,利用降落伞减缓落地速度,将目标区相关信息传输回指挥部,如图5.10所示。就目前研制情况看,它主要包括电视侦察炮弹、视频成像侦察炮弹、传感侦察炮弹、红外侦察炮弹等。电视侦察炮弹也称炮射电视,它由微型电视摄像机和电视播送系统组成,当它被发射至目标区域上空时,通过微型电视摄像机将目标区域的地形和地面活动图像摄制下来,并通过电视播送系统同步传送给指挥基地。例如,美国研制的XM185式电视侦察炮弹,可用155mm榴弹炮发射。与一般的侦察手段相比,炮射电视进行侦察具有安全、可靠、图像清晰等特点,可在远离地方防空区的情况下,对其重点地区、重要目标实施可靠侦察。视频成像侦察炮弹,最早是美国于1989年研制成功的。它利用弹丸向前飞行和旋转,使弹载传感器的现场作动态变化,对飞越的地形进行扫描,实施对空中和地面的侦察并发现目标,其引信内还装有GPS接收机,可接收3个或更多GPS卫星信号,以实现对目标的精确跟踪。传感侦察炮弹,主要利用振动声响传感器窃听战场目标信息。弹体内装有一个振动声音传感器,发射至目标区域后,就自动探测不同类型的声响,并能自动将目标的声音信号转换成电信号发动给监控中心,再还原成声音信号。它不仅可以探测人员的运动和数量情况,还可通过人员的说话声判断其国籍,如目标是车辆,则可判断车辆的种类。红外侦察炮弹,能发射出很强的肉眼看不见的红外辐射,具有很强的侦察功能。红外侦察炮弹能在黑暗环境中准确侦察和监视敌方活动兵将信息传输回指挥部。同时,还可以为己方工作在红外波段的光电器材提供辅助光源,扩充其使用范围,提高其夜视能力。

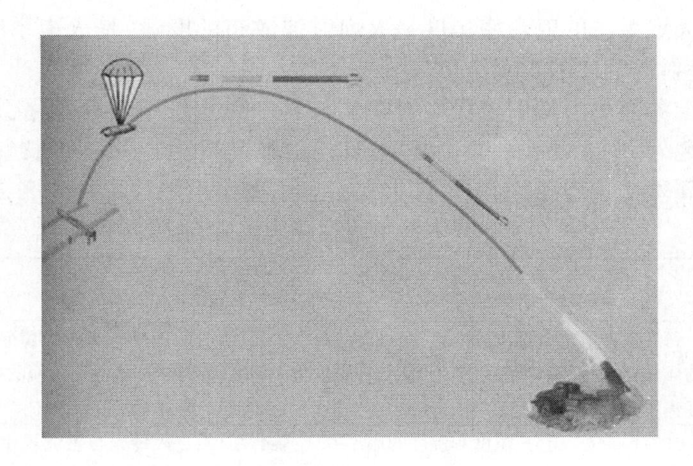

图5.10 侦察炮弹示意图

战场态势评估炮弹是一种评估目标毁伤情况的信息化炮弹。这种炮弹内部装有微型电视摄像机,当它被发射至目标区域上空时,可将清晰的战场状况传输到地面接收屏上,指挥员在电视屏幕上可将目标被毁情况尽收眼底,如图5.11所示。从而一改传统,使对目标盲射变为可视目标打击。美国20世纪80年代后期研制成功了155mm目标验证和毁伤评估炮弹,该弹发射后能够在空中悬浮5min,由射击分队的一名操作手遥控飞行,其作用距离达60km。

图 5.11 战场态势评估炮弹示意图

5.3 提高射击密集度技术

5.3.1 影响火炮射击密集度的主要因素

火炮以相同的射击诸元对目标射击,弹着点将围绕平均弹着点形成一定的有统计规律的散布。火炮在射击诸元不变的条件下,射弹弹着点相对平均弹着点的散布程度,称为射击密集度。火炮系统的射击密集度是火炮射弹散布的度量,是火炮系统的重要战术技术性能指标,是射击精度的重要组成部分。

射弹散布现象是由于发射过程中射弹发与发之间的微小随机变化引起的,除气象诸元的随机变化之外,主要反映火力系统射击时,射弹发与发之间的随机微小变化因素引起的射弹弹道的偶然变化现象,影响射弹散布或射击密集度的因素如表 5.2 所列。

表 5.2 影响火炮射击密集度的主要因素

因素 类别	散布因素
火炮方面	每次发射时炮身温度、炮膛干净程度的微小差异;炮身的随机弯曲;炮架、车体的连接,火炮放列的倾斜;炮身振动;药室与炮膛的磨损;底盘与火炮上部的连接,底盘与地面的接触状态以及弹炮相互作用等
弹药方面	发射药重量、组分、温度和湿度的微小差异;装药结构、点火传火与燃烧规律的微小变化;药的几何尺寸、密度、理化性能的微小变化;弹丸的几何尺寸、重量、质量分布、弹带理化性能、几何尺寸、闭气环的性能等的微小变化等
炮手操作与阵地放列	装定射击诸元,瞄准的微小差异;排除空回,装填力和拉火(击发力),装填方法的差异;火炮两轮、驻锄、放列及土地土质等微小差异
气象方面	每发射击在地面和空中的气温、气压、风速、风向的微小变化及气象数据的处理误差
弹着点测量	观测弹着点的方法,计算弹着点的方法,观测器材的精度,观察人员的误差

(1) 火炮方面的因素,包括火炮在每次发射时炮身的温度、炮膛干净程度等方面的微小差异,炮身的随机弯曲,火炮放列的倾斜度,炮身振动,药室及炮膛的磨损,底盘与火炮上部的连接,底盘与地面的接触状态,弹炮的相互作用等。

（2）弹药方面的因素，包括发射药重量、组分、温度和湿度等方面的微小差异，装药结构、点火、传火与燃烧规律的微小变化，装药几何尺寸、密度、理化性能的微小变化，弹丸几何尺寸、重量、质量分布、弹带理化性能、几何尺寸、闭气环的性能等的微小变化等。

（3）炮手操作与阵地放列的因素，包括装定射击诸元、瞄准的微小差异，排除空回、装填力、拉力（击发力）和装填方法的差异，火炮轮胎、履带、坐盘、驻锄放列与土地接触等的微小差异，火控系统的随机误差等。

（4）气象方面的因素，包括每次发射弹丸飞行过程中在地面和空中的气温、气压、风速、风向的差异，气象数据处理的随机误差等。

（5）弹着点测量的因素，包括观测弹着点的方法，计算弹着点的方法，观察人员的误差等。

上述因素微小随机变化最终以射弹散布形式表现出来，尽管影响密集度的散布因素错综复杂，但是从弹道学的观点看，即用在外力作用下弹丸运动观点分析，上述复杂因素造成的后果有两个方面，一方面是引起弹丸质心速度大小和方向的随机变化，另一方面是受力状态的随机变化。前3项因素，具体反映在火炮系统各单体、各部结构尺寸、质量、性能参数、运动和动力学参数的微小随机差异上，以及炮手操作和气象条件等多方面的微小随机变化上。而这些微小变化因素的描述参数，都可以综合反映在火炮系统的某一个或某几个性能参数上。如火药性能、装药结构、点火传火、药室、身管、弹丸重量、弹炮摩擦、膛压等，可以综合反映在弹丸出炮口时的初始姿态的随机误差上。因此，这些可以用几个综合参数的微小变化（如初速、射角、初始扰动等的散布）分析和计算初始扰动对射弹密集度的影响。初速散布取决于火药性质、装药结构、点火传火、弹炮相互作用、膛压特性、后效期及起始段章动特性等散布因素的综合作用。起始扰动包括起始偏角、起始章动角以及起始章动角速度等，通常取决于火炮特性、内弹道特性、弹丸特性等。弹丸在膛内运动过程中，由于膛压的变化、弹炮的相互作用以及火炮身管的振动等原因，形成了起始扰动。对于远程火炮，对散布影响较大的起始扰动因素主要是起始偏角和起始章动角速度，其中起始章动角速度的影响很大，而起始章动角的影响很小，可以忽略不计。起始章动角速度的影响主要是它导致了弹丸在飞行过程中的摆动，导致阻力增大，同时它还可以造成速度方向的变化，产生平均偏角。跳角由起始偏角和平均偏角组成，跳角散布可造成射弹的铅直跳角和横向跳角。

而气象条件等方面的微小随机变化和阻力系数等的散布，影响弹丸外弹道飞行过程。弹丸在飞行过程处于旋转稳定状态，由于弹道弯曲产生动力平衡角，动力平衡角对方向的影响会产生偏流，偏流散布对射弹横向散布有影响。如果射击时间间隔在30min内，阵风将对散布产生影响。一般需要控制阵风影响的大小和变化范围以减小对弹道散布的影响。气象条件等方面随机变化的影响虽然重要，但是对其控制能力有限。

5.3.2　提高火炮射击密集度的主要技术

火炮射击密集度是火炮武器的核心指标，也是考核火炮的重要性能指标之一。如何提高射击密集度是火炮研究人员追求的永恒课题，在火炮研制中，需要花费大量的人力、物力和财力以切实保证火炮射击密集度指标的实现。但由于射击密集度是一个属于系统层次上的问题，影响射弹散布的因素十分复杂，与火炮结构（机构间隙与空回、结构变形、液气等)、装药(成分、形状、质量和装药结构)、弹丸(外形及光洁度、质量、转动惯量、质量偏心等)、装填条件、射手的操作、气象条件等密切相关,这些影响因素错综复杂,并且都是随机变量。因而,在火炮武器的研发过程中经常出现射击密集度超差现象。

通常确定和估计射击密集度可以采用理论计算方法、试验与理论计算结合方法、统计法、统计试验法及试验法等。利用传统的设计方法尚不能分析上述复杂的因素对火炮射击密集度的影响规律,得不到火炮结构参数、弹药参数与射击密集度之间的内在本质关系,仍采用实弹射击的方法统计火炮射击密集度,难以从设计的角度对火炮射击密集度进行有效的控制。

火炮射击密集度的确定方法随着理论和技术水平的发展得到了进一步的完善。弹道学、空气动力学、气象学、射击学、概率统计等经典理论以及发射动力学、随机过程、随机模拟理论的发展,计算技术、试验技术的发展与运用,为火炮射击密集度的确定提供了更完善的手段和可能性。根据射击密集度影响因素分析,提高火炮射击密集度就是在技术准备正确的前提下,比较好地控制弹丸出炮口时的姿态以及控制外弹道条件,使其具有较好的稳定性。火炮射击密集度的建模理论与方法,利用火炮多体系统动力学模型计算弹丸出炮口瞬间的状态,并在计算机上模拟火炮机构间隙与空回、装药(包括装药药粒的弧厚、半径,装药质量,火药力)、弹丸及操作(如高低射角、方向射角)等随机因素,使输出的弹丸出炮口瞬间的运动参量为随机变量,把它们作为外弹道计算的初始条件,并模拟气象、弹形等随机因素,从而使弹着点也具有随机性,利用中间偏差计算公式可预测地面密集度和立靶密集度,并分析其影响因素。

有研究认为,现代远程杀爆弹最大射程地面密集度影响因素按其对纵向散布和横向散布的影响大致可以分配为下述比例:对纵向散布的主要影响因素,初速影响因素占33%~34%,纵风影响因素占10%~17%,阻力系数因素占49%~58%;对横向散布的主要影响因素,偏流散布影响因素占30%,横风影响因素约占57%,横向角影响因素占5%~15%。由此可见,提高火炮武器系统射击密集度的主要技术措施有初速误差控制技术、弹丸起始扰动控制技术、外弹道修正技术等。

1. 初速误差控制技术

引起初速误差的主要因素包括发射药性能、装药结构尺寸、弹丸结构尺寸、内膛结构尺寸、点火过程、挤进过程、燃烧过程、环境等方面的随机误差。初速误差控制,首先严格控制发射药装药结构尺寸、弹丸结构尺寸、内膛结构尺寸等是不言而喻的。此外,控制初速误差主要技术还有钝感发射药技术、药温检测技术、等离子体点火技术、弹丸挤进一致性技术等。

1)钝感发射药技术

提高火炮内弹道性能的措施之一是采用高能发射药。高能发射药的燃速较高,装药的初始燃气生成速率快,在高装填密度和底部点火装药条件下易出现膛内压力波,导致装药燃烧的不稳定,造成较大初速误差,甚至引起安全问题。调节和改善其燃烧性能的有效方法是对其进行表面钝感或表面包覆处理。表面包覆适用于药形尺寸较大的粒状发射药,小颗粒发射药包覆困难,药粒容易粘结成团。表面钝感对药形尺寸适用面宽,并可以获得更好的渐增性燃烧效果,是调控发射药燃烧性能的有效途径。在发射药粒外表面包覆钝感一层阻燃材料,可改进发射药的燃烧性能,明显降低温度系数,使发射药燃烧获得高的渐增性,获得了良好的弹道性能。结合多气孔发射药进行钝感,发射药的燃烧渐增性将获得进一步加强。同时,高分子材料的应用提高了钝感发射药的抗迁移能力,使发射药的长储寿命得到提高。用高分子材料包覆钝感低温度系数发射药及其装药技术对提高身管武器性能具有重要意义。高分子材料包覆钝感低温度系数装药技术已在某些武器上成功应用,明显提高了武器的弹道性能,是一种具有广泛应用前景的新型发射药。

高分子钝感多气孔发射药的低温感效果是两种作用的综合结果:一方面,由于发射药和高分子钝感剂不同温度下膨胀系数的差异,导致低温下钝感剂和发射药界面之间产生空隙,同时,钝感剂产生微裂纹,从而增加了发射药的低温燃面;另一方面,对于多孔钝感发射药,其低温破孔机理也发挥了一定的降低温度系数的效果。高分子钝感的多孔粒状药由于两种作用机理同时存在,低温感效果明显,工艺易于控制。对于管状药,由于只有第一种效果发挥作用,相对于粒状药,为了达到良好的低温感效果,需要更加严格地控制工艺条件。钝感剂和硝化棉具有一定的相溶性,保证了钝感剂和发射药基体良好的粘结性能,从而保证其弹道稳定性和发射安全性。

采用深钝感发射药,其钝感剂含量可接近 10%。钝感剂含量对内弹道性能存在一定影响。一般发射药钝感剂含量的减小会引起膛压的急剧升高。经仿真计算,当包覆层完全失效(钝感剂挥发)时,炮口初速将提高 8.57%,而最大膛压将提高 35.54%。钝感发射药的失效对最大膛压的影响远超过对初速的影响。钝感剂的挥发将严重影响射击安全,给火炮安全性带来威胁。在使用钝感发射药进行实弹射击前,应尽可能对钝感剂的含量和分布进行检测和控制。

2)药温检测技术

现代战争要求火炮武器系统在不经试射条件下,直接展开效力射,要实现射弹对目标的首群覆盖。实现这一要求的重要前提是精确准备射击诸元。药温是影响火炮初速及其误差的重要原因之一。初速关于药温的影响系数为 0.05%~0.10%,具体因弹种和药温区域不同而不同。

一般在火炮的战术技术设计指标中,通常要求药温的测量精度不大于 1℃。然而即使达到这样的测量精度,即药温测量误差为 1℃时,如对 155mm 自行加榴炮而言,初速仍将产生 0.7~1.0 m/s 的误差。由此产生的射程偏差将达到 45~85m。可见,药温测量精度是非常重要的指标。因此,药温的精确测量是关系火炮对目标实施有效打击,提高首发命中和首群覆盖能力的重要手段,是提高火炮系统射击精度,特别是在不经试射前提下达到精确打击目标的基本保障条件之一。

火炮的装药,其外形近似圆柱体。外部为药筒或包装筒,内部有钝感衬里、点传火组件及其他装药辅助元件。药粒散装或分成药包放于药筒内。在野战条件下,装药通常都处于热的非平衡状态,装药温度场为非稳态温度场,装药温度随环境温度的波动不断变化。可见,装药温度场与发射装药的组成结构、几何特性和物理特性有关,还与所处环境及初始条件有关。火炮计算射击诸元时所需的药温是指发射药的实时平均温度,即装药温度场的质量加权平均值。因此,用测量药筒表面或内部某一点的温度作为药温是无法满足精度要求的。影响药温测量精度的因素主要包括:①装药温度场的质量加权平均值,由于装药温度场是非稳态的,平均药温随时间不断变化,为弹道解算提供的药温必须是装药温度场的实时平均值,这是保证药温测量精度的关键因素;②装药结构的几何特性和物理特性,装药的几何特性应考虑形状、尺寸和装药组成元件放置的部位;物理特性则包括火药品号、药量及装药元件的热物理特性,从而充分体现出药温与装药型号的相关性;③装药环境温度的非均匀性,野战条件下,装药环境温度不但随时间变化,而且在空间上也不可能完全一致,即使是车体内的药仓环境也是如此,因此,装药环境温度的非均匀性也是影响药温测量精度的一个重要因素;④装药初始温度,从传热理论可以知道,装药温度场不仅受环境条件影响,而且与初始条件也密切相关。装药初始温度设置得不准确将会导致在随后的一段时间内解算的药温出现较大偏差,因此,药温的精确测量也要保证装药初温的准确性。

为了减小药温对初速的影响,减小初速误差,提高射击精度,采用全自动药温在线测量装置,对不同型号装药实现装药温度场和实时平均温度的精确测量。装置测量获得的温度信息通过 CAN 总线接口与炮长任务终端实现信息自动传输,实时提供给弹道解算和诸元修正使用。专用温度解算软件建立在装药非稳态热传导方程基础上,利用对抛物型偏微分方程离散化,并运用有限差分方法得到的计算模型实现温度场的数值求解,再经过质量加权后得到药温的实时平均值。环境温度传感器用来采集药仓内的空气温度,为专用温度解算软件提供计算装药温度场的边界条件。

通过环境温度传感器采集药舱内的环境气温,确定出求解描述装药温度场的非稳态热传导方程所需的边界条件。初始药温则由炮长任务终端确定,并通过 CAN 总线通信传输获得。专用温度解算软件得到初始条件和边界条件后就可以不断给出装药的温度分布和药温的实时平均值。环境温度传感器实时采集药舱内的环境气温,并提供给专用温度解算软件,得到的药温反映出了装药温度随环境温度的变化过程。

3) 等离子体点火技术

火炮常规点火是通过击发底火来点燃传火药,然后再引燃装药,进而完成内弹道过程的。其点火的瞬时性及一致性会因点传火过程中的随机因素而有所跳动,影响内弹道过程,造成初速误差。

等离子体是由大量带电粒子组成的非凝聚系统,是物质存在的基本形态之一。通过高压放电,可以使不同物质电离,形成高温(温度可达 5000~20000K)、高压(压力大致为 100~700 MPa)等离子体。

等离子体点火技术是由脉冲功率源电弧放电产生的等离子体来引燃火药的。由于等离子体的高温、高压作用,发射药在此环境下很容易被均匀点燃,并且等离子体点火比常规点火延期短且可再现。常规火炮击发后,发射药的点火延时时间一般大于 20ms,且一致性不好,分布较为分散,造成初速的不稳定,影响射击精度。等离子体点火延迟时间约为 0. 35ms,而且一致性很好,可以提高初速的均匀性和射击精度。尤其是可以实现在高装填密度固体颗粒药床中真正意义的点火一致性、全面性和均匀性。对固体发射药,等离子体点火更快速、均匀。等离子体点火的瞬时性、一致性和同时性,因电传导的瞬时性和等离子体高于火药气体 1 倍的能量传播速度,而明显优于常规点火,可以提高弹道一致性及射击精度。

等离子体点火除对提高弹道一致性及射击精度有利外,由于等离子体在高压气体环境中动量扩散性强,并且等离子体热力学参数直接受控于脉冲电源的功率释放,因此可以通过输入的电流脉冲来调节控制发射药的化学反应速率,调节控制火炮内弹道过程,灵活实现要求的弹道性能。通过控制电流脉冲来调节发射药增强燃烧效应，补偿弹道性能，控制弹丸初速和射程，有利于改变射程，提高火力机动性。常规火炮发射时初速与发射药的温度密切相关，亦即温度敏感性高。而采用高温热等离子体射流来点燃发射药，大大降低了温度敏感性，实现了对温度变化的补偿，实现装药零初温效应的物理控制，从而能大幅度提高燃烧稳定性和重复性。对高能、高密度火药，由于点火药气体穿透力的限制，常规的点传火方式不能有效地引燃这种新型的高密度火药，它会导致点传火困难、迟发火及点火的不稳定乃至内弹道性能的不稳定。而等离子体具有极强的穿透性，能够很容易地引燃这种更高密度的发射药。因此，等离子体点火技术将会代替传统的点传火方式应用于未来新型高能、高密度及高装填密度的发射装药。

4）弹丸挤进一致性技术

弹丸启动压力 p_0 的一致性对内弹道一致性和初速一致性至关重要。弹丸启动压力 p_0 是由坡膛、弹带结构和材料性质等决定的。经典内弹道学略去弹带的挤进过程，假设当膛内火药气体压力 p_0 达到坡膛对弹带的阻力时，弹丸开始运动。其实弹带对坡膛的挤进过程并非如此简单，射击前弹带前端与坡膛相接触，处于静止状态，弹底压力增加到一定值后，推动弹丸运动，随着弹带挤进坡膛长度的增加，弹带塑性变形量增大，阻力迅速上升，当弹带变形量不再增加，阻力保持不变，而后弹带变形量不断减小，阻力逐渐下降。由于弹带的变形是一个瞬态大变形过程，弹带挤进过程具有很强的瞬态特性。计算机技术和高塑性有限元理论的发展为研究这一问题提供了准确、便捷的手段。应用非线性有限元动力学分析软件分析火炮弹带对坡膛的挤进过程，优化设计坡膛和弹带结构，提高弹丸启动压力 p_0 的一致性以及内弹道一致性和初速一致性。

2. 弹丸起始扰动控制技术

弹丸起始扰动则代表了火炮系统的发射特性。在内弹道稳定并达到战术技术指标的条件下，当弹炮结构一定，起始扰动就代表了火炮系统的发射特性或动力学特性，因为起始扰动是火炮系统发射过程动力学特性综合作用的结果。因此，控制弹丸起始扰动，主要运用火炮发射动力学理论，应用计算机仿真方法，研究火炮系统结构的发射特性或动力学特性以及对起始扰动的影响规律，优化匹配火炮系统结构参数和动力学参数等。

1）火炮射击密集度的仿真

建立火炮三维模型是对其进行全炮系统动力学分析的基础。首先，运用火炮发射动力学、多体动力学等理论建立火炮多体系统动力学模型，通过全炮三维实体模型（图5.12），获取动力学基本参数，包括各个部件的质心、质量、惯量等；然后，根据火炮实际工作状态，做出合理的假设，确定各个部件的受力条件、运动关系、连接关系等建立约束条件；进行模型试验和验证；最后，完成火炮发射动力学模型的构建。

采用弹道理论计算方法对火炮的射击密集度进行随机仿真计算。通过弹丸飞行运动分析，根据几何条件、初始条件、边界条件、受力条件以及相关的气象条件建立弹丸运动微分方程。运用随机仿真方法，模拟弹药参数、弹丸参数和内膛参数的随机性，利用内弹道方程解出随机初速及内弹道规律；模拟火炮结构参数和动力学参数的随机性，利用火炮多体系统动力学模型获得随机的炮口扰动（起始偏角、起始章动角、起始章动角速度等）；模拟气象条件和弹丸相关参数（弹丸质量、弹长、质心位置、转动惯量、偏心、动不平衡、弹形等）的随机性，利用外弹道模型获得随机的弹着点，统计计算射击准确度和射击密集度。

图 5.12 火炮多体系统动力学三维实体模型

2）火炮总体结构参数灵敏度分析与优化匹配

从火炮武器系统的总体结构参数对火炮发射过程动态响应的影响出发，研究影响火炮射击密集度的因素。火炮总体结构参数包含火炮主要零部件质量、转动惯量、重心位置、耳轴位置、立轴位置、动力偶臂、高低机等效刚度和阻尼系数、方向机等效刚度和阻尼系数等参数，寻求这些参数的最佳匹配达到减小弹丸出炮口时扰动的目的。

国外，美国阿伯丁靶场弹道研究所考克斯和霍肯斯在理论模型上对 M68 式 105mm 坦克炮炮口运动进行了深入研究，用梁单元建立了身管的有限元模型，通过输入各种不同的参数进行广泛的计算，确定出影响因素中的敏感参数。分析结果表明，运动及相关力、弹丸偏心度、炮管边界条件、炮尾偏心度是主要影响因素。英国皇家军事理学院的霍尔设计了专门的模拟炮，研究了摇架结构特点和炮尾质量偏心（后坐部分质量偏心）对火炮炮口振动的影响，分析得出以下结论：①影响炮口初始扰动的首要因素是炮尾质量偏心；②高低机刚度对初始扰动具有显著影响；③增加炮身与摇架之间的支撑刚度可减小炮口初始扰动等结论。由此可见，火炮总体结构参量的优化与匹配在火炮总体设计与结构设计中有着重要的作用，合理地选择火炮总体结构参量可以有效地提高火炮武器的射击密集度。

由于火炮武器的总体结构参量非常多，即使选择其中的几十个或几百个参量进行优化匹配也是不现实的，因为一方面总体优化的算法（寻优过程）随着设计变量的增加，其计算量也呈指数级大幅度增长；另一方面，每寻优一次就需要计算一次目标函数，这就需要进行全炮多体系统动力学数值计算，为了较真实地反映火炮发射时的物理规律，在火炮多体系统动力学模型中需要考虑刚柔耦合、接触/碰撞、液气、土壤等复杂因素，系统自由度一般在几百个以上，描述这种系统的动力学方程通常是一组高度非线性的刚性微分方程和代数方程，其数值计算的工作量也是非常巨大的。为了解决这种矛盾，通常先进行火炮总体结构参量的灵敏度分析，选出一组对目标函数（如炮口扰动）贡献较大的参量，在此基础上再进行火炮总体结构参量的优化与匹配，以提高火炮射击密集度。

3. 外弹道修正技术

外弹道修正主要是采用弹道修正弹。弹道修正弹是在 20 世纪 80 年代中期发展起来的新型弹药，其基本概念是能够在弹丸飞行过程中实时测量弹道诸元或目标信息，解算弹道偏差并控制相应的修正执行机构，对飞行弹道进行一次或多次修正，从而减小弹道偏差、提高射击精度的精确打击弹药。弹道修正弹不同于普通炮弹，它可以在弹丸出炮口后，一段弹道范围内对由一些随机因素影响造成的弹道偏差实施连续或若干次的控制修正,从而大幅度减少散布,提高射击密集度。

弹道修正弹也不同于导弹,它们的根本区别是导弹是通过连续地闭环修正,指向目标;弹道修正弹是通过有限的几次开环修正,以修正弹丸飞行的误差或(和)因目标机动带来的弹目交汇点偏差,从而减小散布误差或提高单发命中率,如图5.13所示。正是这些基本差别奠定了弹道修正弹和导弹属于两个不同的精确打击弹药范畴,也使它们的造价相差悬殊。

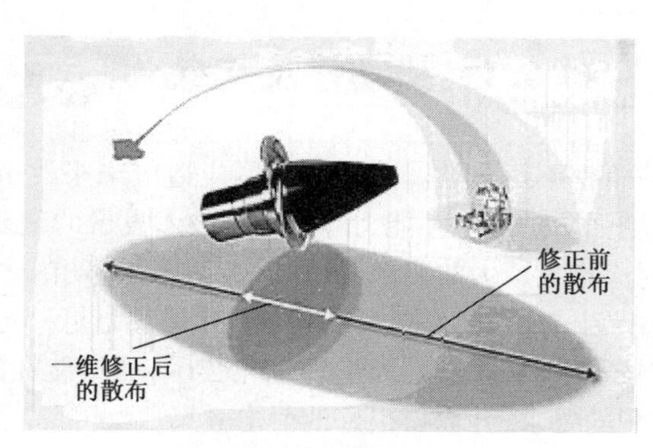

图5.13　弹道修正弹工作原理

弹道修正系统主要由三大部分组成:弹目测量系统、弹道信息处理系统和执行机构。弹道、目标测量系统有的安装在弹上,如GPS测量装置或微机电传感器(MEMS)、光学导引头等,有的在地面上,如定位雷达等。弹道信息处理系统采用了先进计算技术、外弹道理论和解算装置,实现了弹道信息处理的准确性和实时性,该系统可以微型计算机为核心组装在弹上,也可与地面测控系统连成一体。信息接收装置有数据接收机和光电信号接收机。弹上执行机构提供的修正力或力矩主要分为两类:一类是通过调节弹丸的弹形或翼片来改变弹丸的空气动力,如增大阻力作用用于减小弹丸的飞行速度,增加升力用于改变弹丸的飞行方向;另一类是靠装在弹药质心附近的若干个径向微型火箭发动机或脉冲推力发动机产生的推力,当推力沿垂直弹轴的横向作用时可改变弹丸的飞行方向。当信息接收装置接收到来自地面火控系统提供的弹道修正数据,或接收到目标信息,经过信息处理控制装置控制点燃微型火箭发动机,产生径向推力,使偏离预计弹道的弹药按预计弹道飞行实现弹道修正,可大大地提高弹丸命中目标的概率。

根据修正方式不同,可以将弹道修正弹分为一维弹道修正弹与二维弹道修正弹。一维修正又叫射程修正(简单修正),其修正原理是:弹丸发射时不是直接瞄准目标发射,而是瞄准比目标稍远一点的位置发射。弹丸出炮口后,弹道测量系统测算出弹丸实际飞行弹道,计算出弹丸预计的落点,并将该落点与目标的位置进行比较,得到射程偏差,由信息处理系统计算得到弹上阻尼环打开的时间。当阻尼环打开后,弹丸减速,弹道改变,从而使弹丸的实际落点尽量接近目标。二维弹道修正是以空中目标的运动参数为依据,实行方向和射程的二维修正,采用横向方位修正原理是:当弹丸出炮口后,由弹载测量系统探知飞行中弹丸的实际弹道,将此弹道与地面火控计算机中预先装定在弹上的理想弹道或由目标探测系统探知的命中弹道进行比较,得出弹道偏差,并计算出修正量,弹上的修正执行机构(舵机或脉冲发动机)根据修正量的大小和方位实时动作,从而实现对弹道的修正,达到提高命中率的目的。

第6章　火炮轻量化技术

6.1　机动性及其意义

火炮的发展是与战争密不可分的。火炮的发展应适应未来战争的需要，不断提高机动性和快速反应能力，增强防护和生存能力等是火炮技术发展的重要方向。

随着现代战争中对火炮大威力的要求，火炮质量和体积都相应增加，进而降低了火炮的总体机动性。传统意义上，火炮的高机动、轻型化与其威力是一对相互制约的矛盾体，然而，通过目前先进的技术手段，尤其是火炮轻量化技术，已经能在满足一定威力的需求下，解决火炮质量和体积的要求，并取得很好的射击效果，显著提高了火炮的机动能力。

进入新的历史时期，世界总体形式趋于缓和，但各种中、低强度的局部战争仍然时有发生。各国为适应新的世界政治、军事格局，依据自身的军事战略要求，纷纷组建自己的快速反应部队、应急作战部队。这些轻型部队都需要装备便于快速机动的支援火炮武器，包括轻型牵引火炮系统、轻型自行迫击炮系统、车载炮系统等。

快速部署能力是美国陆军目前正在大力研制的“未来战斗系统”的主要特点之一。为了能够通过空运向全球快速投送兵力，美国陆军要求“未来战斗系统”中各种武器装备的重量必须严格控制在20t之内。

火炮作为“未来战斗系统”的重要成员之一，必须满足“个头要小、火力要猛”的要求，这无疑是火炮发展领域所面临的巨大技术挑战。人们不难发现，在材料技术取得了巨大进步的21世纪，火炮仍然保持着庞大而臃肿的身躯而不能减肥。其原因有二：一是为了使火炮能够承受高速射击所产生的巨大热能，炮身必须有相当大的质量；二是火炮越重惯性越大，有助于承受射击所产生的后坐力。

“消灭敌人、保存自己”是永恒不变的作战原则。火炮的威力与机动性是一对相互制约的矛盾。解决威力与机动性之间的矛盾是其永恒的主题。

机动性是火炮的重要战术技术指标之一，即火力机动能力和运动能力的总称。火力机动能力是火炮在同一个阵地或射击位置上，迅速而准确地捕捉目标和跟踪目标并转移火力的能力，火炮的射界范围、瞄准速度和多发同时弹着是衡量火力机动性的标志。运动能力则包括行走能力、对各种运输方式的适配能力和转换阵地的能力，通俗地说，火炮运动能力就是火炮快速运动到预定位置和转换阵地的能力。而影响运动能力最直接的因素就是火炮的全炮质量和体积。

行走能力用火炮在不同路面上能够达到的牵引速度或行驶速度、距离、越障能力等来描述，如最大牵引速度、公路最大行驶速度、公路平均行驶速度、越野平均行驶速度、水上最大行驶速度、最大行驶距离、最大爬坡度、最大侧倾行驶坡度、过垂直墙高、越壕宽等。这对各军、兵种联合作战非常重要。目前155mm自行炮战斗全重40~50t，最大行驶速度在60km/h左右，过垂直墙高1m左右，越壕宽3m左右，最大爬坡度30°左右，最大侧倾行驶坡度15°左右。

转换阵地的能力，主要表现为迅速脱离战斗的能力，是指为了防止敌方火力及突袭，火炮应具备迅速转移的能力。当今侦察手段越来越先进，只要火炮一开火就能迅速确定炮位的坐标并实施反击，因而要能在反击的炮火到达前迅速撤出到敌炮火威力范围以外的地域。据称从弹丸出炮口到反击炮弹落到头上仅仅只有3min时间，即“3min死亡线”。这就要求火炮发射后3min内迅速撤出到500m之外。例如，美国研制的155mm自行榴弹炮，要求具备在90s内急速行驶750m，并装备有施放烟幕的系统，形成足够宽度、高度、厚度、浓度并持续一定时间的烟幕，以便自行火炮在烟幕的掩蔽下迅速脱离战斗。

对各种运输方式的适配能力，是指当部队进行大范围或远距离、特殊的紧急调动时，需要用各种运输手段实施，如火车、飞机、船只的载运，直升机的吊运，对火炮的重量、体积、外形尺寸、质心位置、固定或结合的接口都有明确要求，研制时都应满足。

火炮轻量化是提高火炮机动性的重要方面，可以提高火炮行走能力、对各种运输方式的适配能力，可以提高火炮快速反应及时打击敌人的能力，可以使火炮迅速转移、迅速脱离战斗，提高迅速脱离战斗和战场生存能力。

美国国际预测公司武器组在《自行火炮系统市场》年度分析报告中预测，自行火炮的发展趋势将朝重量轻、机动性高等方向发展。美国通用动力公司地面系统分部研制的“斯特赖克”机动火炮系统和法国耐克斯特尔公司研制的“凯撒”车载榴弹炮具有重量轻、机动性高等特点，同时生产和维修费用较低。

6.2　火炮轻量化及其技术途径

火炮轻量化就是在满足一定的威力、射击稳定性和安全性能需求下，解决使用方对火炮的重量和体积的要求，提高火炮的机动性，并取得良好的射击效果。

大口径火炮减重技术是通过优化结构设计、减小后坐力，以及应用轻型材料来减轻火炮重量的综合性技术，涵盖火炮发射、火炮结构设计、材料科学、系统工程等方面。

各国为适应新的世界形式，纷纷组建自己的快速反应部队、应急作战部队。这些轻型部队都需要装备便于快速机动的轻型牵引或自行的支援火炮武器。由于自行火炮的结构复杂，减轻重量比较困难，世界各国在研究轻型火炮时，大多数把重点放在牵引式轻型火炮上。

20世纪90年代初，英国相继成功研制出比M198式155mm榴弹炮轻得多而火力相当的两种新型155mm榴弹炮，即皇家兵工厂研制的LTH（轻型牵引榴弹炮）和维克斯造船及工程公司研制的UFH（超轻型榴弹炮）。在此基础上，英国又研制了更成熟的XM777式155mm轻型牵引榴弹炮。2000年6月底，英国宇航动力系统公司向美国陆军和海军陆战队交付了第一门工程与制造发展型M777式155mm超轻型榴弹炮。按照英国国防部的间接战场交战应用研究计划，英国国防评估与研究局还在研究一系列适用于第二代“超轻型火炮”或中期寿命改进型“机动炮兵武器系统”火炮的技术。

超轻型火炮的典范之作是M777式155mm榴弹炮，是世界最轻的155mm火炮，如图6.1所示。全炮战斗全重3745kg，最大射程30km，可以用直升机吊运，如图6.2所示。

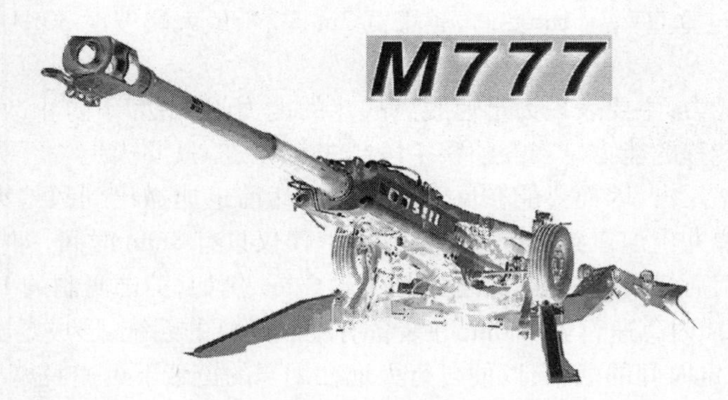

图 6.1 世界最轻的 155mm 火炮

图 6.2 直升机吊运 M777

M777 的最初研制论证名称是 UFH(Ultra-light Weight Field Howitzer,超级轻型野战榴弹炮),由英国 BAE 公司研制。英军的代号为 LW155。美军在对该火炮进行装备前测试是定编号为 XM777。很自然,正式装备后将 XM777 的编号前的"X"去掉,就是现在的 M777。M777 的改进型号有 M777A1 和 M777A2 等。

M777 结构大致可分为两大部分:起落部分(炮身、摇架、反后坐装置、平衡机)和炮架部分(上架、下架、高低机、方向机、炮轮悬挂装置),这两大部分可快速分解,分别运载、吊运。

M777 的炮身是由美国的 M109A6 式 155mm 榴弹炮的 M284 炮身改进而来,内弹道性能不变。炮闩仍采用断隔螺式炮闩,闩体上有人工底火装填装置。该炮闩由布置在上架右侧的杆状闩柄通过联动机构向上开启。输弹机在炮闩后面。身管中间有一段平面部分,以保持身管在摇架前支撑面上平稳滑行。炮口制退器效率为 30%,其上安置有牵引杆。

摇架由 4 根钛合金材料的高压容器管件组成,用一些连接部件呈矩形布置。缓冲复进机装在摇架框内,与摇架结合成一体,缓冲复进机具有后坐缓冲和复进两种功能,其储能器位于摇架上部。两个铝制平衡机筒分别在摇架体两侧,一端连接座在摇架中部,另一端与炮架相连。摇架耳轴离地高度仅为 650mm。最大后坐长度为 1.4m,这样有利于射击时稳定。

上架活动连接在下架上,上面布置有高低机和方向机,并有火炮安装耳轴孔。高低机和方向机均为人工操作，配有高低手轮和方向机手轮。火炮高低射界为-5°～+70°，方向射界为左右各22.5°。高低机筒一端呈“T”形，连接在摇架体腹部，一端的连接叉安装在上架底部凸起上，其工作原理：旋转高低机手轮通过一组传动螺杆传动，带动一个行星滚柱盘旋转使方向螺杆伸长或缩短，以达到改变高低角的目的。其方向机较简单，由方向手轮及方向缓冲部件、传动齿轮和以传动齿轮相啮合的上架齿盘组成。

下架包括下架体、前置大架、后置大架、牵引轮悬挂系统、液压制动缓冲装置。下架体基本为圆盘状，射击状态时直接贴于地面。两个前置大架铰接在下架体前部突出座上，可以向两侧折叠。前置大架用于抵消火炮射击时的翻转力矩。两个后置大架比较短，固定在下架体后部。后驻锄用一种液压制动缓冲装置固定在大架尾部，这种装置可减缓炮架向后的力矩，与曲线反后坐装置相配合，可以极大地降低射击时巨大后坐力对火炮的影响（早期的XM777的液压制动缓冲装置布置在大架上部，经过测试后进行了改进，以后的M777液压制动缓冲装置已布置在大架下部）。

由此可以看出，大口径榴弹炮轻量化遵循着一些基本技术原则，即采用独特的结构、高效反后坐装置和轻型材料。目前的M777式155mm超轻型榴弹炮已是这3条原则的完美实例。采用创新的具有独特的结构设计，结构组构件功能复合或多功能，一件多用，多件合一的设计，简化部件结构，火炮部件数量较少，全炮重会明显降低。火炮重量降低后，对后坐系统提出更高要求，减小后坐力是轻量化技术的一个重要方面。要实现火炮发射时更小的炮架受力、更平稳的后坐复进运动、更短的后坐复进循环时间就必须采用非常规的后坐原理和装置，使榴弹炮在射程、威力与同口径火炮相同的情况下，炮重大幅度下降，弹炮重量比、炮身炮架比、起落部分与其余部分重量比发生了重大变化。大口径火炮减重离不开轻型材料，轻型材料的运用能在减轻全炮重的情况下保证炮架强度需要。铝合金易加工，刚性好，抗腐蚀，用其减轻炮重是一项比较成熟的技术。钛合金重量轻，强度好。碳纤维复合材料，重量轻，强度好，刚性好，抗腐蚀。M777大量采用钛、铝等轻质合金材料以及碳纤维复合材料，有效降低全炮重。

火炮轻量化主要技术途径：减小载荷，即反后坐技术（弹性炮架、炮口制退器、无后坐原理、膨胀波原理、复进击发原理、最佳后坐力控制技术等）；提高材料承载能力，即材料技术（高强度合金钢、轻质合金、非金属、复合材料、功能材料、纳米技术材料）；创新的总体结构设计技术（多功能零部件、紧凑合理的结构布局、符合力学原理的构形等）；等等。尤其是减小后坐力是轻量化技术的一个最重要方面。

6.3　减小载荷技术

后坐力是火炮发射时最主要载荷。提高火炮机动性的主要技术途径之一就是减小后坐力。

火炮发射时，膛内火药燃气在推动弹丸向炮口方向加速运动的同时，作用于火炮膛底，形成炮膛合力，经一定途径和方式作用于炮架，并传到地面。称火炮发射时后坐部分作用于炮架上的力在后坐方向的分量为后坐力。后坐力是随时间变化的，而实际上人们比较关心的是最大后坐力，因此，通常将最大后坐力简称为后坐力。

对装有反后坐装置的火炮，后坐力在数值上近似等于后坐阻力，但方向相反。对没有反后坐装置的火炮,后坐力等于炮膛合力。

后坐力影响火炮的质量、机动性、射击稳定性、炮架结构、射击精度等。对航炮而言,后坐力还影响飞机的飞行状态。

火炮在发射时,由于高温高压火药燃气的瞬时作用,其架体要承受强冲击载荷。随着火炮的威力越来越大,发射时火药对架体的作用也越来越大,由此而造成的后果有:增加火炮的质量,从而直接影响火炮的机动性;增大火炮在发射时的振动和跳动,从而直接影响火炮的射击精度并对炮手造成人身安全。因此,必须对火炮在发射时的作业载荷进行有效的控制。

早期的火炮可以通过增加架体的强度和改善架体的结构来提高架体的承载能力,但随着现代战争的高机动、高强度、高精度的要求,这种简单的"1+1"式的解决方式已经跟不上时代的需要。为此,反后坐装置就是人们为了解决火炮威力与机动性、精度性的矛盾而发明的,同时也标志着火炮由刚性炮架火炮转变为弹性炮架火炮。

在结构不变时,减小后坐力,就减小结构破坏的概率,相当于提高了结构强度。

对现有结构火炮,减小后坐力,可以提高火炮射击稳定性,提高射击精度。

对新设计火炮,减小后坐力,可以设计出结构小巧紧凑、质量小的火炮,提高火炮机动性。

对有反后坐装置的火炮,后坐力主要包含复进机提供的复进机力,制退机提供的制退机力,紧塞具提供的摩擦力以及导轨摩擦力等。

目前,减小后坐力的主要措施有:缓冲发射时火药燃气对火炮的作用冲量、抵消部分发射时火药燃气对火炮的作用冲量、减小发射时火药燃气对火炮的作用冲量。

6.3.1 缓冲发射时火药燃气对火炮的作用冲量

火炮发射时,火药气体产生炮膛合力 F_{pt},并通过一定途径作用于炮架。如果炮身与炮架直接是刚性连接(即刚性炮架),炮膛合力直接传给炮架,作用于炮架的后坐力 F_R 就等于炮膛合力,如图 6.3 所示。如果在炮身与炮架是通过某种弹性连接(即弹性炮架),炮膛合力通过弹性介质传给炮架,作用于炮架的后坐力远小于炮膛合力,如图 6.4 所示。

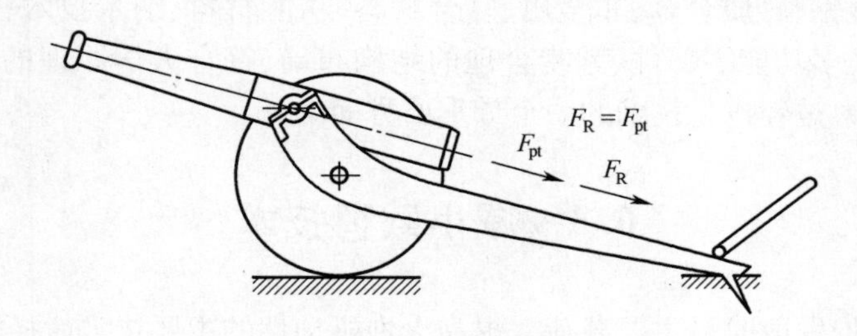

图 6.3 刚性炮架示意图

连接后坐部分与炮架,用以在射击时储存和消耗后坐能量,控制炮身后坐,并使后坐部分恢复原位的装置称为反后坐装置。采用了反后坐装置以后,炮身通过制退机和复进机与炮架弹性地连接。发射时,火药气体作用于炮身的向后的炮膛合力使炮身产生加速后坐运动,通过制退机和复进机的缓冲,才把力传到炮架上。此时,炮架所受的力已不是炮膛合力,而是由反后坐装置等提供的后坐力。反后坐装置可以使炮架的受力减小到炮

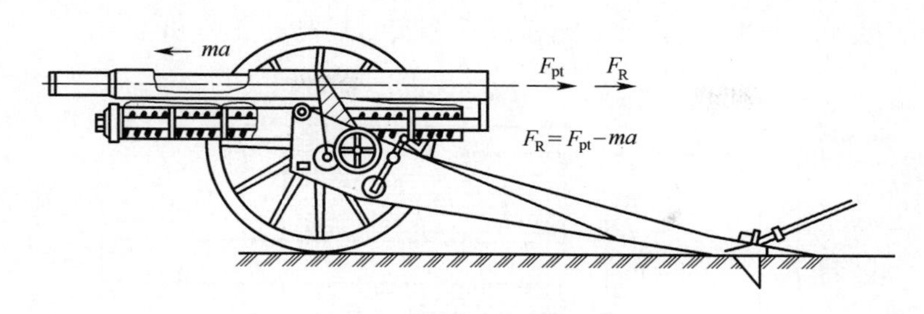

图6.4　弹性炮架示意图

膛合力最大值的十几分之一到几十分之一。

反后坐装置实质上是一个缓冲装置,其作用是将射击时作用于火炮上的时间短、变化极快、峰值极大的炮膛合力,通过运动惯性转化成作用于炮架上的时间较长、变化较平缓、峰值较小的后坐力,从而减小发射时炮架受力,减小全炮质量,增强全炮射击稳定性。

反后坐装置实际上同时还是一个制动器。反后坐装置把射击时全炮的后坐运动限制为炮身沿炮膛轴线的后坐运动,并将射击时的炮身运动制止在一定长度上,而且在射击后使其自动回复到射前位置,这就使得火炮的瞄准不会有较大的破坏,从而为提高射速创造了条件。

反后坐装置实际上同时还是一个能量转换器。反后坐装置将射击时火药气体能量转化为炮身后坐动能(反后坐装置实质上也是一个能量转换器);通过合理地设计反后坐装置,可以有效地控制火炮在射击时的受力和运动(反后坐装置实质上也是一个运动控制器)。

典型反后坐装置由复进机和制退机组成。火炮的复进机是利用弹性介质在后坐过程中储存部分后坐能量,用于后坐终了时将后坐部分推回到待发位。复进机力是由弹性介质提供的,根据火炮的复进要求选定复进机弹性介质和结构参数后,后坐过程中复进机力是后坐行程的单值函数。复进机的任务:在整个射角范围内保证后坐部分处于待发位置;在后坐时储存足够的后坐能量,在后坐结束后释放,使后坐部分以一定的速度复进到位,并且无冲击,在规定的时间内完成后坐和复进循环,以满足发射速度的要求;在复进过程中给其他机构、半自动机或自动机等提供足够的能量。火炮的制退机是利用不可压缩液体流动过程产生液压阻力,控制火炮后坐部分按预定的受力和运动规律后坐和复进,以保证射击时火炮的稳定性和静止性。液压制退机工作时,通过小孔节流效应,将静止液体在几毫米至几十毫秒内,加速到1000m/s以上,如图6.5所示。达到如此高速,其加速度可高达10000g以上。要使液体获得如此大的加速度,活塞必须提供足够大的力,液体对活塞的反作用力(液压阻力)也必然非常大。节流孔越小,工作腔压力越高,液压阻力越大。液压阻力主要是液体的惯性力,还包括液体流动时的粘性阻力和局部损失。静止液体经流液孔后变成高速射流(后坐动能变成液体动能)进入非工作腔,冲击筒底和筒壁,产生湍流,经过剧烈振动最后静止下来,将高速射流的动能转化为热能,使温度升高。液压制退机的工作就是将后坐部分动能通过液压阻力转化成不可逆的热能消耗掉。能量传递和转化的结果,是使后坐部分对炮架的作用得到缓冲。通过设计液压制退机节流小孔的变化规律,实现对火炮后坐部分受力和运动规律的控制。不可压缩液体制退机对火炮后坐部分受力和运动规律的控制是"开环控制",制退机设计完成之后,火炮后坐部分在预定规律的受力下按预定的规律运动,不能通过外部实时控制其受力和运动。

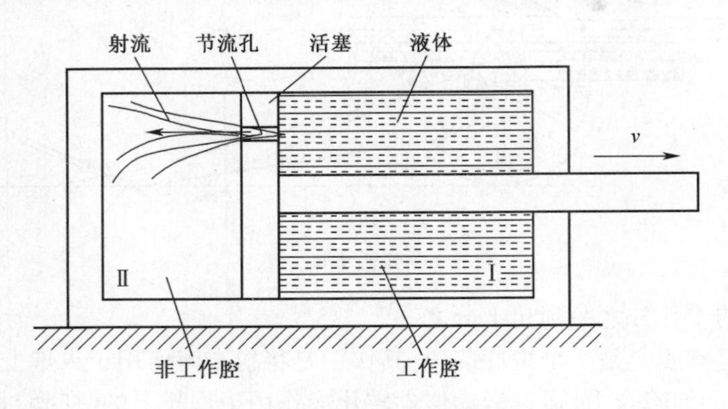

图 6.5　液压制退机工作原理示意图

磁流变液体是一种新型相变材料,属可控流体,是智能材料中研究较为活跃的一种。它是一种由高磁导率、低磁滞性的微小(μm 甚至 nm 级)软磁性颗粒和非导磁体液体混合而成的磁性粒悬浮液。当无磁场时,悬浮的微粒软磁性颗粒自由地随液体运动,磁流变液体呈现出低粘度的牛顿流体特性(表观黏度、剪切应力等);当施加外磁场时,这些悬浮的微粒软磁性颗粒被互相吸引,形成一串串链式结构从磁场一极到另一极,磁流变液体在瞬间由牛顿流体变成塑性体或有一定屈服剪应力的粘弹性体,并且随着磁场场强的变化而急剧变化,呈现出不同的流体特性;磁场强度足够高而剪切速率恒定时,磁流变液能够固化为粘弹性类固体。而磁流变液的这种变化是瞬时可逆的。由于磁流变液在磁场作用下的流变是瞬间的、可逆的,而且其流变后的剪切屈服强度与磁场强度具有稳定的对应关系,因此是一种用途广泛、性能优良的智能材料。这种磁流变液的流体特性随着磁场场强的变化而瞬时可逆的急剧变化现象一般称为磁流变效应。正是磁流变液的这种流变可控性使其能够实现阻尼力的连续可变,从而达到对振动的主动控制目的。

磁流变反后坐装置是一种运用磁流变效应,可以对火炮后坐部分的受力和运动实施实时主动控制的新型反后坐装置,如图 6.6 所示。这种磁流变液的液固瞬时的、可逆的、连续的快速反应,构成了一种以内移式为主的力学控制新方式,极大地改善了传动系统的动态品质。它们具有以下几个特点:磁流变液体能得到较大的屈服应力(50~100kPa);磁流变液体可以用很低的电压(12~24V)进行控制,其控制电流为 1~2A,可以节约能源并且易于实现;磁流变液体的工作温度范围为-40~150℃,在此范围内,其屈服应力值变化很小,而电流变液体的工作温度范围为 10~90℃;磁流变液体对在使用和装配时经常遇到的杂质不敏感。正是上述特点,使其在工程上的实用成为可能,利用其特性可以制成电(磁)流变制动器、阻尼器等元器件。通用动力武器系统公司正在研究一种使用磁流变液的主动控制后坐系统。

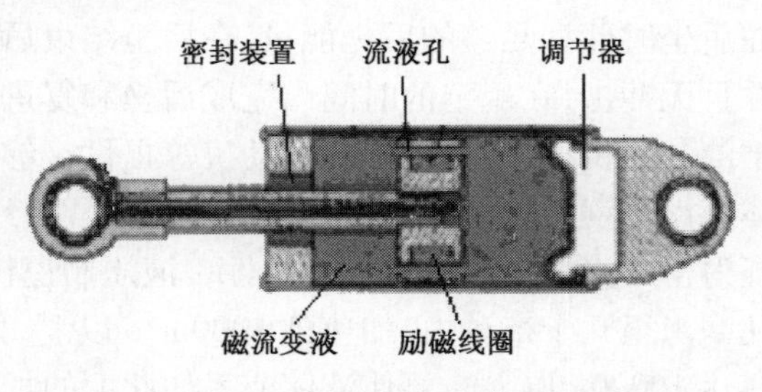

图 6.6　磁流变反后坐装置原理

最佳后坐力控制(FORC)是小口径自动炮减小后坐力的一种系统方法。采用主动

(闭环)或被动(开环)控制方法,使小口径自动炮在整个发射过程中后坐力峰值达到最小,并不一定使每一发自动循环过程中后坐力到最小。

6.3.2 抵消部分发射时火药燃气对火炮的作用冲量

通常火炮是在复进到位之后击发,击发后,后坐部分在火药气体压力作用和反后坐装置控制下按后坐、复进(完成开闩、抽筒等动作)回复到待发位置的次序运动,进行后坐复进循环,如图 6.7(a)所示。这种后坐系统称为正常后坐系统。大多数火炮属于这种后坐系统。这种后坐系统结构简单,动作可靠,适用范围广,可用于各种口径不同用途的火炮。

若火炮在复进过程中击发,则火药气体压力首先要阻止复进,然后才产生后坐。这种火炮在复进过程中击发,利用复进动量部分抵消部分火药气体对后坐部分的作用冲量,从而大幅度减少后坐阻力。这种发射原理称为复进击发原理,如图 6.7(b)所示。

对非自动的大口径火炮,要实现复进击发,在击发前必须将炮身拉到后位,发射前先将后坐部分释放,在反后坐装置控制下前冲(复进),在前冲过程中击发底火,由于击发底火时后坐部分已经具有一定前冲动量,火药气体压力向后冲量在抵消后坐部分前冲动量后,剩余火药气体压力向后冲量才使后坐部分后坐,使炮架受力大幅度减小。因此,又称前冲击发原理,简称前冲原理。由于利用前冲原理的后坐部分在后坐过程中避开了炮膛合理峰值,相对正常后坐而言比较"软",因此有时也称软后坐。前冲炮是在火药气体压力作用和反后坐装置控制下按前冲、击发底火、后坐、复进回复到待发位置的次序运动。

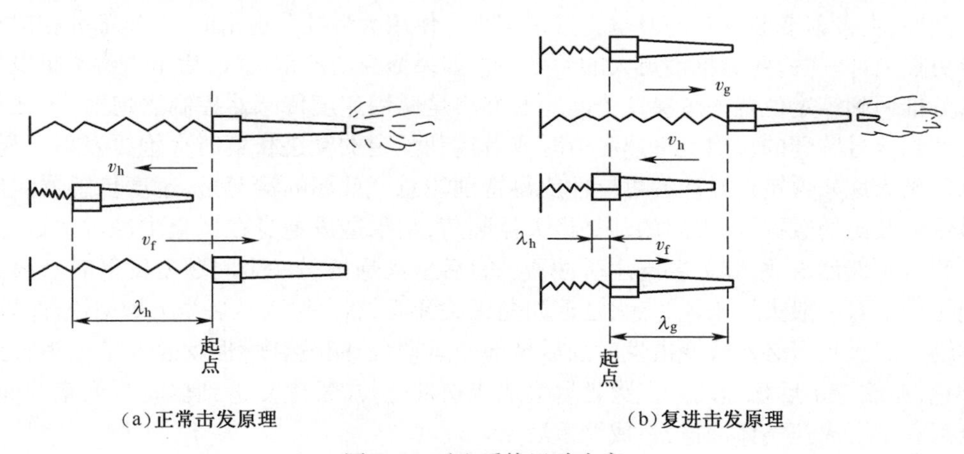

(a)正常击发原理　　(b)复进击发原理

图 6.7　后坐系统运动次序

前冲原理应用于火炮可以大幅度减小射击时的炮架载荷,在后坐行程不变时,可以减小后坐力 75%,并且在前冲和后坐过程中炮架所受的发射作用载荷始终向后,极大地提高了火炮射击的稳定性。对大口径前冲炮而言,以至使大架和驻锄已经成了不必要的部件。火炮在 360°的方向射界内以任何装药射击时都是稳定的,无重新恢复炮架位置的任何必要。在整个高低射界内都能以高射速进行射击,而且炮班操作安全,在炮尾后无任何限制。这一特点对自行火炮来说尤其重要,在自行火炮内乘员的工作空间是非常宝贵的。复进击发原理应用于火炮可以减少后坐部分复进到位时对炮架的撞击,有利于减轻火炮在发射时的振动,有利于减小射击散布。对于牵引式火炮可以大幅度降低火线高,而不会引起大射角后坐炮尾碰地的问题。

图 6.8　牵引式前冲炮

但是,前冲原理在火炮上的应用对火炮设计师来说还有一些特殊的问题需要解决。显然,这种炮在发生不发火时,就必须装有某种装置,以在由于炮身前冲而使火炮向炮口方向倾翻前阻止炮身前冲。首先,需要有某种前向缓冲系统以使炮身停在摇架的前方。其次,在设计火炮时,必须采取使炮身重新回到锁定位置的措施。这两个要求使软后坐火炮在发生不发火时比一般火炮要复杂一些。如何使炮身回到锁定位置不仅在不发火时是一个问题,在发射变装药弹药时也会带来困难。使用大号装药射击时,后坐部分在射击前需要更往前冲一些,才能抵消更大的后坐力。如果炮身前冲量过大,后坐力将不足以将后坐部分推回到锁定位置。解决这个问题的方法是使用速度传感器控制火炮射击,在复进速度达到该号装药的正确复进速度值时或者达到预定的复进长度时火炮再发射。显然,对软后坐火炮来说错误操作的可能性值得特别注意。最坏的情况是,速度传感器测出的是最小号装药的数据,而发射的却是最大号装药,结果造成炮身在后坐中冲过锁定位置。要防止这种偶然事故,就需要配用缓冲器。软后坐火炮的另一个问题是发射时点火延迟时间不同。对一般火炮来说,点火延迟问题无关紧要,然而对于软后坐火炮来说却是个重要问题。点火延迟必然改变击发时的后坐部分运动位移和速度,也就改变了抵消火药气体冲量,亦改变了后坐运动。点火延迟会造成前冲过位,发生复进到位时对炮架的撞击,甚至抵消不了火药气体冲量,造成严重后果。

典型的前冲火炮是美国在 20 世纪 70 年代研制的 M204 式 105mm 火炮,如图 6.8 所示。为取代 M101A1 式和 M102 式 105mm 榴弹炮,美国决定开发一种新型 105mm 火炮,并认为采用软后坐技术即前冲原理,是减轻火炮重量、提高机动性和射速的有效途径。20 世纪 60 年代初,美国岩岛兵工厂对 105mm 前冲炮作了可行性研究。1968 年开始设计工作,岩岛兵工厂负责研制炮架、前冲装置、火炮总装及试验工程保障工作,法兰克福兵工厂负责瞄准装置,沃特夫利特兵工厂负责炮身研制。同年制造了一门雏型炮,命名为 XM204 式 105mm 榴弹炮。1970 年初在美国西尔堡对该炮与 M101A1 式和 M102 式榴弹炮进行了对比试验。根据试验结果,1971 年进行改进,并经陆军部批准进入了全炮开发阶段。1975 年 5 月开始对工程研制样炮进行试验,并针对试验中出现的瞎火、火炮射击时跳动厉害、制动卡锁断裂和炮车轮作动器损坏等问题进行了改进。1977 年在美国坎贝尔堡完成了部队作战适用性试验。1978 年美国陆军将 XM204 式火炮正式定型为 M204 式 105mm 榴弹炮。然而,美国陆军和海军陆战队为适应战场需要,决定 1979 年开始将现役师属 105mm 火炮逐步替换成 155mm 火炮,加之该炮射程较近,不如英国的同口径炮,故该炮项目于同年被迫取消。

对自动的小口径火炮,往往应用复进击发原理,并保证在连发射击时自动机的运动介于后坐到位与复进到位之间,好像整个自动机"浮"在运动行程上,故自动炮中称复进击发原理为浮动原理。采用浮动原理的自动炮称为浮动自动炮。采用浮动原理的自动机称为浮动自动机。浮动自动机中参与浮动的所有机构总称为浮动部分。浮动机是使自动机实现浮动的一种装置,是自动机的组成部分。

采用浮动原理的自动炮具有以下优点:大幅度减小后坐力(复进中击发,使复进剩余能量抵消很大一部分火药全体的后坐能量,只有剩余后坐能量用来产生后坐;后坐力一部分为行程函数,一部分为后坐速度函数。当采用了浮动原理后,后坐位移和速度都将大幅度减少,也就大幅度减少了后坐力);减小撞击(采用了浮动原理,机构的运动速度将大幅度减少,可以减小机构间的撞击,并且没有到位撞击,可以减小振动);保持后坐力方向一致(采用了浮动原理,浮动自动机的后坐力方向始终向后,可提高射击稳定性及射击密集度)。总之,采用浮动原理较好地解决了自动炮威力与机动性、威力与精度的矛盾。

浮动自动机是依靠浮动机来实现浮动的,与自动机本身的驱动及工作类型无关,即内能源、外能源、混合能源的自动机都能实现浮动,后坐式、导气式、转管式、转膛式的自动机也都能实现浮动。

按浮动部分不同,浮动自动机可以分为炮身浮动式浮动自动机、炮闩浮动式浮动自动机和炮箱浮动式浮动自动机。炮身浮动式浮动自动机,只有炮身参与浮动,其他部分不浮动。炮身浮动式可应用于炮身后坐式和混合式工作原理的自动机。炮闩浮动式浮动自动机,只有炮闩参与浮动,其他部分不浮动。炮闩浮动式可应用于炮闩后坐式工作原理的自动机。炮箱浮动式浮动自动机,炮箱及整个自动机都参与浮动。由于整个自动机后坐和复进,因此浮动对自动机的结构影响不大。炮箱浮动式可应用于各种自动工作原理的自动机。

按利用复进能量不同,浮动自动机可以分为完全浮动式浮动自动机和局部浮动式浮动自动机。完全浮动式浮动自动机,利用全部复进行程,浮动部分在复进过程中不停顿,在达到最大复进速度时进行击发,自动机的自动循环动作都在浮动部分的后坐和复进过程中完成,最大限度地利用了复进能量。根据首发情况,完全浮动式浮动自动机又可分为首发浮动的浮动自动机和首发不浮动的浮动自动机。对于首发浮动的浮动自动机,首发击发前将浮动部分拉到后位卡住,发射前解脱使之复进,在复进过程中击发,在连发时实现浮动。对于首发不浮动的浮动自动机,首发的浮动部分与平时处于的待发状态相同,不需要将浮动部分拉到后位。发射后,首发像常规自动机一样从原始位置开始后坐和复进,从第二发开始在复进过程中击发,在连发时实现浮动。局部浮动式浮动自动机,利用部分复进行程,在浮动行程的一定位置上卡住浮动部分,等待自动机的某些自动循环动作完成后,选择一定时机再解脱使其复进,然后在复进过程中击发。在局部浮动式浮动自动机中,击发时浮动部分达不到最大速度,浮动自动机不能最大限度地利用复进能量。

按击发时机不同,浮动自动机可以分为定点击发式浮动自动机、定速击发式浮动自动机、定点定速击发式浮动自动机和近似定点定速击发式浮动自动机。定点击发式浮动自动机,在浮动部分复进到某确定的预定位置时击发。要实现定点击发,必须设置定点击发机构,用机构来保证定点击发(可以是机械式的,也可以是机电式的)。定速击发式浮动自动机,在浮动部分复进到某确定的预定速度时击发。要实现定速击发,必须设置定速击发机构,用机构来保证定速击发(一般是机电式的)。定点定速击发式浮动自动机,在浮动部分复进到预定的位置同时达到预定的速度时击发。为了实现稳定的浮动,最好是能同时保证定点击发和定速击发,但是目前的技术水平还难以用机构保证完全实现定点定速击发。近似定点定速击发式浮动自动机,在浮动部分复进到一定速度范围和一定位置范围时击发。近似定点定速击发,一般不可能通过设置专门的定点击发和定速击发机构来实现,而只能是通过浮动部分动力学分析和动力学参数匹配,使击发时的速度和位置稳定在较小的范围内,达到近似定点定速击发。

早在第一次世界大战前后,国外就有过将复进击发原理应用于火炮上的研究和实践。第二次世界大战后,各国对复进击发原理在火炮上的应用研究更为重视,尤其是应用于高射速自动炮,不少国家进行过开发研究并在装备使用中证明了它的优越性。德国 PM18/36 式 37mm 高炮属早期采用浮动原理的自动炮,为首发浮动式自动机。瑞士 5TG 式 20mm 自动炮是厄利空公司第一代浮动式自动炮,于 1950 年装备了瑞士、芬兰、奥地利等国。20 世纪 50 年代瑞士又在 MK353 式 35mm 双管牵引高炮上成功地采用了液体气压式浮动技术。后经不断更新换代,发展到 20 世纪 80 年代它仍以先进的自动火炮著称于世。20 世纪 60 年代中期以来,浮动技术得到了迅速发展和广泛应用,先后出现的西德 Rh202 型 20mm 自动炮和 Rh205 型 25mm 自动炮、毛瑟公司 E 型 25mm 自动炮和 F 型 30mm 自动炮,法国 M693 型 20mm 自动炮及近年来研制的 M811 型 25mm 自动炮,瑞士 KBA 型、KBB 型 25mm 自动机和 KDB 型 35mm 自动机,美国 GAU-13/A 型 30 mm 自动炮等都应用浮动原理并使其主要性能达到了较先进的水平。我国从 20 世纪 70 年代开始分别在 57mm 自动机、23mm 自动机及 25mm 自动机上先后进行了研究,并成功地把浮动技术应用到产品上,使产品性能有明显改善。现代研制的新型自动机大都采用浮动原理。

6.3.3 减小发射时火药燃气对火炮的作用冲量

1. 无后坐力技术

后坐力大通常带来不好结果,因此人们总是希望后坐力越小越好,无后坐力那是最好的。如何实现无后坐力呢?如果发射时火药燃气对火炮向前和向后的作用冲量能达到平衡,则可以形成无后坐力。无后坐原理是采用某种方法,尽可能抵消火炮发射时火药燃气向后的作用冲量,使作用于火炮上向前和向后的冲量基本保持平衡,而使火炮基本不必后坐。将无后坐原理应用于火炮,设计成实用的无后坐火炮,经历了一个相当长的过程。最早的无后坐火炮,是 15 世纪达·芬奇提出的“双头炮”,即同时向相反方向发射相同炮弹,使炮身的作用相互抵消。1914 年美国海军中校克莱兰·戴维斯设计了一种戴维斯原理(质量平衡原理)无后坐火炮,即在向前高速发射出一枚质量较轻的弹丸的同时,向后发射出另一枚质量较大的物体,以达到平衡目的。1921 年英国人查尔斯·杰·库克提出了气动平衡原理,即在火炮发射过程中,从炮尾喷射出高速火药燃气来平衡后坐力。后来俄国人和德国人为了增大后喷火药燃气的流速,减少火药消耗量,有效控制火炮的平衡性能,在炮尾安置了拉瓦尔喷管,实现了现代无后坐火炮。气动平衡原理无后坐火炮工作原理如图6.9所示。无后坐火炮,具有质量轻、机动性好、结构简单、可靠性好、制造容易、成本低、存在炮尾危险区、易暴露阵地及火药利用率低等特点。由于发射过程中几乎无后坐力,火炮不必采用笨重炮架,因此火炮很轻,甚至可以肩扛射击,如图6.10所示。但是,气动平衡原理无后坐火炮发射时,炮尾存在危险区(火焰区)。

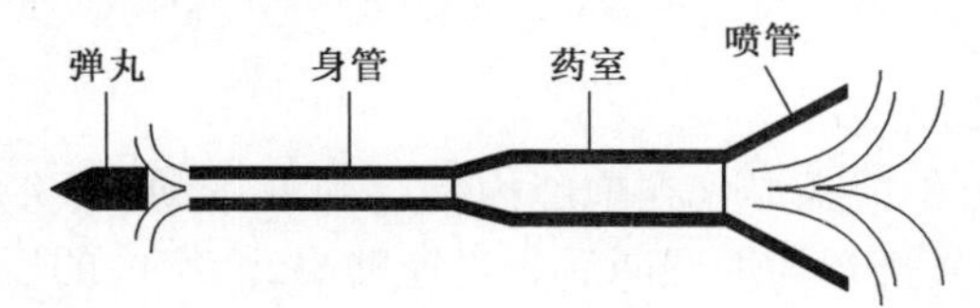

图6.9　气动平衡原理无后坐火炮工作原理

图6.10　无后坐火炮发射

2. 炮口制退器技术

在火炮射击的后效期,高温高压的火药气体从炮口高速流出,炮口周围出现各种复杂的物理现象,由此生产一系列效应,诸如气体作用在炮口装置上产生作用力,气体作用于弹丸继续加速,在炮口附近形成复杂的激波结构并在远场也产生冲击波和噪声,在炮口产生炮口焰等。炮口制退器是一种安装在火炮身管前端,通过控制弹丸出炮口后膛内火药燃气流动方向和流量,用以减少发射时火药燃气对火炮的作用冲量的装置,如图6.11所示。在弹丸飞出炮口后,改变从炮膛内喷出的部分火药燃气的方向和流量,从而产生一种方向与火炮后坐方向相反,能阻止火炮后坐的力,达到减少炮身后坐力的目的。炮口制退器的效率能降低后坐能量的25%~65%。然而,炮口制退器的应用也带来了一些不利的影响,主要是炮口冲击波和噪声等对炮手会产生危害作用,火炮发射过程炮口状况如图6.12所示。

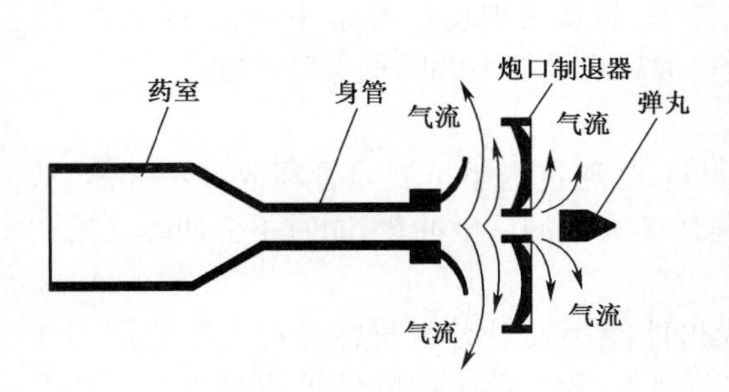

图6.11　炮口制退器工作原理

图6.12　火炮发射过程炮口状况

目前美国陆军正在积极探索以多种技术途径来满足未来部队对轻型、大威力、远射程火炮的需求,多种新概念武器正在研制之中,膨胀波火炮也是“未来战斗系统”的技术攻关项目之一。膨胀波火炮虽然没有采用新概念的杀伤机理,但以其独特的方式解决了减小常规火炮后坐力和控制身管发热的技术难题,从而能在不影响火炮杀伤威力的前提下,较大幅度地减小火炮的重量。

3. 膨胀波火炮技术

1) 膨胀波火炮工作原理

在火炮发射过程中,发射药燃气在炮膛内推进弹丸运动,当突然打开火炮的炮尾时,炮膛内的火药燃气就会从打开的炮尾向后方迅速喷出,药室内的压力即随之下降,这种现象被称为“膨胀波”或“火药气体稀释”现象。药室内压力下降现象在炮膛内的扩展速度和声波传播速度是相同的,因此这种压力下降现象传递到弹丸的弹底会有一个时间上的滞后。膨胀波火炮就是利用“膨胀波”传播的“时间差”这一滞后现象,精确控制炮尾开口的时机和速度,使弹丸在炮尾打开时感觉不到压力的降低,仍然像在密闭的炮膛内飞行,以原来的初速飞离炮口。如果能尽量推迟炮尾开口的时间,使膨胀波恰好在弹丸刚刚脱离炮口的瞬间追赶上弹丸底部,则实现了“定时同步”。膨胀波火炮在火炮尾部装有一个扩张喷管,从炮尾释放出来的火药气体通过该喷管高速向后排出。此时扩张喷管对火药气体起到降温、降压作用,火炮的内部热能转变成了后喷气流的动能,并在喷管处形成一种方向与火炮后坐方向相反、能阻止火炮后坐的强大推力,达到减少炮身后坐力的目的。可以说,膨胀波火炮在炮尾打开之前是按传统火炮的原理工作,而在炮尾打开之后即按无后坐火炮的原理工作,如图 6.13 所示。膨胀波火炮在不影响弹丸初速的同时大幅度减小发射时火药燃气对火炮的作用冲量以及大幅度减小后坐力。

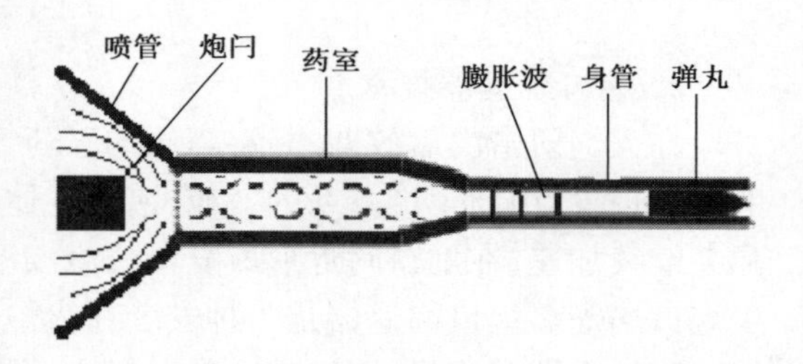

图 6.13 膨胀波火炮工作原理示意图

膨胀波火炮是将炮尾释放出来的气体通过喷嘴排放,提供反向压力,抵消部分后坐力,从而减少作用于火炮的后坐能量,膨胀波火炮的发射过程如图 6.14 所示。试验结果表明,采用此技术的膨胀波火炮可减少 75%以上的后坐力,最多可以减少后坐力的 95%。正由于后坐力减少,从而导致后坐距离减少、后坐时间缩短,用于承受射击时强大后坐力的火炮重量也相应减轻,对火炮特别是身管损害变小,所以应用膨胀波技术可有效地提高发射速度,增大火炮威力,提高火炮持续作战能力,延长火炮使用寿命,降低生产成本,提高火炮系统的效费比,减轻火炮重量,提高火炮战场机动能力和降低保障难度。

2) 膨胀波火炮的特点与关键技术

膨胀波火炮利用膨胀波传播过程的“时间差”, 通过炮尾扩展喷管释放火药气体,从而产生一个反向压力,大大减少了火药燃气作用于火炮的后坐冲量,同时不会使弹丸的初速下降,为火炮带来许多优点:

(1) 大大减少或消除后坐力。膨胀波火炮能减小发射时火药燃气对火炮的作用冲量,与传统后膛火炮相比,在发射条件相同的前提下,预计后坐力降低了 50%以上。在膨胀波火炮的发射试验中,发射初速为 1150m/s 的北约标准的由厄利空公司研制的 35mm

图 6.14　膨胀波火炮的发射过程示意图

炮弹时，能够减少 80%以上的后坐力。发射初速为 686m/s 的大号装药榴弹时，估计后坐力能够减少 75%。发射初速为 1650m/s 的 M829A2 坦克炮弹时，估计后坐力能够减少 95%。

（2）提高发射速度。膨胀波火炮通常能够被设计成全/半可燃药筒方式，或者被设计通过燃气压力操控的方式抛出药筒，从而省去了发射药筒式炮弹时的抽筒程序，可以提高发射速度。膨胀波火炮还能缩短排出火药气体的时间和后坐周期，提高发射速度。另外，在发射过程中，高温的火药燃气使炮管迅速变热，膨胀波火炮能够在弹丸飞离炮口前将这些高温气体释放出去，大大降低炮管变热的速度，从而在不使炮管过热的情况下，实现更大的爆发射速和持续射速。

（3）减少炮口焰。传统火炮在进行发射时，大约只有 30%的能量用于推动弹丸，剩余能量的大部分作为炮口焰释放出来。膨胀波火炮把常规火炮的炮口气体一次性排放过程分解成从炮尾喷管和膛口两次排放，减少了膛口冲击波对炮身及载具的冲击，并提高了火炮武器的战场隐蔽性。膨胀波火炮通过利用剩余能量的很大一部分来驱动用于抵消后坐力的气流，从而改变了用于推动弹丸飞行能量和炮口焰能量之间的比例，也减少了用于生成炮口焰的能量。另外，对火药气体进行冷却和降压后，还降低了二次炮口焰生成的可能性。

（4）减轻重量。对传统火炮而言，为了使火炮能够承受发射过程所产生的巨大冲击载荷，火炮必须有相当大的重量，同时火炮必须借助于较大的惯性来承受射击时的后坐力，因此目前的传统火炮依然很“笨重”。尽管在材料技术方面取得了很大的进步，但是在发射过程中，轻型火炮比重型火炮“跳动”得更厉害，存在射击静止性和稳定性问题，对射击精度非常不利。正确处理射击精度与减重问题，是火炮设计中非常关键的问题，在现行火炮的系统集成方面仍然存在着无法解决的技术难题。由于膨胀波火炮大大减少后坐冲量，后坐力大大减小，可以简化火炮结构，使得火炮后坐部分和制退复进机构的重量减小，身管受热情况的改善使得身管可以较薄、较轻，因此火炮的重量可以大大减少，同时还能保证射击精度。

（5）可以控制初速变化。膨胀波火炮的研制重点曾经是使炮尾尽量推迟打开的时间，以不影响弹丸的飞行速度。不过，即使炮尾提前打开，虽然弹丸初速有所降低，但却能够进一步减少后坐力和身管变热。从逻辑上讲,在极端理想的情况下,通过对炮闩打开时机的控制,有可能实现控制弹丸初速的目的(故意降低弹丸的飞行速度并减小火炮射程),这将对榴弹炮的定装式弹药非常有用,省去了使用特种小号装药药包的麻烦。

(6) 减少炮膛烧蚀。膨胀波火炮发射过程中大量高温、高压火药气体排出身管,使得身管的升温变形和冲刷腐蚀大为缓解。

(7) 清洁药室。可燃药筒弹药的优点几十年来一直被人们称道。可燃药筒弹药的缺点是在设计时必须处理好易燃药筒的结构刚度、快速的炮尾闭锁方法和火药残渣允许量三者之间的关系。利用可燃药筒弹药的膨胀波火炮,在发射过程中,其药室内能够形成一种后向的超音速吹洗气流,能清除炮膛内的余烬、残渣和碎片。

据英国《简氏防务评论》报道,美国沃特弗利特兵工厂利用膨胀波原理研制一种独特的35mm低后坐力火炮,将火炮的后坐力减小75%,热负载降低50%,系统重量减轻25%,炮尾焰影响降到最低,同时不影响炮口初速。预计,膨胀波活泼技术用于14T级底盘的120mm坦克炮,使其能够发射现有炮弹。但是由于膨胀波火炮需要安装一个向外的炮尾喷管,并且在火炮发射过程中向后"喷火",对火炮后方形成一定危险区域,所以在具有战斗室的火炮上不方便使用。因此,膨胀波火炮适用于外置式布置方式而不宜置于炮塔内部。

膨胀波火炮技术所面临的挑战,主要集中在如何每次射击时都能精确地及时打开炮尾以及如何使火炮从整体结构上与炮尾焰的排放相适应两个方面。如果打开过迟,那么为其设计的用于承受低后坐冲量的炮架将承受不住闭膛发射状态下的高后坐冲量。如果打开过早,弹丸将无法达到预定的初速和射程。

膨胀波火炮的关键就是在内弹道周期内炮尾喷管的打开时机和打开速度控制,其决定了膨胀波火炮的总体性能。尽管对于喷管的打开方式有很多,但由于受到打开的准确性、可重复性和可靠性三方面的苛刻要求,真正适用于膨胀波火炮的打开方式很有限。目前较为合理的打开方式主要集中在惯性炮尾驱动装置和主动式爆炸隔板,但都存在相应的缺陷。惯性炮尾驱动装置(图6.15),其炮闩在扩张了的药室内可以自由地做后坐运动,通过改变炮闩的重量和打开炮尾所需的炮闩移动距离,可以把炮尾设计成根据需要选择时机打开。由于炮尾打开装置是直接由在炮膛内推动弹丸飞行的火药燃气驱动的,所以这种方法相对可靠。通过后坐缓冲器和复进机使其在发射完成后能迅速归位,从而满足连续发射的要求。要注意惯性炮尾的质量和炮尾的后坐行程,这是精确控制喷口打开时机的关键。对35mm口径的膨胀波火炮进行的试验表明,该炮炮尾打开的时间控制非常精确,炮尾打开时间的标准偏差小于1%。其他方法还包括直接使用安装在炮架上的轻型火炮身管的后坐力打开炮尾、平衡的药室阀门以及主动式爆炸隔板等。如果采用以无后坐力原理为基础的方法,不发火的概率将极低,估计为万分之一的瞎火率。膨胀波火炮还可能使用类似汽车上的"防撞压损区"设计技术,使这个万分之一的瞎火率不致造成灾难性后果。在这一领域加大研制力度,对于促使膨胀波火炮成为一种成熟的、威力巨大的武器平台至关重要。到目前为止,根据所有的分析结果和试验成果,都还没有发现任何不可逾越的技术障碍。尽管膨胀波火炮目前研究的重点是加深了解和验证它的内弹道性能。对内弹道性能的验证完成后,研究重点将转向具有挑战性的火炮设计上。

膨胀波火炮在发射过程中向后"喷火",对火炮后方形成一定危险区域,存在炮尾焰

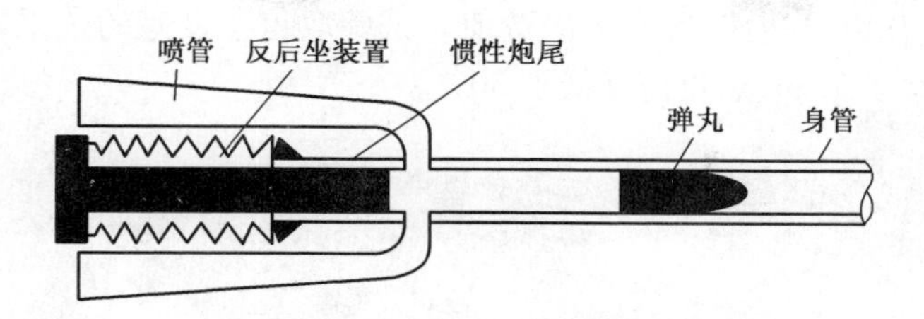

图6.15 惯性炮尾膨胀波火炮结构示意图

是膨胀波火炮最大的缺点。也有很多武器存在排放炮尾焰的问题。例如,一般情况下,导弹发射和火箭炮发射时都有一个很大的炮尾焰安全区,其面积大大超过现有的无后坐力炮。炮尾焰的排放与火炮系统的整体集成是膨胀波技术应用的关键,目前有关炮尾焰的排放问题仍然没有得到较好的解决,一般的处理方法就是将其使用在炮管外置式火炮系统中,由于炮管外置的炮兵武器系统有利于从炮尾排放发射药燃气,不会对乘员和设备造成伤害,所以易于应用膨胀波火炮技术。但是要使其全面地应用到实际中去,装备到更多的武器平台上去还存在较大的困难。

膨胀波火炮技术在常规火炮的轻型化方面独辟蹊径。该技术将有广阔的应用前景,不仅有可能应用于坦克炮、自行火炮,而且还有可能应用于车载火炮、战斗无人机载火炮等。膨胀波火炮将开始轻型火炮发展的新时代。

3）膨胀波火炮的发展

快速部署能力是美国陆军研制的"未来战斗系统"主要特点之一。为了能够通过空运向全球快速投送兵力。美国陆军要求"未来战斗系统"中各种武器装备的质量必须严格控制在20t之内。

火炮作为"未来战斗系统"的重要成员之一。必须满足"个头要小、火力要猛"的要求。这无疑是火炮发展领域所面临的巨大技术挑战。人们不难发现,在材料技术取得了巨大进步的21世纪,火炮仍然保持着庞大而臃肿的身躯而不能减肥。人们正在积极探索以多种技术途径来满足未来部队对轻型、大威力、远射程火炮的需求。膨胀波火炮也是"未来战斗系统"的技术攻关项目之一。膨胀波火炮虽然没有采用新概念的杀伤机理,但以其独特的方式解决了减小常规火炮后坐力和控制身管发热的技术难题,从而能在不影响火炮杀伤威力的前提下,较大幅度地减小火炮的重量。

膨胀波火炮的设计始于1999年3月,此后进行了多次成功的试验,并于2002年10月申请了专利。膨胀波火炮研制项目赢得了美国陆军装备司令部的2002年十大发明奖。该技术的发明人艾里克·凯斯博士也赢得了2003年度美国陆军研究与发展成就奖。

膨胀波火炮概念问世以后受到了美国军方的极大重视,曾一度被列为下一代陆军武器装备"未来战斗系统"中乘车战斗系统(MCS)和非瞄准线火炮(NLOS-C))两个主要子系统的主战武器。

2001年7月30日,美国阿瑞斯军械公司在俄亥俄州伊利湖靶场进行了膨胀波火炮的第一次发射试验,该次试验所用的火炮是由瑞士厄利空公司的35mm高射炮的炮身和105mm多用途火炮与弹药系统(MRAAS)的炮塔等部件改制而成的,如图6.16所示。它发射经过改装的药筒底盖可以抛掉的35mm厄利空TP炮弹。在火炮的身管上布置了4个测温点、14个测压点、膛口初速记录装置和后坐力测量装置以记录发射过程中膛内各处温度、压力的变化以及初速、后坐力的数值。试验取得了良好的效果,据称使35mm火炮的后坐冲量减小了75%,热负荷降低了50%。

图6.16 35mm膨胀波火炮试验装置

阿瑞斯军械公司已经将MIAZ主战坦克上装备的一门M256型120mm滑膛炮改装成了膨胀波火炮样炮,并将其安装在了一个14t的轻型装甲车辆底盘上,同时利用M829A2动能穿甲弹改制了一些炮弹,据悉将于2007财年开始射击试验,以验证膨胀波发射原理在较大口径火炮上的实际效用。

膨胀波火炮工程发展中的主要难题是如何精确、准时地打开炮尾。膨胀波火炮样炮上所采用的方法是利用膛内压力推动滑动炮尾,这一方式类似于自动武器中自由炮闩式自动机的开闩方法。通过改变炮尾的重量和打开喷口所需的炮尾移动距离,可以令喷口在需要的时刻才打开。这种作动方式不借助火炮外部的能量或者控制信号,已被射击试验证明为是很可靠的方法。目前提出的其他打开炮尾的方法还包括由身管的后坐运动打开炮尾以及由主动式爆炸隔板打开炮尾等。

在工程发展和试验的同时,Benet实验室里以膨胀波火炮发明者艾里克·凯斯博士为首的研究小组在早期计算内弹道学的研究成果的基础上对膨胀波火炮的内弹道机理进行了深入的研究。

国外学者在理论研究工作中大多采用较为成熟、完善的内弹道软件作为研究工具,来求解膛内的两相流体流动和热量传导情况,并对身管内壁的热—化学腐蚀现象进行模拟。

国内对膨胀波火炮武器系统的研究起步比较晚,所做的工作也很少。到目前为止,在公开发表的文献中,对膨胀波火炮发射过程进行了仿真研究,利用30mm和35mm试验装置进行过膨胀波火炮原理研究。

膨胀波火炮技术在常规火炮的轻型化方面独辟蹊径。该技术将有广阔的应用前景,不仅有可能应用于美国陆军“未来战斗系统”的120mm火炮,而且还有可能应用于“悍马”车和M113装甲车载105mm火炮、“目标部队勇士”发射的14.5~25mm枪炮以及战斗无人机载75mm火炮等。膨胀波火炮将开始轻型火炮发展的新时代。

6.4 轻质材料应用

为适应现代及未来突发性、速决性和多维性战争的新特点,要求火炮威力更大,生存防护能力和火控通信能力更强,要改善火炮武器的上述性能势必要影响其机动灵活性。为解决这一矛盾,各军事强国都在积极开展火炮轻量化研究。近年来,国外采用了先进的新材料、新技术和新工艺,使火炮技术不断出现新的突破。在材料和设计方面采用了多种新型轻质复合材料,使火炮进一步达到高技术化和轻量化。

6.4.1　轻合金材料

由于实战的需要,火炮轻量化问题早已为各方重视,铝合金、钛合金具有密度低、强度高、耐腐蚀性能好等优点,是理想的轻质结构材料,被国外大量应用于火炮结构件中。

美国的M102式105mm榴弹炮采用铝合金,使重量从前身M101式105榴弹炮的3.7t降到大约1.4t,以便全炮空运和空投。美国M198型155mm牵引榴弹炮(LTH)的减重主要是采用铝合金,全炮重7163kg。美国的改进型火炮LTHD,十几个大件采用了铝合金、钛合金,比原LTH减重40%。英国皇家兵工厂研制的LTH轻型牵引榴弹炮用钛合金制大架,总质量不超过4083kg。英国维克斯造船及工程公司研制的UFH超轻型榴弹炮总质量为3.7t,该炮的摇架、射击底盘、后驻锄、炮管制退机轭、高低轭、炮耳端、悬臂、衬套、轴环和枢轴等零部件用钛铬合金制造,质量大约为1t。除了传统的钛合金外,高铬钛合金TiCr318和α+β型钛合金Ti38644特别引人注目。英国的UFH上已广泛采用TiCr318,美国也将Ti38644用于120mm加农炮复合结构身管的研制。这两种钛合金均具有极好的力学性能,且Ti38644的高温性能优良,比钢轻40%左右。

6.4.2　陶瓷材料

陶瓷材料具有熔点高、硬度高、化学性能稳定,并且有良好的抗烧蚀、耐化学冲刷性能,且相对密度又低,实践证明,其高温力学性能和耐烧蚀性能明显优于钢,是较理想的炮管内衬材料。目前国外对其已有较高的研究应用水平。

美国海军研究所将精密陶瓷用作炮管内衬,采用绕丝法研制复合结构身管。由于陶瓷内衬结构可用粉末固结技术(压力烧结或热压)制成,使该复合炮管易于制造,而且膛线工序也较简单。美国还采用CAP法研制陶瓷内衬复合炮管。

马丁—玛丽埃塔武器系统公司采用Zirocia陶瓷做衬垫研制了120mm轻型复合材料炮管。美国洛克希德公司采用了石墨复合材料制成120mm迫击炮炮管和底盘,全炮比钢质炮轻60%,搬运灵便。

6.4.3　复合材料

复合材料可获得单一炮钢达不到的优良综合性能,因此国外选择树脂基复合材料、金属基复合材料,研究了金属/金属、非金属/钢复合结构等多种结构形式制造炮管和火炮部件,以适应火炮提高强度、刚性、射击精度、耐烧蚀磨损及减轻重量等方面的开发要求。研制的有些构件已接近实用化阶段。

在金属/金属复合结构中,国外主要研究钢/难熔材料内衬以及金属外套管/钢内衬结构形式。在钢/难熔材料内衬结构形式中,美国陆军采用粉末冶金新工艺把钼合金复合到炮管内膛,获得细晶和各向同性的内衬。该技术正向实用化方向发展。德国莱茵金属公司研究出一种强度高、质量轻、耐高温高压的高膛压炮管。该炮管用爆炸焊接多层材料制成,一种5层结构的组成是Cr(铬)、Ta(钽)或陶瓷隔热层、陶瓷增强金属基体刚性耐高温层、钨化合物导热层、连续碳纤维增强铜基合金导热层以及35镍-铬-钼-矾钢外壁,另一种4层结构是Cr、Ta耐磨导热层、短纤维增强钨基合金导热层、长纤维增强铜基合金导热层以及45镍-铬-钼-矾钢外壁。

在金属外套管/钢内衬结构形式中,美国陆军研究出用钛合金外套管与炮钢内衬相复合的大口径加农炮管。该复合炮管在实验室通过了液压试验,在野外成功进行了95发实弹试射。在用AF1410合金和碳化硅增强的铝基合金新材料制外套管同炮钢内衬相复合的结构研究方面,美国陆军也做了许多工作。

铝基复合材料不仅保留了铝合金重量轻、耐腐蚀性好的特点,还明显提高了材料的高温强度、抗热疲劳裂纹性能和耐磨性,降低了材料的热膨胀系数。用它代替火炮某些构件材料,可比铝合金、钛合金具有更显著的减重效果。美国国立橡树岭实验室采用传统的金属及其复合材料研制了M198型155mm榴弹炮下架,并与其他材料进行对比研究,其中,钢制下架质量681kg,铝制下架质量372kg,钛制下架质量354kg。但若使用有机复合材料制造该下架,则由于存在恶劣的支撑负荷和硬接触点的问题,需在各个位置嵌入金属部件,结果下架质量达354kg,与钛制下架重量基本相同,这就失去其减重的优势。而新研制的颗粒增强铝基复合材料下架质量仅为281kg,可见,采用金属基复合材料制下架达到的减重效果,比采用有机复合材料制的要好得多。除某些部件外,采用颗粒增强的铝基复合材料制造连接螺栓也是可行的。这可在一定程度上降低火炮的重量,是一种引人关注的用途。美国VACO专用材料公司为军方研制了Al-SiC铝基复合材料制120mm加农炮管炮口3m段外套管,同时研究了由纤维定向组成的各种结层复合材料,以选择最佳结构。该公司声称,铝基复合材料提供了优良的强度/重量比。美国BENET实验室采用等离子喷涂法研制了SiC纤维增强6061铝基复合材料与钢内衬复合的复合结构身管,并试验其性能。该复合炮管与全钢炮管相比,两者可承受相同的内部压力,而复合管却减重22%。日本采用熔融金属浇注法研制了C-SiC复合纤维增强的Al125铝基复合材料炮管。该炮管与钢制炮管具有相同的强度和韧性,但重量却减轻了50%~60%。

纤维增强的钛基复合材料,除具有钛合金的特性外,其高温强度、刚度、断裂韧性均获得了改善。例如,日本采用扩散连接技术研制了用Si-Ti-C-O复合纤维增强的钛/钛基复合材料炮管,其强度和韧性可与钢质炮管相媲美,且重量减轻30%~40%。美国用W丝、Mo丝增强的钛基复合材料研制钢内衬的复合材料身管。该身管不但重量轻,还明显地提高了身管的高温强度和使用寿命。

除了铝基、钛基复合材料外,镁基复合材料也是有希望尽早在高技术领域中得到应用的一种金属基复合材料。该复合材料比强度高、比模量和尺寸稳定性好,铸造性能优良。日本将其用于火炮身管的研制,主要目的是减轻身管的重量。

非金属/钢以及非金属复合材料可明显减轻火炮的重量。瑞典陆军研究出碳纤维增强塑料同钢或钛合金内衬相复合的炮管结构。该炮管在膛压要求100、200、300和400等级时,可分别减质量60%、45%、35%和25%。美国陆军用聚酰亚胺/石墨复合材料同炮钢内衬相复合,研制出M68式105mm坦克炮管,至少可减重10%,该复合炮管可以8发/min的射速连续发射65发M456弹。美国陆军Benet研究所研制出用碳/环氧复合材料制成的105mm无后坐力线膛炮,该炮长1m左右,总质量为9kg。其中炮弹质量4.95kg,发射药质量0.675kg。炮管和支撑金属构件质量3.375kg。

美国陆军使用树脂基复合材料和金属基复合材料减轻大口径牵引榴弹炮重量,该研究已有新的突破。据报道,美国陆军在设计上已解决了大口径牵引榴弹炮减重后的动态稳定性问题,使轻型材料具备了在这类火炮上使用的条件。目前,这项研究还处于初期阶段,只限于非后坐部件应用,将来可望扩大到炮管和炮尾等后坐部件上。迄今的研究表明:在155mm牵引榴弹炮中用石墨/环氧替代钢制大架可把质量从105kg降低到36kg,用粒子增强铝基复合材料代替钢制下架,可把质量从675kg降到279kg;在105mm牵引榴弹炮中,用复合材料代替铝制摇架,可把质量从36kg降到25kg,用复合材料代替钢制防翻滚阻杆,可把质量从68kg降到18kg。

美国洛克希德导弹与航空公司和马丁—玛丽埃塔武器系统公司采用复合材料技术研制出120mm和81mm迫击炮。其炮管材料为碳纤维/环氧复合材料结构。据洛克希德公司称,该种结构的120mm迫击炮的质量比钢制迫击炮轻62%,由于质量轻,大大提高了火炮系统的使用灵活性。马丁—玛丽埃塔武器系统公司研制的120mm复合材料迫击炮的炮管是复合材料结构,内衬为氧化锆陶瓷。该炮管比钢制炮管轻50%,其弹道性能与钢制炮管相同。81mm复合材料火炮系统也是马丁—玛丽埃塔武器系统公司研制成功的。其炮管是用复合材料制成,其座板、两脚架等整个迫击炮系统也是由轻质复合材料制造而成。

树脂基复合材料和金属基复合材料在火炮上的应用已从次要受力件向核心部件发展,特别是以金属或陶瓷材料作内衬制件的树脂基复合材料炮管已经推广应用。在对火炮用新材料的进一步研究中,铝—锂合金、多孔材料、轻质金属基复合材料的应用研究已成为一种趋势。

国外火炮材料研究的新特点是广泛采用航空航天材料技术,如钛合金、碳纤维等。因为这类航天材料具有质量轻、强度高、耐腐蚀性好等优点,而且制造也比较容易。

火炮轻量化是提高战斗力的关键,也是未来高新技术火炮发展的必然趋势,国外已经将性能优越的钛、铝合金大量用于火炮构件中,尤其是钛合金的应用进展较大。

第 7 章　火炮可靠性技术

7.1　概　述

7.1.1　可靠性的概念与意义

1. 可靠性的概念

按国家标准《可靠性维修性术语》(GJB 451),可靠性定义为产品在规定条件下和规定时间内,完成规定功能的能力。

定义中的产品是指作为单独研究和分别试验对象的任何元件、器件、零部件、设备和系统等。不同产品,其可靠性的定义不尽相同。火炮可靠性定义中的产品就是指火炮。

规定条件是指产品的使用条件、维护条件、环境条件和操作技术。火炮的规定条件还包括储存条件等。

规定时间是指产品的工作期限,具有广泛的概念,可以用时间单位,也可以用周期、次数、里程或其他单位表示。火炮的规定时间一般用射击发数来表示。

规定功能通常用产品的各种性能指标来表示。火炮的规定功能是指火炮的技术性能指标,如初速、射程、射速、精度、强度、稳定性等。

能力表明可靠性是产品的固有属性。火炮可靠性是火炮的固有属性,对具体火炮,其可靠性是确定的。

随着科学技术的发展,军用武器系统越来越复杂,规模越来越大,要求越来越高,产品的可靠性问题显得尤为突出。对于军用武器系统来说,可靠性既是一种技术特性,又是一种战术性能,它直接影响武器系统的作战能力及对后勤支援的要求,乃至对部队编制员额及技术能力的要求,所以可靠性是军用武器系统的重要技术指标。

2. 可靠性技术的意义

可靠性作为产品的一个基本属性,是衡量产品质量的重要指标,也是当今世界产品竞争成功与否的关键所在。可靠性对于一个产品,特别是一个军用武器装备是十分重要的。

可靠性技术是对产品的失效及其发生的概率进行统计、分析,对产品进行可靠性设计、可靠性预测、可靠性试验、可靠性评估、可靠性检验、可靠性控制、可靠性维修及失效分析的一门综合性工程技术。在现代生产中,可靠性技术已贯穿于产品的开发研制、设计、制造、试验、使用、运输、保管及维修保养等各个环节。在提高产品质量、延长使用寿命以及制定管理策略等方面取得了显著成就,并成为工程设计、企业管理、决策以及产品运行维修等活动中不可缺少的工具。

从 20 世纪 50 年代起,国外就兴起了可靠性技术的研究。第二次世界大战期间,美国通信设备、航空设备、水声设备都有相当数量因失效而不能使用。因此,美国便开始研究电子元件和系统的可靠性问题。德国第二次世界大战中,由于研制 V-1 火箭的需要也开始进行可靠性工程的研究。1957 年美国发表了《军用电子设备可靠性》的重要报告，被公认为是可靠性的奠基文献。在 20 世纪 60~70 年代，随着航空航天事业的发展，可靠性技术取得了长足的进展，引起了国际社会的普遍重视。许多国家相继成立了可靠性研究机构，对可靠性技术开展了广泛的研究。1965 年国际电子技术委员会（IEC）可靠性专业委员会的成立，标志着可靠性成为了一门国际化的技术。20 世纪 60 年代我国就在电子工业部门进行了可靠性工程技术的开拓性工作。进入 80 年代以后，我国颁布了一系列的可靠性工程技术标准和管理规定，在现代武器装备等大型系统的研制中全面推行可靠性工程技术，使我国工程型号的可靠性工作进入规范化的轨道，并得到了迅速的发展。1990 年我国机械电子工业部印发的《加强机电产品设计工作的规定》中就曾明确指出：可靠性、适应性、经济性三性统筹作为我国机电产品设计的原则。在新产品鉴定定型时，必须要有可靠性设计资料和试验报告；否则不能通过鉴定。现今可靠性的观点和方法已经成为质量保证、安全性保证、产品责任预防等不可缺少的依据和手段，也是我国工程技术人员运用现代设计方法所必须掌握的重要内容之一。

长期以来，一切讲究产品信誉的厂家，为了争取顾客都在不断努力提高其产品可靠性。因为只有产品的可靠性好，使用性能稳定，才能受到用户的欢迎。不仅如此，有些产品，如果其关键零部件不可靠，不仅会给用户带来不便、耽误时间、推迟日程、造成经济损失，甚至还可能直接危及使用者的生命安全，危及国家的荣誉和安全。相反，加强产品质量管理，不断提高产品可靠性，推行全面质量控制，可以使得产品在竞争中取得胜利，占领市场，获利丰厚。

随着科学技术的进步和经济技术发展的需要，产品日益向多功能、小型化、高可靠方向发展。功能的复杂化，使设备应用的零部件越来越多，对可靠性要求也越来越高。每一个零部件的故障，都可能使设备或系统发生故障。随着各种高新技术在火炮系统中的应用，现代火炮系统的结构日趋复杂，人们对于火炮射程、精度、射速、行军速度、战斗转换速度和自动化程度等都提出了更高的要求，从而对火炮的设计、制造、装配、维修保障、可靠性和维修性等也提出了相应的要求。

设备或系统广泛应用于各种场所，会遇到各种复杂的环境因素，如高温、高湿、低气压、有害气体、霉菌、冲击、振动、辐射、电磁干扰等。这些环境因素的存在，都将大大影响产品的可靠性。只有充分考虑产品在使用过程中可能遇到的各种环境条件，采取耐环境设计和兼容性设计等各项措施，才能保证产品在规定环境条件下的可靠性。火炮的工作环境恶劣，提高火炮可靠性尤其重要。

研制和使用火炮的目的是有效消灭敌人，保存自己。为达到以上目的，除提高火炮的威力外，就是提高可靠性。可靠性不好，不但不能消灭敌人，还可能伤害自己。这样的例子已是累见不鲜。现代战争借助于现代技术，最大限度地提高武器系统的可靠性不仅是需要，而且已成为可能。对火炮可靠性，仅停留在靠试验的方法去发现故障、排除故障这种被动式模式显然是不够的。要变被动为主动，要认真地研究和应用可靠性技术，要从研制早期就开展可靠性工作，将可靠性技术应用于火炮工程研制的全过程，提高火炮可靠性水平。

3. 可靠性技术的主要内容

1）可靠性技术的基本任务

可靠性技术的基本任务，是在现有水平的基础上，从产品的总体设计、零件概率设计、耐环境设计、人机工程设计、健壮性设计、权衡设计、工艺设计以及维修性设计等各方面，采取各种措施，在重量、体积、性能、费用、研制时间等因素的综合权衡下，实现产品既定的可靠性指标。

火炮可靠性工作主要是围绕火炮可靠性指标进行的，并以达到这一指标为最终目的。火炮可靠性工作内容很多，一般包括可靠性指标分配、故障分析、可靠性预计、火炮机构和结构可靠性设计、火炮可靠性评估和验证等方面。

2）可靠性技术的主要内容

可靠性技术范围是相当广泛的，大致分为定性和定量两大类方法。定量化的方法要以故障（失效）的概率分布为基础，分析如何定量地设计、试验、控制和管理产品的可靠性。定性方法则是以经验为主，也就是要把过去积累处理失效的经验设计到产品中，使它具有避免故障的能力。定性和定量方法是相辅相成的。

可靠性技术贯穿产品整个寿命周期，按对故障分析时机可靠性技术又可以分为事前分析技术、事中分析技术和事后分析技术。事前分析技术是在设计阶段预测和预防所有可能发生的故障和隐患，消除于未然，把可靠性设计到产品中去。事中分析技术指在产品运行中进行的故障诊断、检测和寿命预测技术，以保持运行的可靠性。事后分析技术指在产品发生故障或失效后所进行的分析，找出产品故障模式的原因，研究预防故障的技术。尤其是事前分析技术，这便是可靠性技术的重点，美国工业中90%的可靠性成本用于设计上，而且在提高可靠性方面已积累了不少经验和技术。

可靠性技术主要包括可靠性设计技术、分析技术和评审技术等。

可靠性设计就是产品在研制阶段，运用设计原理和方法，实现产品在规定的条件下和规定的时间内完成规定的功能，即为了确定产品的固有可靠性而做的一切技术处理。结合产品的功能，对可靠性及经济性进行综合权衡，使产品达到优化设计。一旦产品设计出来，又按设计制造出来，则其固有可靠性就确定了。因此，必须综合运用可靠性设计技术才是全面地改进产品设计质量、降低使用故障率的途径，使产品的研制或工程设计更趋于合理和完善。

可靠性设计作为一种新的设计方法，只是常规设计方法的深化和发展。所以常规设计方法的计算原理、方法和基本公式，对可靠性设计仍然适用。但与常规设计相比，它具有以下特点：①可靠性设计法认为作用在零部件上的载荷（广义的）和材料性能等都不是定值，而是随机变量，具有明显的离散性质，在数学上必须用分布函数来描述；②由于载荷和材料性能等都是随机变量，所以必须用概率统计的方法求解；③可靠性设计法认为所设计的任何产品都存在一定的失效可能性，并且可以定量地回答产品在工作中的可靠程度，从而弥补了常规设计法的不足。

可靠性技术的主要内容包括：确定总体方案；应用专门的可靠性设计技术实施专题可靠性设计；应用专门的可靠性评价分析技术对产品的可靠性进行定性和定量的评价分析。制定总体方案是实施专题可靠性设计的依据，专题可靠性设计则是总体方案的具体实现和保证，而可靠性评价分析则是对专题可靠性设计的及时检验和反馈。

（1）制定总体方案主要包括以下6个方面的内容：明确产品的功能和性能要求；了解产品的使用环境条件；确定产品可靠性的定量标准；调查相似老产品的现场使用情况；拟定为实现可靠性指标应采取的相应措施；进行方案论证。

（2）可靠性设计技术的应用主要包括故障预防设计、简化设计、降额设计和安全裕度设计、余度设计、耐环境设计、人机工程设计、健壮性设计、概率设计、权衡设计、模拟方法设计等。

（3）可靠性分析技术的应用是在研制、设计阶段，采用定量或定性方法，先根据系统方案或原有系统的继承性方案（增加考虑方案中已有的或可能采用的新分系统、新技术、新设备、新材料等）初步估计系统的可靠性，与可靠性要求比较，逐次近似地调整方案，落实可靠性指标。主要包括可靠性预计、故障分析等。

（4）可靠性设计的评审是保证和监督可靠性的主要一环，贯穿于产品设计的各主要阶段，是对产品可靠性设计及其实施情况进行全面的审查和评价，及时发现和排除设计中潜在的缺陷。方案证论阶段的可靠性评审尤其重要，它主要包括：设计是否满足产品标准（或合同、新产品技术任务书）的要求；初步地进行产品可靠性预测；方案中可靠性技术措施有效性；拟定可维修性技术措施；拟定安全性技术措施；等等。因此，设计评审是从研究设计要求的任务，对产品性能、任务、环境条件进行全面分析，对技术途径、设计试验方法、使用标准进行系统的详细审查，最终使产品性能好、可靠性高。

7.1.2　火炮可靠性要求

可靠性要求是进行可靠性设计、分析和验收的依据。可靠性设计要求可分为定性要求和定量要求。定性要求是可靠性设计所遵守的一般方法和准则等要求。定量要求是在使用中达到并在合同中规定的参数和指标要求。使用参数和指标是直接与产品完好性、任务成功性、维修人力和保障资源费用有关的一种度量。其度量值称为使用指标（目标值与阈值）。合同参数和指标是在合同中表达订购方要求的，并且是承制方在研制和生产过程中可以控制的参数。其度量值称为合同指标（规定值和最低可接受值）。

1. 火炮可靠性大纲

可靠性大纲是为确保产品满足合同或计划所规定的可靠性要求而制定的一套文件。它包括工作进度、组织机构及其职责、工作项目、工作程序、需要的资源等。制定和实施火炮可靠性大纲的最终目标是提高火炮研制质量，达到火炮可靠性指标的要求。

可靠性大纲应包括可靠性管理、可靠性设计与分析和可靠性试验与验证等项目。这些工作项目应统一纳入火炮整个研制过程中，必须从一开始就将火炮的可靠性、维修性、安全性、人机工程、质量保证等工作综合权衡，以达到最佳费用效益。

（1）可靠性管理的主要工作包括制定火炮可靠性工作计划、进行可靠性监督和控制、对火炮可靠性大纲进行评审、进行故障审查、确定火炮可靠性关键件和重要件。

（2）可靠性设计与分析是为了达到火炮可靠性要求而进行的有关分析和设计工作，主要工作包括建立可靠性模型、可靠性分配、可靠性预计、故障模式影响及危害度分析、应力—强度分析、结构可靠性设计准则等。可靠性分析是为了确定和分配可靠性定量指标，以及预定和评定可靠性。可靠性分析的主要任务是为研制、使用提供必要的可靠性信息。可靠性设计是为了确保产品具有要求的固有可靠性。可靠性设计的主要任务是将要求的可靠性设计到产品中。火炮可靠性设计与分析的重点应是预防、发现和纠正设计、材料和工艺等方面的缺陷。要重视在研制早期对火炮可靠性的投资，以免追加费用，延误进度。

（3）可靠性试验是为了分析、评价、验证、保证和提高火炮可靠性而取得火炮可靠性信息的试验。广义来说,任何与火炮失效或故障效应有关的试验都可以认为是火炮可靠性试验。狭义的可靠性试验往往是指寿命试验。对于设计者,可靠性试验为之提供系统或设备设计的可靠性数据,或为改进设计找出存在的问题;对于制造者,通过可靠性试验可以验证产品的性能,或挑出次品,或确定使用界限,或保证批量产品的可靠性合格率;对于使用者,通过可靠性试验可以保证批量进货的可靠性水平。可靠性试验主要包括环境应力筛选(发现和排除由于不良零件、工艺缺陷和其他不符合要求的异常现象所造成的早期故障)、可靠性增长试验(通过识别、分析和排除故障,以及验证改进措施的效果等办法来提高系统可靠性)、可靠性鉴定试验(确定能否达到规定的可靠性要求)及生产可靠性接收试验(保证在工艺过程、生产过程、工作流程以及其他特征有所变动时,不致降低硬件产品的可靠性)。

2. 火炮可靠性定性要求

(1) 拟定可靠性设计规范。方案确定之后,对火炮各部分进行可靠性、维修性指标的分配,并拟定初步的火炮可靠性设计规范,其主要内容为:①火炮各部分要求达到的可靠性和维修性指标;②可靠性、维修性保证性文件资料(可靠性与维修性设计规范,可靠性与维修性设计审查规范,可靠性筛选、增长、鉴定试验方法和要求,环境试验规范,元器件选用及优选规定,引证的各类标准和参考文献,可靠性实施计划,等等);③可靠性、维修性设计的具体要求和规定(简化设计、冗余设计、热设计、缓冲减震设计、三防设计、防核辐射设计、人机环工程设计、安全性设计、维修性设计、元器件应用及标准化设计、互换性设计等具体要求和规定,环境试验、可靠性筛选、增长、鉴定试验方案、条件、程序和判决标准的确定,规范条款适用范围及解释,引用标准规定及手册要求,等等)。

(2) 充分利用可靠性设计经验要求。要求在火炮研制过程中充分利用可靠性设计经验,确保可靠性要求的满足。可靠性设计经验主要包括:选择设计方案时尽量不采用还不成熟的新系统和零部件,尽量采用已有经验并已标准化的零部件和成熟的技术;简化结构,削减零件数,提高可靠性;考虑功能零件的可接近性,采用模块结构等以利于提高可维修性;设置故障监测和诊断装置;保证零部件设计裕度(安全系数/降额);必要时采用功能并联、冗余技术;考虑零部件的标准化和互换性;失效安全设计(即使系统某一部分发生故障,应使其限制在一定范围内,不致影响整个系统的功能);安全寿命设计(保证使用中不发生破坏而充分安全的设计,如对一些重要的安全性零件要保证在极限条件下也不会发生变形、破坏);防误操作设计;加强连接部分的设计分析(选定合理的连接、止推方式,考虑防振、防冲击,对连接条件的确认);可靠性确认试验(在没有现成数据和可用的经验时,这是唯一的手段,尤其机械零部件的可靠性预测精度还很低,主要通过试验确认)。

3. 火炮可靠性定量要求

火炮可靠性定量要求就是火炮可靠性指标,应在火炮研制合同中规定,并纳入承制方的有关技术文件。火炮可靠性定量要求应是可以检验的。检验的统计原则在火炮可靠性鉴定试验和验收试验中应有明确的规定。

可靠性指标是可靠性的定量量度。从不同的角度,可用不同的数量指标来描述。对于火炮可靠性来说,常用可靠度、故障频率、平均无故障射击发数、平均维修时间等来表示。

（1）火炮可靠度。火炮可靠性是火炮的一种能力，是火炮的一种固有属性。这种能力以概率（可能性）表示，则称可靠度。火炮在规定条件下、在规定射击发数内完成规定功能的概率，称火炮可靠度，用 $R(t)$ 表示。这里 t 是规定的时间，即可靠度是时间 t 的函数，故称可靠度函数。

（2）火炮故障频率。实际工作中，可靠性是通过不可靠来反映的。对不可修复产品，在规定条件下和规定时间内不能完成规定功能称为失效；对可修复产品，在规定条件下和规定时间内不能完成规定功能称为故障。火炮在研制过程中，出现不能完成规定功能问题时，通过分析，找出原因，进行改进，最终解决问题。因此，火炮可以看作是可修复产品。火炮在规定条件下、在规定射击发数内，引起火炮停射或使火炮失去规定功能称火炮故障。火炮在规定条件下和规定射击发数内，发生故障次数与累积射击发数之比，称为火炮故障频率。当试验次数无限多时，故障频率就趋于一个稳定值，这个值就是故障概率。故障概率与可靠度是对立事件。故障概率又称为不可靠度，用 F 表示。火炮的可靠度 R 与故障概率 F 的关系为：$R=1-F$。

（3）火炮平均无故障射击发数。试验中，在累积射击发数内所发生故障的总次数，除以累积射击发数为火炮累积故障率。火炮累积故障率的倒数为平均无故障射击发数，用 MTBF 来表示。

（4）火炮寿命。在研究产品可靠性时，有时会更关心它们的寿命特征量——平均寿命、可靠寿命、使用寿命等。平均寿命的含义是寿命的数学期望。对于不可修复的产品和可修复的产品，其含义是有区别的。对于不可修复的产品，发生失效即报废，其平均寿命是指失效前的平均工作时间。对于可修复的产品，平均寿命是指相邻两次故障之间的平均工作时间，常称为平均无故障工作时间。但二者的数学表达式和理论意义相同，所以统称为平均寿命。可靠寿命是指对给定的可靠度所对应的时间。可靠度是时间的函数 $R(t)$，随着工作时间的增加，可靠度逐渐下降。若给定某个可靠度水平 R_0，则到达可靠度 R_0 所经历的工作时间为 t_r，则称 t_r 为对应可靠度 R_0 的可靠寿命。使用寿命是指产品在规定的使用条件下，具有可接受的故障率的时间区间。火炮的寿命主要指使用寿命。火炮的使用寿命主要判据是主要零部件失效或火炮的故障率超过规定值。

（5）火炮平均维修时间。可维修性是可靠性的重要要素。火炮累积维修时间与累积故障次数之比，称为火炮平均维修时间，用 MTTR 表示。

以上指标均可以作为火炮主要可靠性指标。但常用的指标为火炮故障频率和平均无故障射击发数 MTBF。

目前，美国、俄罗斯、瑞士等具有先进技术的国家，在火炮可靠性指标上已达到了较高的水平，我国与这些国家存在较大差距，有加强火炮可靠性研究的必要性。

7.1.3　火炮可靠性设计与可靠性增长

火炮研制中，实现可靠性指标往往是很花费时间的，可靠性指标也是很难达到要求的一项技术指标。试验中总是在不断地暴露各种问题，有的问题容易解决，有的问题可能是设计中的先天不足，解决起来难度就大，使研制周期加长。研究火炮可靠性设计已成为很重要的一项工作。

火炮是一个偏机械的机电系统，火炮可靠性一般可分为机构可靠性和结构可靠性。

火炮结构可靠性主要考虑火炮结构的强度以及由于载荷的影响使之疲劳、磨损、断裂等引起的故障；火炮机构可靠性则主要考虑的不是强度问题引起的故障，而是考虑机构在动作过程由于运动学问题而引起的故障。火炮可靠性设计可分为定性可靠性设计和定量可靠性设计。定性可靠性设计就是在进行故障分析的基础上，有针对性地应用成功的设计经验使所设计的产品达到可靠的目的。火炮机构可靠性设计主要是定性可靠性设计。定量可靠性设计就是在充分掌握所设计零件的强度分布和应力分布以及各种设计参数的随机性基础上，通过建立隐式极限状态函数或显式极限状态函数的关系设计出满足规定可靠性要求的产品。火炮结构可靠性设计主要是定量可靠性设计。

一般火炮研制过程要经过反复的设计—试验—改进设计—再试验—再改进设计过程，在这一过程中，通过可靠性试验发现故障，然后进行故障分析，改进设计以预防故障，这样逐步减少故障发生的比率，试验—改进过程的循环，可以使所研制火炮的可靠性水平逐步提高，这个提高过程即称为火炮可靠性增长。可靠性增长过程如图 7.1 所示。可靠性增长是评定可靠性的一种方法，它能动态地分析和评定可靠性。

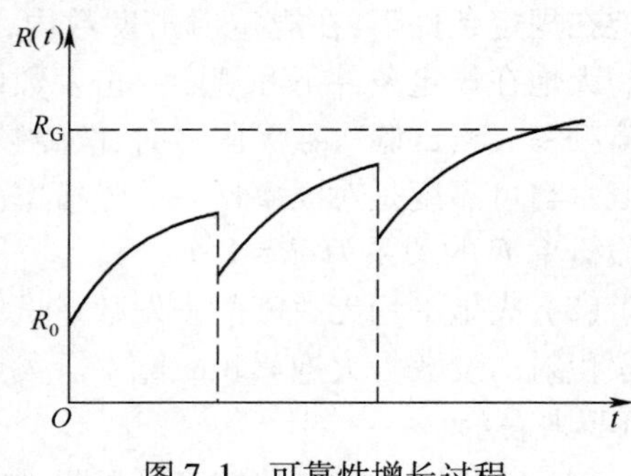

图 7.1　可靠性增长过程

研究火炮可靠性增长过程目的在于把握火炮可靠指标在不同研制阶段的水平和增长速度，预测可能达到的目标，以便对研制、生产和管理做出合理安排，使其在预定的时间内达到预定的可靠性水平。可靠性增长可以指导火炮的研制、试验、改进过程，提高增长速率。

火炮可靠性增长主要受 3 个因素支配：对故障的检测和分析；对已发现问题的反馈和改进设计；对改进后的设计重新试验。可靠性增长的速率就取决三者的速度。

可靠性增长分 3 个阶段。在研制阶段之初，可靠性是较低的，可靠性增长是由于排除了设计和制造两方面的各种缺陷。随着研制时间的推移，可靠性在不断增长，到设计定型时，可靠性已达到预定的水平。开始投入批量生产时，由于生产设备、技术和工人不够熟练等原因，使可靠性有所下降。随着这些缺陷被排除，可靠性将上升。经过试生产一定时期，可靠性上升到可以验收的水平。最后大量生产阶段，可靠性达到了目标值，开始投入使用。这时，由于使用环境条件的某些缺陷（即不符合预定的环境条件）和操作人员不够熟练，使可靠性下降。随着使用环境条件的改进和操作人员熟练程度的提高，可靠性将上升。在良好的情况下，使用中实现的可靠性逐渐接近，但一般不会达到理想的设计可靠性水平。可靠性得以增长的原因是由于通过研制和增长试验发现了失效原因，通过产品重新设计消除了失效根源。

火炮在整个研制过程中，虽然理论分析计算工作越来越受到重视，计算机仿真试验技术以及虚拟样机技术应用也越来越普及，但是试验花费的时间、精力、经费占有相当大的比例。试验是研制的必要手段，不仅验证理论分析的正确性，更重要的是发现研制过程预料不到的问题，弥补某些理论分析中无法模型化的不足。从初样机实现连发开始，到定型样机达到战术技术指标，火炮要经过几代样机的不断改进设计、不断试验的反复过程。定型样机与第一门初样机相比在结构上往往是面貌全非了。试验的过程就是发现问题的过程、解决问题的过程,也就是可靠性增长的过程。

火炮可靠性增长的最终目的是火炮在达到射程、射速、后坐力、密集度、寿命指标的前提下,要实现可靠性指标,进而全面达到技术指标的要求。

火炮可靠性增长,从第一门样机试验一开始就要记录每次试验中出现的故障、故障原因、排除或解决措施,把可靠性试验与故障分析、故障树分析结合起来进行。试验初期故障肯定很多,从中找出薄弱环节一一去解决,使故障不断减少,直至满足可靠性指标要求。这要经过反复的试验过程和设计修改过程。可靠性工作的目标是最大限度地减少这些过程,并用最少的试验、消耗最少的炮弹达到要求的可靠性指标。

要研制成功一种新的火炮,可靠性增长需要很长时间才能完成。力求使可靠性增长时间缩短,这对减少火炮的研制周期有关键性的作用。

7.2　提高火炮机构可靠性技术

7.2.1　机构可靠性

1. 机构可靠性的含义

就一个机构而言,它必须在某一规定的时间内完成规定的动作,并准确地到达某一位置。如在完成动作的过程中,出现位置精度超差、时间超差或不能连续、协调地完成规定的动作,则视为机构不可靠。因此,机构可靠性定义为机构在规定的使用条件下,在规定的使用时间内,精确、及时、协调地完成规定机械动作的能力。其概率值就是机构动作可靠度。

与一般可靠度定义略有差别的是,机构可靠性强调了精确、及时、协调,即强调了机构动作在几何空间中运动的精确度,在时间域内的准确性以及构件间的协调性、同步性,它区别于“使用期”的时间条件。机构动作要求,本质上就是一种运动的功能要求。因此,从设计、研制角度又常常把机构可靠性定义为:机构在规定的使用条件下,在规定的使用时间内,为实现其规定功能,而使其性能保持在允许值范围内的能力。

机构可靠性分析是以可靠性工程和机构设计等理论为基础,从设计误差、制造误差、装配误差及形位公差等因素的影响出发,研究机构位移、速度和加速度等运动参数的可靠性问题,以实现在机构设计和制造阶段就能够定量分析、评估机构动态质量。

2. 机构可靠性的影响因素

从定义可以看出,机构可靠性不仅取决于设计、制造、装配,还取决于使用过程中工作对象、环境条件对机构的作用,从而引起它的运动学、动力学特性参数变更。所以其主要影响因素有以下几个:

(1) 机构的工作原理。

(2) 机构动力源变化,驱动元件(电机,气液动马达)的特性变化,如电源容量、电压波动、驱动元件转矩—转速特性的随机性。

(3) 机构运动构件的质量,转动惯量的变化。

(4) 机构在载荷、环境应力作用下抗磨损、抗变形能力的变化。

(5) 构件、零件制造的尺寸精度、形状位置精度及装配调整质量对机构运动的影响。

(6) 机构中运动副间隙、摩擦、润滑条件变化。

3. 机构可靠性计算

1) 机构磨损可靠性计算

机械类产品的主要故障(或失效)模式是断裂、磨损和腐蚀,而运动机构的磨损失效,约占失效总量的30%~80%。

进行机构磨损可靠性的分析,建立磨损可靠性分析模型的关键是解决3个问题,即建立磨损可靠性分析的安全边界方程,确定所研讨对象的磨损量与时间的函数关系,确定所研讨对象在各时刻的磨损量密度分布函数。

磨损量常用符号 W 表示,以 W^* 表示容许磨损量,以 W 表示实际磨损量,以 M_W 表示磨损时的安全裕量,则有

$$M_W = W^* - W \tag{7.1}$$

当 $M_W > 0$ 时,有

$$M_W \in \Omega_s \tag{7.2}$$

当 $M_W \leqslant 0$ 时,有

$$M_W \in \Omega_f \tag{7.3}$$

式中 Ω——区域集合;

s——安全;

f——失效;

M_W——随机变量,是 W^* 及 W 的函数。

$$M_W = W^* - W = O \tag{7.4}$$

称为安全边界方程。可靠度 R 与失效概率 P_f 可表示为

$$P_f = P \quad M_W \leqslant 0 \tag{7.5}$$

$$R = P \quad M_W > 0 \tag{7.6}$$

若已知实际磨损量 W、容许磨损量 W^* 的概率分布,则可求安全边界方程的综合随机变量 M_W 的概率分布,用可靠性二阶矩理论很容易经过简单计算求得失效概率或可靠度。

磨损量 W 与很多因素有关,如载荷、材料特性(如硬度或屈服应力)、磨损作用下的运行距离、表面质量及润滑特性等,因此,W 本身也是一个综合随机变量(即为某些随机变量的函数),在多数情况下可近似地取作正态分布。不同情况下磨损形式不同,需要通过在规定的条件下用试验获得一定磨损形式的经验数据。

2) 应用状态变量法仿真计算机构可靠性

状态变量分析法是20世纪60年代以后发展起来的近代控制论的基础。可以用来分析线性常微分方程,也可用来分析线性系统、非线性系统和多输入输出系统。该方法特别适用于计算机的数值运算,可以应用于机构可靠性分析,用来分析机构动态特性下的可靠性问题。

设机构由使用要求确定的性能输出参数为 $z_k(k=1,2,3,\cdots,S)$,它是随机变量 x_1,x_2,x_3,$\cdots$,x_n 的函数,故 z_k 也是随机变量,有

$$z_k = f_k(x_1, x_2, x_3, \cdots, x_n) \tag{7.7}$$

又设机构性能输出参数的允许极限值为 $Z_k(k=1,2,3,\cdots,S)$,当定义事件($z_k \leqslant Z_k$)为机构可靠时,则有

$$R_k = P(z_k \leqslant Z_k) \quad k = 1,2,3,\cdots,S \tag{7.8}$$

式中　R_k——机构第 k 项性能输出参数达到规定要求的可靠度。

式(7.8)是机构单侧性能输出极限(上极限)下的可靠度表达式。同理,可以延伸出单侧(下极限)和双侧性能输出限制的可靠度表达式。

机构状态指的是机构在时刻 t_0 或 $t \geqslant t_0$ 的每一时刻的运动状态。机构状态变量就是为了确切地表示机构在任意时刻的状态所必需的一组 n 个变量。而机构的状态变量方程就是用状态变量描述机构功能状态的数学表达式。实际中,建立、求解描述机构运动的随机变量微分方程非常困难,最方便的就是利用计算机,运用状态变量法进行可靠性的仿真。

采用系数为随机变量的微分方程描述机构动态特性可靠性问题,一般难以用通用的解析法来求解机构动态条件下统计分布的特征值。而运用状态变量分析法可以方便地利用计算机进行可靠性仿真。

式(7.7)中各变量 $x_1,\ x_2,\ x_3,\cdots,\ x_n$ 为随机变量,现设其一组抽样值为($\xi_1,\ \xi_2,\ \xi_3,\ \cdots,\ \xi x_n$),则机构功能输出参数 z_k 也必然可以得到一个抽样值 ξ_{zk},有

$$\xi_{zk} = f_k(\xi_1,\ \xi_2,\ \xi_3,\cdots,\ \xi_n) \quad k = 1,2,3,\cdots,S \tag{7.9}$$

这样,对每个变量进行 N 次抽样时,设第 i 个随机变量在第 j 次抽样时其取值为 x_{ij},有

$$x_{ij} = F_i^{-1}(\eta_j) \quad i = 1,2,3,\cdots,n;j = 1,2,3,\cdots,N \tag{7.10}$$

式中　$F(\eta_j)$——随机变量的分布函数;

　　η_j——随机数 η 序列中的第 j 个值。

按式(7.9),可求出第 j 次抽样中机构功能输出参数 z_{kj} 值,即有

$$z_{kj} = f_k(x_{1j},\ x_{2j},\ x_{3j},\cdots,\ x_{nj}) \quad k = 1,2,3,\cdots,S;j = 1,2,3,\cdots,N \tag{7.11}$$

当 j 从 1~N 变化时,即可得到 $z_{k1},z_{k2},\cdots,z_{kN}$ 这 N 个机构功能输出参数的随机模拟试验值。再通过对这 N 个机构功能输出参数抽样值的统计处理,即可获得机构功能输出参数的统计特征值,确定它的分布,可应用式(7.8)确定出机构的可靠度。

3) 机构运动功能可靠性计算

在机构运动功能可靠性分析中,把机构工作过程分解为若干动作,而每个动作分解为若干阶段。把机构从静止到运动再到静止这一完整过程称为一个动作。而每个动作划分为 3 个阶段:启动阶段、运动阶段和定位阶段。根据机构工作过程的划分,机构运动功能可靠性模型相当于基本单元为动作阶段(启动阶段、运动阶段、定位阶段)的系统可靠性模型。

一般情况下,机构工作过程的任一动作失败,都导致机构没有完成规定的运动功能。因此,机构运动功能可靠性模型是各动作的串联模型。同理,各动作可靠性模型也是各阶段的串联模型,由启动、运动、定位 3 个单元组成。由此机构运动功能可靠性模型是一个由系统、分系统和单元 3 个层次构成的系统可靠性模型。

单元可靠性分析指启动、运动、定位 3 个阶段的可靠性分析。

机构实现启动,即从静止状态到相对运动状态必须保证驱动力(矩)M_d 大于阻抗力(矩)M_r,即

$$M_\mathrm{d} > M_\mathrm{r} \tag{7.12}$$

因此,启动可靠度就是驱动力(矩)大于阻抗力(矩)的概率,即

$$R_{st}=P(M_d>M_r) \tag{7.13}$$

对于某些只要求从初始位置运动到指定位置的机构,对运动过程中的参数(如速度、加速度、时间和位移等)并无明确要求,其机构运动正常的判定准则为

$$M_d>M_r \tag{7.14}$$

此时机构运动可靠度即为驱动力(矩)大于阻抗力(矩)的概率,即

$$R_m=P(M_d>M_r) \tag{7.15}$$

对于有些机构,不仅要求机构从初始位置运动到指定位置,而且对运动参数,如位移、速度、加速度和时间等有较为严格的要求,其机构运动正常的判定准则为

$$a\in A \tag{7.16}$$

式中 a——运动参数;

A——a 的允许范围。

此时运动功能可靠度为

$$R_m=P(a\in A) \tag{7.17}$$

对机构进行运动和动力响应的概率分析,求得运动参数的分布特性,由式(7.17)可以求出机构运动功能的可靠度。

实际上,机构执行各动作时驱动力往往是由同一动力源提供的,而且所需提供的阻抗力也会受到相同因素影响,因此各动作正常事件之间不可能是相互独立的,而应该是相关的。同理,每个动作中的启动、运动和定位 3 个事件也是相互关联的。在工程实际中可用上下限法给出机构运动功能可靠度的上下限,即

$$\prod_{i=1}^{N}R_i\leqslant R\leqslant\min_{i=1}^{N}R_i \tag{7.18}$$

$$R_{i1}R_{i2}R_{i3}\leqslant R_i\leqslant\min\{R_{i1},R_{i2},R_{i3}\} \tag{7.19}$$

式中 R_i——第 i 个动作的可靠度;

R_{i1}——第 i 个动作的启动可靠度;

R_{i2}——第 i 个动作的运动可靠度;

R_{i3}——第 i 个动作的定位可靠度。

相互独立和完全相关是两个极端情况,实际情况一般应该介于这两种极端情况之间。应用式(7.18)和式(7.19)可以估算出 R_i 和 R 的范围,但不能给出准确值。

4)机构运动精度可靠度

机构运动精度可靠度是指机构输出运动的误差落在最大允许范围内的概率。机构的输出运动误差受 3 方面因素影响:①原理误差,它是机构的选型本身与期望函数所存在的误差;②输入运动误差,它是由动力因素的误差而导致的;③尺度误差,它是构件的长度误差和运动副间隙的随机变化造成的,而且机构的磨损会使运动副间隙进一步增大,致使这种误差有随着时间增长进一步增大的趋势。对于曲柄滑块机构、盘状凸轮机构等典型机构可以考虑以上误差的综合影响,建立机构运动可靠性数学模型,定量计算机构运动可靠度。但是,对于生产实际中的复杂机构,通过建立机构运动可靠性数学模型的方式计算机构运动的可靠度就相当困难了。关于机构运动可靠度的计算,主要是围绕蒙特卡洛法进行,如以蒙特卡洛法与数值解法相结合的混合计算法、将一次二阶矩法与蒙特卡洛模拟法

相结合的计算方法等。

机构精确度理论和运动误差分析,着重解决在给定的运动条件下的准确性问题,如考虑构件长度和铰链间隙误差所产生的空间机构运动误差的随机性问题。通过引入“间隙特征要素”和“间隙空间”的概念,建立常见运动副的随机模型,并对机构运动输出做出概率分析。针对铰链式运动副中径向间隙和销轴位置的不确定性等因素对连杆长度的影响,对由此造成的输出运动误差进行分析。

在工程实际中,由于各种外来随机因素或机构本身某些因素的影响,常使机构在某些位置产生自锁而不能正常工作。关于机构防卡住问题的可靠性,可以从理论上进行系统分析,为有关产品的设计和安装调试提供一定的理论依据。

7.2.2　火炮机构可靠性定性设计技术

火炮机构可靠性,是保证满足可靠性指标要求的基础。在火炮机构设计时必须考虑提高可靠性的措施。火炮机构可靠性设计的主要方法有简化设计、协调设计、约束设计、适应性设计、抗疲劳设计及人机环工程设计等。

1. 简化设计

简化设计是提高可靠性的一个关键。在满足预定功能的情况下,火炮机构设计应力求简单、零部件的数量应尽可能减少。机构越是简单,零件数量就越少,发生故障的机会也减少了,即越简单越可靠是可靠性设计的一个基本原则,是减少故障提高可靠性的最有效方法。越是简单,也就越增加互换性、更换性和易检性,从而可提高维修性,还容易收集数据。但不能因为减少零件而使其他零件执行超常功能或在高应力的条件下工作;否则,简化设计将达不到提高可靠性的目的。

标准化设计是提高可靠性的一个关键。越是标准化就越可使用以往的数据,从而可以使用充分调试过的产品,充分利用成熟技术。

2. 协调设计

火炮属于高压、高温、高速、瞬时载荷作用的特殊机械,与一般机械的工作有着截然不同的性质。它对结构设计、参数设计、运动协调等有十分严格的要求,稍有不慎或考虑不周便会发生故障。

协调设计是火炮机构可靠性设计最主要设计方法。协调设计是指火炮机构合理布局和相互协调动作,以确保工作正常。协调设计包括总体性能协调设计、机构协调设计、循环图协调设计、可调参数协调匹配、运动关系协调一致性设计等。为确保在加工装配中严格按技术条件进行,还需要进行调整图设计。

1）机构协调设计

机构协调设计应满足:各机构动作过程和先后次序应符合工作原理要求,各机构的动作能够实现循环协调动作要求,各机构运动轨迹相互不干涉要求,各机构动作时间合理匹配要求,等等。因此,应保证各机构的动作在时间上和在空间上的协调配合。

(1) 多方案设计。设计一种火炮,在工作原理确定后,要在结构上多下工夫,反复设计,多方案比较,从多个方案中找出一个比较满意的方案。多方案设计是火炮机构可靠性设计应遵循的一条原则。多方案设计可利用计算机进行。

（2）循环图设计。火炮循环图详细地表示了各构件的运动和构件间的运动关系。循环图是火炮设计必不可少的，而且是至关重要的。循环图设计时应尽可能考虑：最大限度地重合各构件的运动，尽量缩短运动构件的行程以提高射速；协调各构件运动与主动构件的关系，按程序进入或退出运动；为缩短火炮的纵向尺寸，在满足要求的条件下，尽量缩短主动构件尺寸和纵向运动构件的行程。

（3）调整图设计。调整图是为了保证火炮的装配质量，根据技术条件要求，结合有关部位机构的结构而设计的。这些要求包括装配间隙、突出量、修锉量、接触面要求、表面修锉和粗糙度等。火炮调整图还有很多，内容很丰富，都是与可靠性有直接关系的关键之处。调整图中最主要的有：炮管与炮尾（炮箱）连接、装配调整图；关闩、击发调整图；供（拨）弹系统调整图；输弹系统调整图；加速机构调整图；导气机构调整图；等等。对调整图设计的要求是：凡是调整图上有间隙、凸出量、下沉量、过盈量要求的地方，均应进行完整的尺寸链计算，并且计算结果与要求值应符合，并能保证达到要求；调整图有修锉的地方，应明确地指出具体部位，表示要清楚，并且修锉表面还应提出表面粗糙度要求及恢复图纸要求的圆角；调整图上的要求应符合产品图和技术条件的规定，并应完全一致。

2）参数协调设计

当火炮的结构形式确定后，结构参数选择得不合理、不协调也会带来问题。参数协调设计，首先考虑的应是优化设计、优选参数，在一定的约束条件下，达到所要求的目标。参数协调的目的是使火炮性能协调、运动协调，全面达到对设计提出的指标要求。

火炮在研制初期，对有重要影响的一些参数，可设置一定的调节范围，通过试验找出最佳值后再确定这些参数。对于多种参数的结构，可通过正交设计法进行选择，再通过正交试验进行验证，以取得匹配、协调的参数值。

初期研究时，参数可适当选得多一点。到工程研制阶段，选择优化后的参数，并且可调参数越少越好，便于使用。

3）运动协调设计

要达到运动协调，应进行能量分析、变形计算、运动学和动力学计算、计算机模拟运动、联锁设计等工作。

（1）能量分析。火炮主动构件在后坐运动中要带动工作构件运动。后坐能量不够，则后坐不到位，会带来供弹不到位等一系列问题。所以主动构件必须有足够的运动能量，在各种环境和工作条件下都能正常工作，在能量设计上要留有余地。对高射速火炮一般要求主动构件的后坐末速度在 1.5~3m/s。击发机构应具有足够大的能量才能保证击发底火，所以对击发机构要进行能量分析计算，使底火所需能量达到要求，并满足机构所提供的有效能量为击发底火能量的 1.3 倍左右。后坐部分在复进机的作用下进行复进。在各种情况下都能正常复进到位，复进机初力为后坐部分质量的 2~3 倍。

（2）变形计算。火炮中，对受力较大的零件、部件，受力薄弱的地方都应进行刚度分析，并计算出变形量。进行闭锁系统的弹性变形量计算，以确保闭锁可靠、药筒工作安全。进行供弹机构系统变形计算，以确保供弹能确实到位。

（3）联锁设计。为防止误操作，保证安全，控制动作确实可靠，严格按一定程序工作的设计为联锁设计。例如，关闩不确实不能进行击发、炮身复进不到确定位置不能输弹、空仓停射装置等均属联锁设计等。

（4）动力学计算。火炮动力学计算要在结构设计的基础上进行。方案设计阶段可初步地进行计算，技术设计阶段应进行较详细的计算，样机试制完成后，根据实际结构、实际零部件的质量进行反面计算，并使计算结果与试验结果相符合。力的计算是动力学计算的基础。要计算抽筒力随时间变化的规律及最大抽筒力值，并计算开闩力、供弹阻力、输弹机力、后坐阻力等。计算身管的强度、刚度，求得身管固有频率与火炮射频的最好匹配关系。火炮运动计算就是计算运动循环时间、火炮理论射频、火炮后坐力值和位移值，并与试验值相符合。供弹阻力与弹链刚度应相匹配。计算工作与设计工作相结合，并以计算结果指导设计，加强薄弱环节，预防或减少设计失误。

3. 约束设计

火炮机构可靠性设计的实质是最大限度地保证炮弹在火炮中供（拨）弹、压弹、输弹、关闩、闭锁、击发、开锁、开闩、抽筒、抛筒、排链（夹）等各个环节均能可靠工作的设计。

约束设计是约束炮弹运动和位置的设计，以及约束射击后的药筒及弹链（夹）运动方向的设计。

炮弹从进入火炮到拨到或压到输弹线上，在整个运动行程内需进行强制约束，称全行程强制约束设计。供（拨）弹、压弹、炮弹在输弹线上的初始位置，必须进行强制约束，这是火炮设计共同遵循的一条设计原则。只有强制约束，炮弹才能准确地供（拨）到输弹线上；只有强制约束，输弹线上初始位置的炮弹才能可靠地被固定位置，在确定的位置上等待输弹。

行程强制约束设计，主要是通过几何约束来实现。强制约束设计中应注意以下几个问题：

（1）传速比的选择和确定应尽量使运动平稳，加速度变化小。

（2）约束行程的确定应考虑加工装配间隙量、弹性变形量等因素的影响。

（3）全行程强制约束设计应考虑运动的通畅性。

（4）导引表面要具有较高的表面粗糙度等级和表面硬度。

射击后的药筒及弹链（夹）运动，以及某些输弹机的运动，只是在部分运动行程上受到约束，部分行程上依靠惯性运动，称非全行程强制约束设计。非全行程强制约束设计时，除通过几何约束设计来保证强制行程外，要从动力学角度考虑强制行程结束后依靠惯性的运动，即考虑强制行程结束时具有的速度以及惯性运动的范围等。例如，抛筒是把从膛内抽出的药筒，按一定的路线抛到火炮结构之外，设计时要求按总体要求的抛筒方向进行、抛筒导引半径不宜过小、抛筒导引表面要具有较高硬度和强度值、抛出的药筒应落到要求的位置范围内等。

非全行程强制约束设计中应注意以下几个问题：

（1）尽量减小惯性行程，增加强制行程。

（2）强制行程结束时具有一定速度，以提高惯性运动的可靠性。

（3）具有惯性运动的适当范围。

4. 适应性设计

适应性设计又称耐环境设计，是在设计时就考虑产品在整个寿命周期内可能遇到的各种环境影响。因此，必须慎重选择设计方案，采取必要的保护措施，减少或消除有害环境的影响。具体地讲，可以从认识环境、控制环境和适应环境3个方面加以考虑。认识环境指的是不应只注意产品的工作环境和维修环境,还应了解产品的安装、储存、运输的环境。在设计和试验过程中必须同时考虑单一环境和组合环境两种环境条件;不应只关心产品所处的自然环境,还要考虑使用过程所诱发出的环境。控制环境指的是在条件允许时,应在小范围内为所设计的零部件创造一个良好的工作环境条件,或人为地改变对产品可靠性不利的环境因素。适应环境指的是在无法对所有环境条件进行人为控制时,在设计方案、材料选择、表面处理、涂层防护等方面采取措施,以提高机械零部件本身耐环境的能力。

要提高耐环境性,必须充分调查实际使用时发生怎样的应力或者是否有可能产生应力,在怎样的应力下会发生故障。虽然通常在单独的应力作用下不会发生故障,但如有几个环境条件相互组合,就会发生故障。

火炮适应性设计,指所设计的火炮能适应不同环境条件,能适应不同的工作条件。在要求的环境条件、工作条件内火炮都应可靠地进行正常工作。

环境条件包括气象条件、地理条件等,主要是温度、湿度、砂尘的影响。

工作条件主要是射角范围、装药条件及不同弹种的条件、储存、保养、维修等。以上条件的要求给火炮设计带来了难度,必须全面考虑,重点可按以下几方面进行设计。

(1) 极限条件设计。极限条件有:温度极限,指最高温度与最低温度;压力极限,指火药气体最大压力;运动行程极限,指火炮主动构件最大后坐行程与最小后坐行程。极限条件能满足要求,其他任何条件的组合也一定能满足要求。极限条件设计,要进行极限条件下火炮的运动计算、射频计算、后坐力计算,并应同时满足火炮性能指标的要求。极限条件设计,结构要留有余量,能量也要留有余量,才能得到更好的可靠性保证。

(2) 结构刚强度设计。火炮所选择的材料在高温条件下应满足刚强度要求,在低温条件下主要是考虑材料的断裂韧性和冲击韧性。火炮主要受力零部件的刚强度都应按最大受力条件进行计算。

(3) 明确技术要求。火炮在不同条件下工作应规定不同的要求。这些要求应明确而详细地写入技术文件中。如连发射击时,身管允许温升应有规定,超过一定温度后,身管材料的性能就要降低。火炮在连发射击或寿命试验中,都要测试身管外表面的温度。最高温度一般不允许超过 420℃,超过此温度后应停止射击,身管冷却(空冷或水冷)后再继续进行试验。火炮在不同环境、不同温度下,应涂不同的润滑油,以保证运动的灵活性,在技术条件中应有详细要求。完整、详细的适应性技术要求是适应性设计的重要内容之一。

(4) 适应系统。火炮与所安装的系统要适应。系统连接刚度与火炮后坐力应匹配。系统振动频率与火炮射频应匹配。系统刚度的匹配、振动频率的匹配、系统动力学计算等是火炮适应系统要求应做的工作。

5. 抗疲劳设计

火炮研制试验中,零部件常常发生破损、断裂、裂纹等故障现象。轻者使火炮停射,重者有膛炸或危害人身安全的严重事故发生。火炮研究要进一步提高抗疲劳设计的水平。

目前火炮技术发展到了相当高的水平,膛压高达 480MPa,初速高达 1800m/s 左右,射速高达 10000 发/min,寿命可达 10^4发。按疲劳分析的基本理论,火炮结构零件破坏属低周疲劳破坏,或称高应变低循环疲劳破坏,也有属变形破坏的情况。

低周疲劳的应力水平比较高,交变应力一般都超过材料比例极限,每一循环都可能产生相当的塑性变形。破坏情况很接近于静应力破坏,应力与应变不成比例。材料对交变应力的抗力和对交变应变的抗力不完全一致。

低周疲劳是研究构件或结构在周期外载荷作用下,薄弱环节(如孔、沟槽、圆角)应力集中或应变集中区的循环应力—应变行为,是估算结构或零件疲劳寿命的一种手段或方法。总体上材料是在弹性范围内工作,但在应力集中区或应变集中区,材料常常进入塑性变形状态。这时由于塑性屈服,应力就变得不稳定或处于流变状态,在此种情况下,应变就成为控制材料疲劳性能的主要参数了。构件或结构在反复循环应变的作用下就会导致疲劳破坏。从这个角度上看,整个结构的疲劳寿命就完全取决于这些孔、沟槽、圆角等关键部位的寿命了。只要在设计时把这些部位处理得当,进行控制,整个结构的寿命就可以得到保证。

1) 影响疲劳的主要因素

(1) 应力集中的影响。火炮零件结构复杂,形状不规则,应力集中部位较多,又常常在应力集中部位出现破坏,故应力集中对火炮结构性能影响十分突出。

(2) 表面粗糙度的影响。大量试验研究结果表明,试件的表面粗糙度对疲劳强度有一定影响。一般来说,疲劳强度随表面粗糙度等级的提高而增加。材料的极限强度值越高,越需要提高表面粗糙度等级。如果使用高强度合金结构钢,而不提高表面粗糙度等级,就等于白白浪费好材料,没有发挥好材料的作用。

(3) 表面强化对疲劳强度的影响。由于表面状态对金属疲劳强度有着重要的影响,人们就通过各种表面处理的办法来提高金属疲劳强度。火炮常用以下几种表面强化措施:①表面淬火,表面淬火使表面层得到马氏体,当表面面积较大,也能产生表面层处的残余压应力,提高表面抗疲劳强度,表面淬火常用于接触应力较高的运动表面;②喷丸强化,喷丸强化是用直径很小的钢球(一般为0.05~0.5mm)以高速喷射在零件表面,它可以消除表面缺陷,使缺口的疲劳应力集中系数下降,降低材料对缺口的敏感性,零件表面经小钢球打击后产生塑性变形,使表面层冷作硬化,形成一层较高的残余压应力,从而提高疲劳强度;③表面滚压强化,表面滚压会使金属表面层加工硬化并形成较高的残余压应力,从而提高疲劳强度,如在有孔的部位上,孔的边缘用一个钢球滚压(或压陷)也可提高疲劳强度20%~60%。

2) 抗疲劳设计的方法

(1) 分散应力设计。分散应力设计就是凡有应力集中的受力部位,都要采取相应的措施减小应力集中,使应力向周围分散。分散应力设计的相应措施有:重要受力零件的过渡圆角一般应取不小于2mm;过渡圆角处表面粗糙度一般为1.6μm;圆角过渡面上不允许有刀痕;受接触应力较大的表面应采用适当方法的强化处理;受力大的零件,适当加大断面面积以分散应力应变场,减少应力集中;应用有限元法分析计算零件的应力、应变场,从理论分析上可对分散应力设计进行指导。

(2) 材料选择及力学性能选择。大量实践中得出的经验是:为了保证结构的可靠性,不但要满足强度要求,而且还要满足延伸的要求,前者不能代替后者。认识到这一点对设计师合理选择材料和力学性能是至关重要的。火炮对金属材料的一般要求是:具有较高的强度极限;具有较高的断裂韧性和冲击韧性值,特别是低温时;具有较好的伸延性能;易于进行热处理;选用技术成熟、性能稳定、易于提供的材料,并应符合有关材料标准的要求。

7.2.3 火炮机构可靠性定量技术

1. 火炮自动机机构可靠性分析

火炮自动机是自动火炮的核心,其结构复杂、受力复杂、运动也复杂。火炮自动机动作可靠性是自动机研制过程中需要解决的主要问题之一。由于火炮自动机的复杂性,火炮自动机动作可靠性分析主要是在虚拟样机和动力学仿真的基础上,运用蒙特卡洛仿真方法研究火炮自动机动作可靠性。

1）主要考虑的随机因素

合理的假设、适当的简化是科技人员研究工程问题的一条基本原则。由于火炮自动机在其全寿命期内,总的工作时间比较短,磨损很小,可以忽略不计;机构内部一般采取润滑和冷却措施,运动零件温升较小,不会由此引起变形。因此,进行火炮自动机动作可靠性分析时,主要考虑的随机因素有零件的尺寸制造误差、配合间隙误差两方面对机构动作可靠性所造成的影响。

2）火炮自动机参数化模型的建立

进行火炮自动机动作可靠性分析,需要建立自动机各个构件和整体的可靠性模型。首先是建立火炮自动机参数化模型。

自动机的构件通常都是为完成特殊功能而专门设计的,其结构较复杂。利用商用实体建模软件建立火炮自动机虚拟样机是一件工作量较大,需要细致的工作。

为了进行蒙特卡洛仿真,火炮自动机虚拟样机应是参数化模型。在建模时,对所建立的模型应当进行合理的简化。在商用软件建模环境中,使用其为用户提供的建模工具库中的基本形体,结合布尔运算的手段建立实体模型,并且实现全尺寸参数化。只有参数化模型,才能进一步生成适合动作可靠性分析的模型。

为了便于调用和修改各个构件的参数化模型,在模型参数输入界面上提供尽量详尽的结构参数输入窗口,这些参数包括基本结构尺寸参数和模型的基准点位置坐标参数。基本结构尺寸只允许在尺寸公差范围内修改。同样,模型基准点的位置坐标也仅允许在装配范围内调整。通过修改基本结构尺寸参数,实现结构尺寸的设计变化,进而修改零件的结构、形状。通过修改模型的基准点位置坐标参数,实现机构装配关系的变化,进而确定机构位置形态。

虽然建立的火炮自动机参数化虚拟样机可以仿真所用参数的随机变化及其影响,但是,工作量巨大,因此,往往是研究某些重要参数及其影响。

3）火炮自动机可靠性模型的建立

如何将已经建立的火炮自动机参数化虚拟样机模型,转化为适用于动作可靠性分析的模型,是火炮自动机动作可靠性分析的关键内容。

按照火炮自动机参数化虚拟样机模型建立过程,构件上的结构尺寸都已经做了参数化设置,但是,如果随意地修改与结构尺寸相关联的值,不仅不能满足动作可靠性分析的需要,甚至造成模型生成的失败。虽然设置了尺寸超出公差范围的限制,但是,这还不能满足动作可靠性分析的需要。必须建立一个在尺寸公差范围内能够生成随机尺寸的命令文件,以利用被修正的伪随机数,修改零件上的结构尺寸。

4）火炮自动机动作可靠性仿真

火炮自动机动作可靠性仿真流程如下：

（1）选择主要指标及其判别故障准则。有针对性地选择某个或某些具有代表性的，能反映火炮自动机动作可靠性的特征值作为指标，制定相关判别故障的准则（指标限）。在仿真过程中，当仿真结果的指标超过指标限时，就判定为故障。

（2）选择主要影响因素及其变化范围。有针对性地选择某些对火炮自动机动作可靠性有重要影响的因素，分析其可能变化范围，以便在仿真过程中调用随机数产生子程序，随机生成这些影响因素的参数随机值。其他参数按名义值设置。

（3）设置随机仿真的循环次数、动力学仿真时间和步长等仿真参量。

（4）随机仿真试验。调用蒙特卡洛随机仿真主程序进行随机仿真试验。调用随机数产生子程序，随机生成各影响因素的参数随机值。调用火炮自动机虚拟样机参数化模型进行火炮自动机动力学仿真试验，得出能反映火炮自动机动作可靠性的特征值，与相应指标限比较，如果指标超过指标限，则判定为故障，记故障一次，如果指标没有超过指标限，则判定为无故障，记成功一次。反复进行随机仿真试验，直至完成规定的随机仿真的循环次数。

（5）仿真结果分析。统计随机仿真结果，计算可靠度（总成功次数/总循环次数）。统计主要影响因素对火炮自动机动作可靠性的影响规律，寻求主要矛盾及其解决途径，为火炮自动机工程研制提供理论指导。

利用随机仿真方法分析火炮自动机的动作可靠性，可以针对影响火炮自动机动作可靠性的主要因素展开研究，寻求主要矛盾及解决途径；同时，模拟自动机的运动过程，检查机构设计是否符合设计意图，从而使工程设计人员更加直观地检查、修改设计；通过建立参数化结构，根据需要对结构进行适当的设计研究、试验设计和优化分析等参数化分析，部分代替以往的实物试验，既降低研究成本，又缩短研制周期，是进行火炮自动机动作可靠性设计与分析的一种行之有效的方法。

2. 考虑磨损时的火炮机构可靠性分析

磨损是机械设备失效的主要原因，大约80%的损坏零件是由于各种形式的磨损引起的。磨损不仅是机械零部件的一种主要失效形式，也是引起其他后来失效的最初原因。火炮各零部件之间存在着许多摩擦副，在火炮使用过程中，这些摩擦副之间的磨损随着使用时间的增加都必然会降低火炮的射击精度，降低其可靠性。

磨损是两个相互接触的物体相对运动时，在接触力的作用下，接触面表面物质发生不断损失的现象。产生磨损的过程是十分复杂的，它涉及弹塑性力学、金属学、表面物理和化学等多门学科。通常认为，磨损可分为4个基本类型：磨粒磨损、粘着磨损、表面疲劳磨损和腐蚀磨损。但在实际的摩擦表面中，不同的磨损同时存在，而且一种磨损发生后会诱发其他形式的磨损，磨损形式还随工况的变化而变化。火炮构件间毛刺、金属凸起、磨屑或脱落物在摩擦过程中引起表面材料脱落的现象就属于磨粒磨损。火炮身管的挂铜现象就属于粘着磨损现象。当两构件组成的摩擦副表面相对滑动时，由于粘着效应形成的粘着结点发生剪切断裂，被剪切的材料或脱落成磨屑，或由一个表面迁移到另一个表面的现象，就属于粘着磨损。

磨损分为表面的相互作用、表面层的变化和表面层的破坏3个过程。磨损宏观上一般可分为 3 个阶段,即磨合磨损阶段、稳定磨损阶段和剧烈磨损阶段。由磨损所造成的摩擦副表面材料质量的损失量称为磨损量,磨损量是时间的函数。磨损量随时间的变化率称为磨损速度。一般磨损量 W 和磨损速度 u 随时间的变化如图 7.2 所示。磨损过程可分为磨合期、稳定磨损期和剧烈磨损期。稳定磨损期内磨损速度恒定。稳定磨损阶段的磨损速度与载荷、摩擦表面正压力 p、摩擦表面相对滑动速度 v 及摩擦表面材料特性和加工处理润滑情况有关,其经验式为

$$u = kp^a v^b \tag{7.20}$$

式中　a ——载荷因子(摩擦表面正压力),a= 0.5~3,一般情况下可取 1;

b ——速度因子,受相对运动速度的影响;

k ——摩擦副特性与工作条件影响系数,当摩擦副与工作条件给定时,k 为定值。

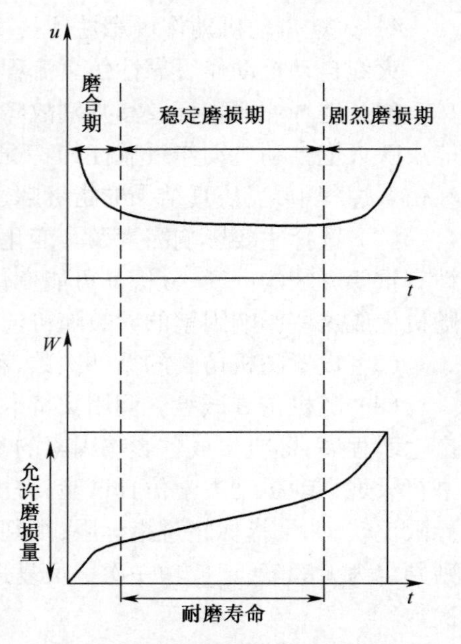

图 7.2　磨损量和磨损速度变化

磨损可靠性研究,主要研究磨损量的分布规律、磨损失效的判别准则以及由于磨损对于机构可靠性的影响。

耐磨可靠度 R 定义为在给定的工作时间 t 内,摩擦副的表面磨损总量 W 不大于其最大磨损量 W^* 的概率,即

$$R = P(W \leqslant W^*) \tag{7.21}$$

由于总磨损量 $W(t)$ 可看成正态随机变量,则耐磨可靠度 R 由式(7.22)可求得,即

$$R = P(W \leqslant W^*) = \Phi\left(\frac{W^* - \mu_{\mathrm{W}}}{\sigma_{\mathrm{W}}}\right) = \Phi\left(\frac{W^* - (\mu_{\mathrm{W0}} + \mu_{\mathrm{u}} t)}{\sqrt{\sigma_{\mathrm{W0}}^2 + \sigma_{\mathrm{u}}^2 t^2}}\right) \tag{7.22}$$

式中　$\mu_{\mathrm{W0}}, \sigma_{\mathrm{W0}}$——磨合期初始磨损量的均值和标准差;

$\mu_{\mathrm{u}}, \sigma_{\mathrm{u}}$——稳定磨损期磨损速度的均值和标准差。

耐磨可靠度的连接方程为

$$\beta = \frac{W^* - (\mu_{\mathrm{W0}} + \mu_{\mathrm{u}} t)}{\sqrt{\sigma_{\mathrm{W0}}^2 + \sigma_{\mathrm{u}}^2 t^2}} \tag{7.23}$$

以某火炮摇架衬瓦的磨损失效计算为例,说明耐磨可靠度计算。

某型火炮采用筒形摇架,铜衬瓦安装在摇架内,衬瓦间距 L 为定距离 1250mm。根据火炮射击理论,设两铜衬瓦总的最大磨损量为 W_{Σ},当铜衬瓦磨损后,要求火炮身管的允许最大偏差为 1 密位,则 $W_{\Sigma} = 1250/1000 = 1.25\mathrm{mm}$。根据受力分析知,火炮铜衬瓦的受力情况为:沿炮口方向前衬瓦 B 主要是下部受力,后衬瓦 A 主要是上部受力,现假设在最恶劣情况下,前衬瓦 B 全部为下部磨损,后衬瓦 A 全部为上部磨损,且不考虑在行军过程中由于火炮的振动而引起的铜衬瓦磨损,如图 7.3 所示。当射角为 0 时,两铜衬瓦受力最大。为保证设计的可靠及计算方便,取受力最大情况计算。由相关资料查得,后衬瓦 A 受力比前衬瓦 B 受力大 1 倍。则单个铜衬瓦的最大允许磨损量为 $W^* = W_{\Sigma}/3 = 417\mu\mathrm{m}$。

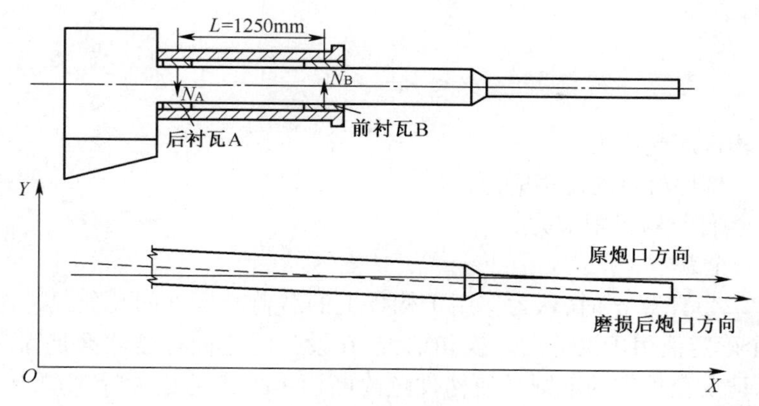

图7.3　火炮铜衬瓦受力分析

假设在火炮身管与铜衬瓦这一对摩擦副中，身管无磨损，其间隙全由衬瓦的磨损引起。并假设铜衬瓦磨损速度符合式(7.20)，取载荷因子 $a=1$，根据有关资料，并考虑到火炮在野战条件下沙尘、雨水等天候的影响，及两铜衬瓦对中误差等对其影响，取 u 为 $N(0.15,0.015)$ μm/发，由上述分析知其最大允许磨损量 $W^*=417$ μm，初始磨损量为 $N(10.0,2.0)$ μm。则求得当火炮射击2000发时，铜衬瓦的磨损可靠度为

$$R=\Phi\left(\frac{W^*-(\mu_{W0}+\mu_u t)}{\sqrt{\sigma_{W0}^2+\sigma_u^2 t^2}}\right)=\Phi\left(\frac{417-(10+0.15\times 2000)}{\sqrt{2.0^2+0.015^2\times 2000^2}}\right)=\Phi(3.5588)=0.9998$$

仅考虑铜衬瓦的磨损，要求火炮可靠度 $R\geqslant 0.999$ 时，则可由 $R=0.999=\Phi(\beta)$，得 $\beta=3.090232$，根据连接方程(7.23)解得总发数 $t=3927$ 发。

由于铜衬瓦与炮身的配合好坏直接影响着火炮的射击密集度和射击精度，且在火炮射击时，铜衬瓦不仅承受着身管的静载荷，同时还承受着射击过程中所产生的动载荷，在身管前后运动过程中，必然会与铜衬瓦发生磨损与碰撞；而在火炮行军途中，由于路面颠簸，身管在铜衬瓦内也会产生微振动，从而给铜衬瓦带来磨损。对于火炮而言，火炮身管的更换比较方便，团级修理所即可完成，在野战条件下，亦可利用设备进行身管更换。而铜衬瓦一旦磨损过量，更换起来将比更换身管费时费力得多，一般需要进厂更换，为此进一步提高铜衬瓦的耐磨可靠性仍有重要意义。

为了提高铜衬瓦的耐磨性能和可靠性，可以保证良好润滑，特别是如火炮在沙漠或沙尘较多的地区、高寒山地等环境恶劣的条件下，要防止沙尘在身管运动中进入铜衬瓦，从而加速铜衬瓦的磨损，要防止润滑油脂变硬变质等情况发生。同时，要努力改善铜衬瓦的性能(提高铜衬瓦的耐磨性能)，改善铜衬瓦的受力情况(适当增加铜衬瓦的宽度等)。

7.3　提高火炮结构可靠性技术

7.3.1　机械结构概率设计方法

现行机械结构设计方法，对于静载荷是按工作状态下危险断面上的载荷做静强度计算，然后按非工作状态下的最大载荷及特殊载荷(如安装载荷、运输载荷等)做静强度验算，而对于承受突载荷的构件则按工作状态下的正常载荷做疲劳强度计算。两种情况下

的强度条件式均为

$$\sigma \leqslant [\sigma] = \frac{\sigma_0}{n} \tag{7.24}$$

式中 σ ——构件所受应力；

$[\sigma]$——构件材料的许用应力；

σ_0——构件材料极限应力；

n ——安全系数。

在按式(7.24)计算 σ 时，认为作用于构件上的载荷及构件的几何尺寸为一确定量，而 σ_0 也取一个确定值用于设计中。换句话说，在设计时它们都被认准是固定的，本身值并不波动。保证安全可靠的准则是使构件危险断面上确定的最大计算应力 σ 不大于材料的许用应力 $[\sigma]$，一切其他因素的影响全靠安全系数 n 来概括。这种设计理论称为确定性设计法，是利用安全系数来保证结构安全的。经过多年研究，确定性设计法日益精细。精在使 n 不断下降，细在 n 中考虑的因素越来越多。因而设计结果被认为“可靠的”“安全有保证的”“设计是合适的”。但是，这种安全系数受经验和人为因素影响，含义模糊，不能明确给出结构安全性的定量描述。如安全系数得到满足，则结构绝对可靠，可靠度为 l，失效概率为 0；否则，结构完全破坏，可靠度为 0，这显然是不符合实际情况的。所以，这些安全系数既不充分，也非必要，不足以保证结构的安全性和可靠性。相比之下，在可靠性设计方法中，用一定的可靠性指标反映结构的安全程度。

严格地讲，材料特性、载荷、结构尺寸、初始缺陷等设计参数在数值及发生时间上都具有随机特性。试验表明，即使是同一批试件，在控制条件最好的实验室里，试验结果也存在一定的分散性。可以说，确定性是相对的，随机性和分散性是绝对的。

可靠性设计与分析方法能够充分考虑影响结构安全的诸多因素的随机特性，并用可靠性数学理论进行分析研究，根据概率分析方法建立可靠性模型，计算结构的破坏概率。保证结构的破坏概率或者危险率在其安全使用寿命期内小于规定的可靠性指标，从而在设计和使用维修上更合理、更有效地保证结构的安全与可靠。

1. 强度应力干涉理论

传统的概念，应力是构件单位面积上所承受的外力；从可靠性出发，凡是趋向于引起构件失效的因素统称为应力。即从可靠性的角度考虑，应力不仅仅指外力在微元面积上产生的内力与微元面积比值的极限，而且包括各种环境因素。在传统设计中往往将结构所受应力当作一个常数值，而实际上机械结构所受应力很难控制成一个常数值。可靠性设计中将结构所受应力当作一个随机变量，其服从某种概率分布规律。

传统的概念，强度是材料单位面积上能承受的最大力；从可靠性出发，凡是能阻止构件失效的因素统称为抗力，其中包括材料强度、表面光洁度及电镀等。即从可靠性的角度考虑，强度是结构承受应力的能力，凡是能阻止结构或零件失效的因素，统称为强度。在传统设计中，往往将材料的强度等当作一个常数值，其实也不符合实际情况，各种材料的强度存在离散现象。可靠性设计中将结构所具有的强度当作一个随机变量，其服从某种概率分布规律。

一般来说，机械零件的强度和工作应力可能属于正态分布，也可能为非正态分布。决定设计变量属何种分布要依据对故障机理的分析和判断，以及对大量数据的统计分析。

由于正态分布公式简单、资料较齐全，而且就故障方式来说，许多情况都可以将强度和应力看成正态分布，所以概率设计目前主要按正态分布计算。

结构设计的基本目标应是在一定可靠度下，保证结构强度不小于应力；否则结构将由于未满足可靠度要求而导致失效。

设应力随机变量为 s，其概率密度函数为 $f(s)$；强度随机变量为 r，其概率密度函数为 $g(r)$，如图7.4所示。图中，虽然平均强度 μ_r 大于平均应力 μ_s，但是两个概率密度函数曲线有交叉，即有干涉，这就意味着存在强度小于应力的可能。出现强度小于应力的可能概率就是两个概率密度函数曲线的干涉区，即两曲线的干涉区面积就是失效概率。

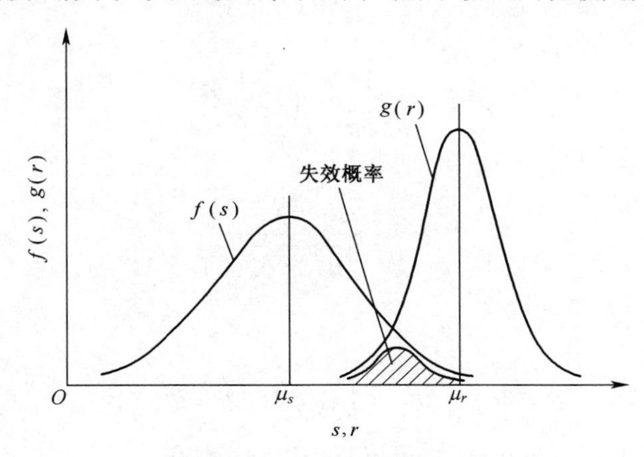

图7.4　应力强度分布

2. 应力、强度为正态分布时可靠度计算

由应力强度干涉理论知，结构可靠度就是强度大于应力的概率，即

$$R(t)=P(r>s)=P(r-s>0) \tag{7.25}$$

当强度服从正态分布时，其概率密度函数为

$$g(r)=\frac{1}{\sqrt{2\pi}\sigma_r}\exp\left[-\frac{1}{2}\left(\frac{r-\mu_r}{\sigma_r}\right)^2\right]$$

式中　σ_r——强度的标准差；

μ_r——强度的均值。

当应力服从正态分布时，其概率密度函数为

$$f(s)=\frac{1}{\sqrt{2\pi}\sigma_s}\exp\left[-\frac{1}{2}\left(\frac{r-\mu_s}{\sigma_s}\right)^2\right]$$

式中　σ_s——应力的标准差；

μ_s——应力的均值。

强度应力差 $y=r-s$ 也是随机变量，也服从正态分布，其均值 μ_y 为

$$\mu_y=\mu_r-\mu_s$$

其标准差为

$$\sigma_y=\sqrt{\sigma_r^2+\sigma_s^2}$$

其概率密度函数为

$$f(y)=\frac{1}{\sqrt{2\pi}\sigma_y}\exp\left[-\frac{1}{2}\left(\frac{y-\mu_y}{\sigma_y}\right)^2\right]$$

结构可靠度为

$$R=P(y>0)=\int_0^\infty f(y)\,\mathrm{d}y=\frac{1}{\sqrt{2\pi}\sigma_y}\int_0^\infty\exp\left[-\frac{1}{2}\left(\frac{y-\mu_y}{\mu_y}\right)^2\right]\mathrm{d}y$$

令

$$Z=\frac{y-\mu_y}{\sigma_y}$$

则将 $f(y)$ 化为标准正态分布 $\varphi(Z)$，即

$$\varphi(Z)=\frac{1}{\sqrt{2\pi}}\exp\left(-\frac{1}{2}Z^2\right)$$

当 $y=\infty$ 时，$Z=\infty$；当 $y=0$ 时，有

$$Z=-\frac{\mu_r-\mu_s}{\sqrt{\sigma_r^2+\sigma_s^2}} \tag{7.26}$$

称其为可靠性系数。

结构可靠度为

$$R=\int_0^\infty f(y)\,\mathrm{d}y=\int_Z^\infty\varphi(Z)\,\mathrm{d}Z=\Phi(Z) \tag{7.27}$$

式中 $\Phi(Z)$——标准正态分布函数，可以查表得到具体值。

此式将应力、强度与可靠度联系在一起，称为连接方程。

当已知结构强度均值 μ_r 及其标准差 σ_r 以及应力均值 μ_s 及其标准差 σ_s 时，可以按式（7.26）计算对应可靠性系数 Z，通过查正态分布表得到对应可靠度 R。

3. 零件可靠性设计

当给定零件可靠度 R 时，通过查正态分布表得到对应可靠性系数为

$$Z=\Phi^{-1}(R) \tag{7.28}$$

式中 $\Phi^{-1}(R)$——标准正态分布函数 $\Phi(Z)$ 的反函数。

设计具体零件，首先是选择材料。当选定了材料后，根据材料特性可以查到相关特性的平均值及其标准差，考虑使用环境和条件，进行必要修正，得到材料强度均值 μ_r 及其标准差 σ_r。

根据零件受力分析，可以得到零件应力表达式。可以按传统方法估算出结构尺寸均值以及应力均值 μ_s。再根据连接方程，计算出应力标准差 σ_s，然后转化为结构尺寸标准差及尺寸公差。这就实现了将可靠性设计到结构中。

在得到零件应力表达式后，也可以先不估算结构尺寸均值，而是根据零件重要性及加工条件，选择零件加工精度等级，从而给定加工公差（可以与均值成比例），即选定结构尺寸标准差（可能是与均值成正比）。再根据连接方程，计算出应力均值 μ_s，然后转化为结构尺寸均值。这也就实现了将可靠性设计到结构中。

7.3.2 火炮零件可靠性设计

火炮零件可靠性是保证火炮系统可靠性的基础。目前，火炮零件设计仍以传统设计

方法为主,较少采用概率设计方法。按传统安全系数设计方法设计出来的零件,一方面,为了"保险",设计偏"安全",使得结构大而重,不仅浪费,而且给火炮系统性能带来不利影响;另一方面,不理解应力和强度分布对可靠性的影响,尽管安全系数大于1,但缺乏对应力和强度分布的有效控制,使得结构名义上是"安全"的,但实际上并不"安全"。推广火炮零件可靠性设计方法,对火炮行业具有非常重要的意义。

在火炮零件设计中,运用概率设计方法,可以为提高零件可靠性探索技术途径。当应力和强度都服从正态分布时,由式(7.26)可知,提高结构可靠性的主要措施有增大均值差($\mu_r-\mu_s$),即增大安全系数,或者减小标准差σ_r和σ_s,即减小应力和强度分布。增大均值差的途径是提高强度或减小应力。提高强度是主要方法,如采用高强度材料、采取强化工艺措施、增大结构尺寸等,这些往往都会大幅增加费用。减小应力往往很困难,因为应力一般取决于工作条件和环境,必须采取先进设计手段和方法才有可能。减小应力和强度分布的主要途径:①通过试验和理论计算等技术途径精确掌握应力情况和数值(包括载荷、环境、条件等);②严格控制材料及热处理质量;③尽量消除和减小应力集中等有害内应力等;④尽量准确确定相关设计参数;⑤提高加工精度。

火炮零件可靠性设计,并不是所有零件都要求相同的可靠性,应根据零件在系统中的作用、重要性、复杂程度等具体情况,确定可靠性目标值。从经济角度看,显然没有必要也不可能,$R=1$;只是尽可能提高火炮零件可靠度。一味提高火炮零件可靠性也是不可取的,因为尽管这种情况下可靠性很高,但是会使结构重量加大、浪费材料。在工程中根据对火炮零件可靠性的不同要求,主要是通过设计控制应力的分布,设计出满足可靠性要求的结构。

由于概率设计方法相对而言比传统安全系数设计方法复杂,加上强度和应力分布不是十分清楚,相关参数的统计特征量不完备,因此对所有火炮零件都要求按概率设计方法来设计是不可能的,也是没必要的。

一般来说,在火炮零件设计中,对不是很复杂的情况,可以应用概率设计方法进行正面设计,根据分配给该重要零件的可靠性指标,来确定零件的主要尺寸。一般情况下,概率设计方法在火炮零件设计中主要以反面设计为主。对较复杂的情况,通过简化处理,求得初步结构尺寸之后,运用概率设计方法进行可靠性校核。

火炮零件可靠性设计主要包括静强度设计和疲劳强度设计。

1. 火炮零件静强度可靠性设计

在进行零件静强度的可靠性设计时,一般做如下两点假设:

(1) 假设零件的设计变量和载荷,以及有关修正系数等都是随机变量,并且分别遵循某种概率分布,通过分析计算,可以求得合成的应力分布。

(2) 假设零件的强度取决于材料的力学性能及其修正系数,它们都是随机变量,并且分别遵循某种概率分布,通过分析计算,可以求得合成的强度分布。

零件静强度的可靠性设计的基本原理和方法就是,将合成的应力分布和合成的强度分布,在概率的意义下结合在一起,作为满足可靠性要求的设计计算的一种判据。

要对一个零件进行静态可靠性设计,首先必须掌握它所受到的静应力分布和制造该零件材料等静强度分布,在此基础上,根据工程实践中具体零件及其受力,设计满足可靠性要求的零件。

火炮零件静强度可靠性设计是针对静载条件，根据给定载荷和规定的可靠性要求，按照静强度来设计零件。

1）火炮零件静强度可靠性设计步骤

（1）确定设计准则。针对实际情况，分析最有可能的失效模式，确定设计准则。

（2）确定强度分布。选择零件材料，查找相关资料，确定强度分布。

（3）确定应力分布。针对具体情况，进行结构受力分析和应力分析，给出包含设计变量在内的应力表达式，导出由设计变量分布表示的应力分布。

（4）确定零件主要尺寸及其公差。应用连接方程，将合成应力和强度与可靠性指标连接起来，从中解出零件的主要尺寸，并确定其公差。

2）火炮零件静强度可靠性设计

以某火炮扭杆缓冲器的扭力轴设计为例，说明火炮零件静强度可靠性设计方法。

火炮扭杆缓冲器的扭力轴设计的一般步骤如下：

（1）一般先根据对缓冲性能的要求，给定缓冲行程 H 和动载系数 K。

（2）选定扭杆的材料，确定扭杆的许用剪应力 $[\tau]$。

（3）根据结构和总体条件选择曲臂半径 R_1。

（4）求每一个缓冲器的静负荷 F_j 及动载 $F_m=KF_j$。

（5）求缓冲器的结构尺寸（扭杆直径 d 和工作长度 l）。

在动载作用下，扭杆应满足强度条件，即

$$\tau_m = \frac{16KF_jR_1}{\pi d^3} \leqslant [\tau]$$

即

$$d \geqslant \sqrt[3]{\frac{16KF_jR_1}{\pi[\tau]}}$$

一般应将求出的扭杆直径 d 归整标准直径。

扭杆在静载作用下的扭转角为

$$\varphi_j = \frac{32F_jR_1 l}{\pi G d^4}$$

式中 G——扭杆的剪切模量。

扭杆在动载作用下的扭转角为

$$\varphi_m = \frac{32F_mR_1 l}{\pi G d^4} = \frac{32KF_jR_1 l}{\pi G d^4}$$

由于缓冲器的工作扭转角 $\varphi_h = \varphi_m - \varphi_j$ 较小，故可近似写成

$$\frac{H}{R_1} \approx \varphi_h = \varphi_m - \varphi_j = \frac{32(K-1)F_jR_1 l}{\pi G d^4}$$

即解得

$$l = \frac{\pi G H d^4}{32(K-1)F_jR_1^2}$$

一般应将求出的工作长度 l 归整标准尺寸。

为了安装,缓冲扭杆端部制成花键细齿。为了避免过大的应力集中,端部与杆体的连接处如采用圆弧过渡。由于杆体两端的过渡部分也发生扭转变形,因此在计算时应将两端的过渡部分换算成当量长度。

对于某火炮扭杆缓冲器的扭杆静强度正面可靠性设计,要求可靠度达到 $R=0.995$。

根据受力分析,作用于每个缓冲器上的静载荷为 $F_i=15\text{kN}$,根据火炮总体设计和对缓冲性能要求,选择缓冲行程为 $H=70\text{mm}$,动载系数为 $K=3$,曲臂半径 $R_1=700\text{mm}$。作用于缓冲器的最大静载 $F_i=15000\text{N}$,考虑到载荷分布,认为服从正态分布,载荷均值 $\mu_F=15\text{kN}$,取载荷标准差 $\sigma_F=0.05\mu_F=750\text{N}$。选取缓冲扭杆材料为45CrNiMoVA,查表可以得到材料的屈服极限 $\sigma_s=1350\text{MPa}$,根据经验,剪切极限 $\tau_s=(0.55\sim0.62)\sigma_s=742.5\sim837\text{MPa}$,材料的剪切极限均值 $\mu_{\tau_s}=(742.5+837)/2=790\text{MPa}$,材料的剪切极限标准差 $\sigma_{\tau_s}=(837-742.5)/6=15.75\text{MPa}$。钢的剪切弹性模量均值 $\mu_G=81000\text{MPa}$。设缓冲扭杆直径为 d,取其制造公差为对称公差,并且 $2\Delta_d=0.015d$,则直径均值 $\mu_d=d$,直径标准差 $\sigma_d=\Delta_d/3=0.0025\mu_d$。

缓冲扭杆工作应力为

$$\tau_m=\frac{16KF_jR_1}{\pi d^3}$$

工作应力均值为

$$\mu_{\tau_m}=\frac{16K\mu_{F_j}R_1}{\pi\mu_d^3}$$

工作应力标准差为

$$\sigma_{\tau_m}=\frac{16KR_1}{\pi\mu_d^3}\sqrt{\sigma_{F_j}^2+\left(\frac{3\mu_{F_j}}{\mu_d}\sigma_d\right)^2}=\frac{16KR_1}{\pi\mu_d^3}\sqrt{\sigma_{F_j}^2+\left(\frac{3\mu_{F_j}}{400}\right)^2}$$

根据要求的可靠度 $R=0.995$,查表得可靠性系数 $z_R=2.576$。由连接方程式(7.26),有

$$\sigma_{\tau_s}^2+\sigma_{\tau_m}^2=\frac{(\mu_{\tau_s}-\mu_{\tau_m})^2}{z_R^2}$$

将各表达式代入,得

$$\left(\frac{\mu_{\tau_s}^2}{z_R^2}-\sigma_{\tau_s}^2\right)\mu_d^6-\frac{2\mu_{\tau_s}}{z_R^2}\frac{16K\mu_{F_j}R_1}{\pi}\mu_d^3-\left(\frac{16KR_1}{\pi}\right)^2\left(\sigma_{F_j}^2+\left(\left(\frac{3}{400}\right)^2-\frac{1}{z_R^2}\right)\mu_{F_j}^2\right)=0$$

该式为 μ_d^3 的一元二次方程,将具体数据代入,解得 $\mu_{d1}=55.95\text{mm}$,$\mu_{d2}=61.45\text{mm}$,代入连接方程验算,对于 $\mu_{d1}=55.95\text{mm}$,$z_R<0$,不满足可靠性要求,舍去;取 $\mu_d=62\text{mm}$,$\Delta_d=0.015\mu_d/2=0.465\text{mm}$,即取 $d=(62\pm0.5)\text{mm}$。代入连接方程验算,$z_R=3.1162$,$R=0.9991$,满足设计要求。

缓冲扭杆工作长度为

$$l=\frac{\pi GHd^4}{32(K-1)F_jR_1^2}=596.5\text{mm}$$

取 $l=600\text{mm}$。

按常规设计,仍取材料的剪切极限均值 $\mu_{\tau_s}=790\ \text{MPa}$,安全系数取 $n=1.5$,缓冲扭杆

工作直径为

$$d \geqslant \sqrt[3]{\frac{16nKF_jR_1}{\pi\tau_s}} = 67.3\text{mm}$$

取 $d=68$mm。缓冲扭杆工作长度为

$$l = \frac{\pi GHd^4}{32(K-1)F_jR_1^2} = 809.7\text{mm}$$

取 $l=810$mm。

显然,可靠性设计可以给出满足可靠性要求的更为经济的结构尺寸。按可靠性设计方法设计出来的结构能否放心使用?一方面,可靠度 $R=0.995$,也就意味着仍存在 0.5%不安全的可能性;另一方面,由连接方程式(7.26)可知,只有保证应力(外载)恒定和材料性能稳定的情况下,才能放心采用按可靠性设计方法设计出来的结构。因此,必须强调,可靠性设计的先进性是以材料制造工艺的稳定性和测量的准确性为前提条件的。

2. 火炮零件疲劳强度可靠性计算

火炮零件主要承受的是变载荷,疲劳破坏是火炮零件的主要失效形式,因此,对火炮零件必须进行疲劳强调设计。由于疲劳强度设计比较复杂,除特殊情况外,一般是在初步设计出结构后,再进行疲劳强度校核。在零件疲劳强度设计中,材料的疲劳强度、载荷和零件结构尺寸以及影响因素都看作是确定的,一般它们的取值都取其平均值。然而,实际上,材料的疲劳强度、载荷和零件结构尺寸都存在相当大的分散性且具有随机性,在零件疲劳强度设计中必须考虑各种参数分散性的影响。疲劳强度的可靠性设计,是根据零件材料的强度和载荷的概率分布规律,运用可靠性理论进行的一种疲劳强度设计计算方法。这种设计计算能将该零件在运行过程中的破坏概率限制在给定的某一很小值下,使零件的体积减小及重量减轻到合理程度。

1) 可靠性设计的疲劳强度线图

(1) 材料疲劳曲线。

工程上通常给出材料疲劳强度对应循环次数的材料疲劳曲线,由于疲劳强度和疲劳寿命存在一定的分散性,所给出的疲劳强度只是平均值,从概率角度看,这种材料疲劳曲线为破坏概率为50%的疲劳曲线。由于疲劳强度和疲劳寿命均为随机变量,可以通过成组试验寻找出某一应力水平下寿命的分布规律,或者某一疲劳寿命时疲劳强度的分布规律。把不同应力水平分布上的可靠度相同点连成光滑曲线,就构成不同可靠度要求下的疲劳曲线。一般地,可以先作出可靠度为50%的材料疲劳曲线,再根据可靠性要求,将材料疲劳曲线扩展为疲劳曲线带。疲劳曲线带常用可靠度为 0.999、0.995、0.99、0.95、0.90、0.85、0.80、0.5 等。如果随机变量服从正态分布,这对应标准差的倍数分别为 3.091、2.576、2.326、1.645、1.288、1.0365、0.8418、0。当认为疲劳强度服从正态分布时,对给定的疲劳寿命,可以得到材料疲劳强度的均值和标准差,根据要求的可靠度,将材料疲劳强度的均值减去相应倍数的标准差,即得到相应可靠度要求的材料疲劳强度。当认为疲劳寿命服从正态分布时,对给定的疲劳强度,可以得到材料疲劳寿命的均值和标准差,根据要求的可靠度,将材料疲劳寿命的均值减去相应倍数的标准差,即得到相应可靠度要求的材料疲劳寿命。例如,认为疲劳寿命服从正态分布时,现有材料疲劳曲线就是可靠度为50%时疲劳强度与疲劳寿命关系曲线,即疲劳强度与疲劳寿命均值的关系曲线。

现要求作出可靠度分别为 0.9 和 0.99 的疲劳曲线：可以在现有疲劳曲线上取 3 个疲劳强度 σ_1、σ_2、σ_3，对应疲劳寿命的均值为 μ_{N1}、μ_{N2}、μ_{N3}，标准差为 σ_{N1}、σ_{N2}、σ_{N3}，对应疲劳强度 σ_1，可以得到对应 3 个可靠度要求的 3 个相应疲劳寿命：$N_{0.5}=\mu_{N1}$、$N_{0.9}=\mu_{N1}-1.288\sigma_{N1}$、$N_{0.99}=\mu_{N1}-2.326\sigma_{N1}$；同理，可以得到对应疲劳强度 σ_2 和 σ_3 的相应疲劳寿命；将相同可靠度要求的疲劳寿命对应点光滑连接起来，就构成材料疲劳寿命曲线，如图 7.5 所示。

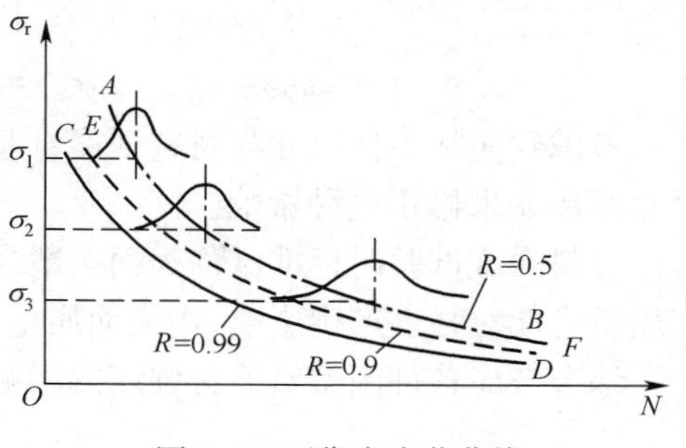

图 7.5　可靠度疲劳曲线

（2）极限应力线图。

材料所受变应力的循环特性不同时，得到的疲劳极限值也不同。根据不同循环特性的疲劳极限的平均应力 σ_m 及应力幅 σ_a 绘成曲线，即可得到变应力时的材料极限应力曲线。考虑到材料极限应力分布，极限应力不再是一条曲线，而是具有一定宽度的曲线带。

假设疲劳极限的平均应力 σ_m 及应力幅 σ_a 都服从正态分布，其均值和标准差分别为 $(\mu_{\sigma_m},\sigma_{\sigma_m})$ 和 $(\mu_{\sigma_a},\sigma_{\sigma_a})$，疲劳极限也服从正态分布，并且有

$$\sigma_r=\sigma_m+\sigma_a \tag{7.29}$$

$$\mu_{\sigma_r}=\mu_{\sigma_m}+\mu_{\sigma_a} \tag{7.30}$$

$$\sigma_{\sigma_r}=\sqrt{\sigma_{\sigma_m}^2+\sigma_{\sigma_a}^2} \tag{7.31}$$

对给定材料，对应不同循环特性 r，可以作出极限应力线图，并扩展为极限应力分布线图，如图 7.6 所示。

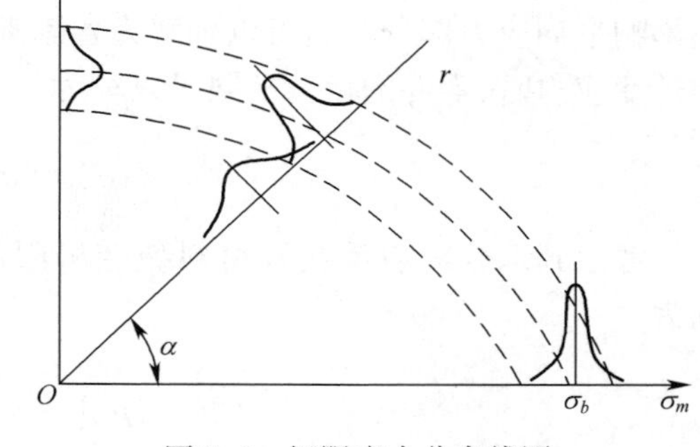

图 7.6　极限应力分布线图

对于用折线代替极限应力曲线简化极限应力线图，同样可以得到简化极限应力分布线图。

（3）零件的极限应力。

材料的极限应力曲线是根据标准试件试验结果而绘制出的。但在实际工作中，实际零件与标准试件之间存在差别，必须进行修正。而这些修正系数也具有分散性。

对不同材料、不同循环特征，应力集中敏感系数不同。根据机械设计工程手册，可以得到对应不同循环次数、不同循环特征、不同理论应力集中系数相应的疲劳极限。对应不同理论应力集中系数相应的疲劳极限的比值就是有效应力集中系数。由此可以计算出相应集中系数敏感系数。可以按各种材料和各种循环特征，分别对应不同循环特征、不同理论应力集中系数相应的疲劳极限进行计算，得到相应的有效应力集中系数和集中系数敏感系数。分别进行统计分析，就可分别得到各种材料和各种循环特征条件下的集中系数敏感系数的均值 μ_q 和标准差 σ_q。

对于给定材料、循环特征和理论应力集中系数，就可以计算出有效应力集中系数的均值 μ_{k_σ} 和标准差 σ_{k_σ} 为

$$\mu_{k_\sigma} = 1 + \mu_q(k_t - 1) \tag{7.32}$$

$$\sigma_{k_\sigma} = \sigma_q(k_t - 1) \tag{7.33}$$

考虑到实际零件尺寸与材料强度试验时标准试件尺寸不同,可能对强度产生影响,用尺寸系数 ε 来修正这种影响。

材料强度试验时标准试件表面一般是经过磨光处理的。考虑到实际零件不同表面加工质量可能对强度产生影响,用表面质量系数 β 来修正这种影响。

综合考虑各种因素对疲劳强度的影响,采用综合影响系数 K_σ,有

$$K_\sigma = \frac{k_\sigma}{\varepsilon_\sigma \beta_\sigma} \tag{7.34}$$

考虑到各因素的分布,综合影响系数 K_σ 的均值和标准差分别为

$$\mu_{K_\sigma} = \frac{\mu_{k_\sigma}}{\mu_{\varepsilon_\sigma}\mu_{\beta_\sigma}} \tag{7.35}$$

$$\sigma_{K_\sigma} = \frac{\mu_{k_\sigma}}{\mu_{\varepsilon_\sigma}\mu_{\beta_\sigma}}\sqrt{\left(\frac{\sigma_{k_\sigma}}{\mu_{k_\sigma}}\right)^2 + \left(\frac{\sigma_{\varepsilon_\sigma}}{\mu_{\varepsilon_\sigma}}\right)^2 + \left(\frac{\sigma_{\beta_\sigma}}{\mu_{\beta_\sigma}}\right)^2} \tag{7.36}$$

根据试验研究,以上各因素对于不对称循环的疲劳极限值,只影响其应力幅部分,而不影响平均应力部分。这可以理解为各因素只对应力变化的部分有影响。因此,不对称循环变应力时,零件的疲劳极限可以写为

$$\sigma_{\mathrm{re}} = \sigma_m + \frac{\sigma_a}{K_\sigma} \tag{7.37}$$

考虑到综合影响系数及材料疲劳极限的分布,零件的疲劳极限的均值和标准差分别为

$$\mu_{\sigma_{\mathrm{re}}} = \mu_{\sigma_m} + \frac{\mu_{\sigma_a}}{\mu_{K_\sigma}} \tag{7.38}$$

$$\sigma_{\sigma_{\mathrm{re}}} = \sqrt{\sigma_{\sigma_m}^2 + \left(\frac{\mu_{\sigma_a}}{\mu_{K_\sigma}}\right)^2\left(\left(\frac{\sigma_{K_\sigma}}{\mu_{k_\sigma}}\right)^2 + \left(\frac{\sigma_{\sigma_a}}{\mu_{\sigma_a}}\right)^2\right)} \tag{7.39}$$

对给定材料的零件,对应不同循环特性 r,可以作出零件极限应力分布线图,如图 7.7 所示。

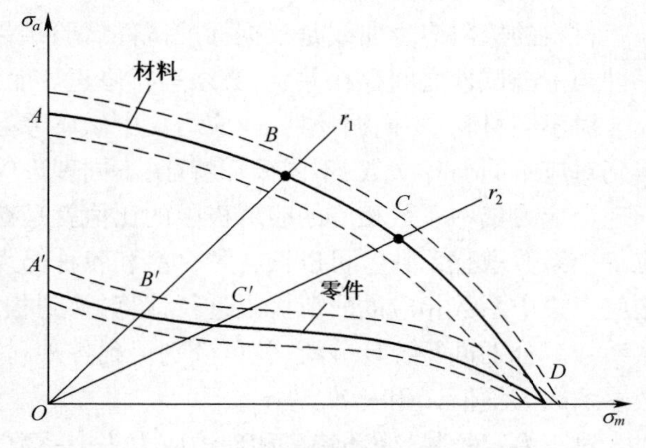

图 7.7 零件极限应力分布线图

(4) 零件的疲劳强度。

在进行机械零件的疲劳强度可靠性计算时,首先要求出机械零件危险剖面上的最大应力 $\sigma_{\max}$ 和最小应力 $\sigma_{\min}$ 及其分布,按平均值计算出循环特性 r,并据此计算出对应循环特性的零件极限应力(强度)及其分布。

对于用折线代替极限应力曲线的简化极限应力线图有

$$\sigma_{\lim} = \sigma_{ae} + \sigma_{me} = \frac{2\sigma_{-1}}{K_\sigma(1-r) + \psi_\sigma(1+r)} \tag{7.40}$$

考虑到σ_{-1}和K_σ的分布,不计ψ_σ的分布,则零件极限应力(强度)的均值和标准差为

$$\mu_{\sigma_{\lim}} = \frac{2\mu_{\sigma_{-1}}}{\mu_{K_\sigma}(1-r) + \psi_\sigma(1+r)} \tag{7.41}$$

$$\sigma_{\sigma_{\lim}} = \frac{2\mu_{\sigma_{-1}}}{\mu_{K_\sigma}(1-r) + \psi_\sigma(1+r)} \sqrt{\left(\frac{\sigma_{\sigma_{-1}}}{\mu_{\sigma_{-1}}}\right)^2 + \left(\frac{(1-r)\sigma_{K_\sigma}}{\mu_{K_\sigma}(1-r) + \psi_\sigma(1+r)}\right)^2} \tag{7.42}$$

2）无限寿命设计

当零件的实际应力小于材料的疲劳极限时,可以认为零件的工作寿命是无限的。把满足这种条件的疲劳设计称为无限寿命设计。

对简单零件,可以根据初步估算结果来选择修正系数和强度及其分布,并根据载荷及其分布以及可靠度要求,设计零件尺寸。

仍以某火炮扭杆缓冲器的扭杆为例,按疲劳强度进行正面可靠性设计,说明设计方法。

对于某火炮扭杆缓冲器的扭杆正面可靠性设计,要求可靠度达到$R=0.995$。

根据受力分析,作用于每个缓冲器上的静载荷为$F_i=15\text{kN}$,根据火炮总体设计和对缓冲性能要求,选择缓冲行程为$H=70\text{mm}$,动载系数为$K=3$,曲臂半径$R_1=700\text{mm}$。作用于缓冲器的最小载荷(静载)$F_{\min}=15000\text{N}$,最大载荷(动载)$F_{\max}=45000\text{N}$,考虑到载荷分布,认为服从正态分布,最大载荷均值$\mu_F=45000\text{N}$,取载荷标准差$\sigma_F=0.05\mu_F/3=750\text{N}$。循环特性$r=F_{\min}/F_{\max}=1/3$。选取缓冲扭杆材料为45CrNiMoVA,查表可以得到材料的强度极限$\sigma_b=1563\text{MPa}$,标准差$\sigma_{\sigma_b}=31.6\text{MPa}$。根据经验,材料疲劳极限$\sigma_{-1}=0.5\sigma_b=781.5\text{MPa}$,剪切疲劳极限$\sigma_{\tau_{-1}}=0.58\sigma_{-1}=453.3\text{MPa}$,标准差$\sigma_{\tau_{-1}}=0.5\times0.58\sigma_{\sigma_b}=9.2\text{MPa}$。幅值系数$\psi_\tau=0.1$。钢的剪切弹性模量均值$\mu_G=81000\text{MPa}$。为了避免过大的应力集中,端部与杆体的连接处如采用圆弧过渡,取应力集中系数$k_t=1.5$,敏感系数均值$\mu_q=0.7437$,标准差$\sigma_q=0.0826$。尺寸不是很大,取尺寸系数均值$\mu_\varepsilon=0.79$,标准差$\sigma_\varepsilon=0.069$。表面系数均值$\mu_\beta=0.8034$,标准差$\sigma_\beta=0.0468$。有效应力集中均值和标准差为

$$\mu_k = 1 + \mu_q(k_t - 1) = 1.3719$$

$$\sigma_k = \sigma_q(k_t - 1) = 0.0413$$

综合影响系数均值和标准差

$$\mu_K = \frac{\mu_k}{\mu_\varepsilon\mu_\beta} = 2.1626$$

$$\sigma_K = \frac{\mu_k}{\mu_\varepsilon\mu_\beta}\sqrt{\left(\frac{\sigma_k}{\mu_k}\right)^2 + \left(\frac{\sigma_\varepsilon}{\mu_\varepsilon}\right)^2 + \left(\frac{\sigma_\beta}{\mu_\beta}\right)^2} = 0.2362$$

简化极限应力,即

$$\tau_{\lim} = \frac{2\tau_{-1}}{K_\tau(1-r) + \psi_\tau(1+r)}$$

考虑到τ_{-1}和K的分布,不计ψ_τ的分布,则零件剪切极限应力(强度)的均值和标准差为

$$\mu_{\tau_{\lim}}=\frac{2\mu_{\tau_{-1}}}{\mu_K(1-r)+\psi_\tau(1+r)}=575.6\text{MPa}$$

$$\sigma_{\tau_{\lim}}=\frac{2\mu_{\tau_{-1}}}{\mu_K(1-r)+\psi_\tau(1+r)}\sqrt{\left(\frac{\sigma_{\tau_{-1}}}{\mu_{\tau_{-1}}}\right)^2+\left(\frac{(1-r)\sigma_K}{\mu_K(1-r)+\psi_\tau(1+r)}\right)^2}=58.7\text{MPa}$$

设缓冲扭杆直径为 d,取其制造公差为对称公差,并且 $2\Delta_d=0.015d$,则直径均值 $\mu_d=d$,直径标准差 $\sigma_d=\Delta_d/3=0.0025\mu_d$。

缓冲扭杆工作应力为

$$\tau_{\max}=\tau_m+\tau_a=\frac{16F_{\max}R_1}{\pi d^3}$$

工作应力均值为

$$\mu_{\tau_{\max}}=\frac{16\mu_F R_1}{\pi\mu_d^3}$$

工作应力标准差为

$$\sigma_{\tau_{\max}}=\frac{16\mu_F R_1}{\pi\mu_d^3}\sqrt{\left(\frac{\sigma_F}{\mu_F}\right)^2+\left(\frac{3\sigma_d}{\mu_d}\right)^2}=\frac{16\mu_F R_1}{\pi\mu_d^3}\sqrt{\left(\frac{0.05}{3}\right)^2+0.0075^2}$$

根据要求的可靠度 $R=0.995$,查表得可靠性系数 $z_R=2.576$。由连接方程,有

$$\sigma_{\tau_{\lim}}^2+\sigma_{\tau_{\max}}^2=\frac{(\mu_{\tau_{\lim}}-\mu_{\tau_{\max}})^2}{z_R^2}$$

将各表达式代入,得

$$\left(\frac{\mu_{\tau_{\lim}}^2}{z_R^2}-\sigma_{\tau_{\lim}}^2\right)\mu_d^6-\frac{2\mu_{\tau_{\lim}}}{z_R^2}\frac{16\mu_F R_1}{\pi}\mu_d^3+\left(\frac{16\mu_F R_1}{\pi}\right)^2\left(\frac{1}{z_R^2}-\left(\frac{3}{400}\right)^2-\left(\frac{1}{60}\right)^2\right)=0$$

该式为 μ_d^3 的一元二次方程,将具体数据代入,解得 $\mu_{d1}=60.328\text{mm}$,$\mu_{d2}=72.380\text{mm}$,代入连接方程验算,对于 $\mu_{d1}=60.328\text{mm}$,$z_R<0$,不满足可靠性要求,舍去;取 $\mu_d=73\text{mm}$,$\Delta_d=0.015\mu_d/2=0.548\text{mm}$,即取 $d=(73\pm0.5)\text{mm}$。代入连接方程验算,$z_R=2.757$,$R=0.9971$,满足设计要求。

缓冲扭杆工作长度为

$$l=\frac{\pi GHd^4}{32(K-1)F_j R_1^2}=1075\text{mm}$$

取 $l=1080\text{mm}$。

扭杆通常都进行强化处理,疲劳强度将提高 10%~30%,取疲劳强度提高 20%,则剪切疲劳极限 $\tau_{-1}=544\text{MPa}$,标准差 $\sigma_{\tau_{-1}}=11\text{MPa}$。此时,$d=(68\pm0.5)\text{mm}$,$l=810\text{mm}$。

3)有限寿命设计

有限寿命设计就是使在零件的工作应力大于疲劳极限的情况下,保证所需的工作寿命。

下面以火炮身管疲劳寿命为例,说明根据有限寿命估算可靠度,以及根据规定可靠度估算疲劳寿命的方法。

当零件工作寿命 N 小于循环基数 N_0 时,可以根据循环基数 N_0 及疲劳极限 σ_r 求出有

限寿命 N 下疲劳极限 σ_{rN} 为

$$\sigma_{rN} = \sigma_r \sqrt[m]{\frac{N_0}{N}}$$

因此,有

$$N = N_0 \left(\frac{\sigma_r}{\sigma_{rN}}\right)^m \tag{7.43}$$

对于合金钢,一般可以取 $m=9, N_0=5\times10^6$。

(1) 根据有限寿命估算可靠度。

对上面所计算的某火炮身管,无限次发射时期可靠度只有 0.4592。而实际上,该身管的寿命为 2000 发,对应疲劳应力

$$\sigma_{\lim N} = \sigma_{\lim} \sqrt[m]{\frac{N_0}{N}} = a\sigma_{\lim} \tag{7.44}$$

其中

$$a = \sqrt[m]{\frac{N_0}{N}} \tag{7.45}$$

疲劳应力的均值和标准差分别为

$$\mu_{\sigma_{\lim N}} = a\mu_{\sigma_{\lim}} = 486.8 \times \sqrt[9]{\frac{5\times10^6}{2000}} = 1161.2\text{MPa}$$

$$\sigma_{\sigma_{\lim N}} = a\sigma_{\sigma_{\lim}} = 46.6 \times \sqrt[9]{\frac{5\times10^6}{2000}} = 111.2\text{MPa}$$

由连接方程,有

$$z_R = \frac{\mu_{\sigma_{\lim N}} - \mu_{\sigma_{\max}}}{\sqrt{\sigma^2_{\sigma_{\lim N}} + \sigma^2_{\sigma_{\max}}}} = 6.1518$$

由表查得可靠度 $R=0.9_{10}$(表示小数点后有 10 个 9),失效概率 $R=10^{-10}$。

(2) 根据可靠度估算疲劳寿命。

对于规定的可靠度 R,由表可以查得对应可靠性系数 z_R。由连接方程,有

$$z_R = \frac{\mu_{\sigma_{\lim N}} - \mu_{\sigma_{\max}}}{\sqrt{\sigma^2_{\sigma_{\lim N}} + \sigma^2_{\sigma_{\max}}}} = \frac{a\mu_{\sigma_{\lim}} - \mu_{\sigma_{\max}}}{\sqrt{a^2\sigma^2_{\sigma_{\lim}} + \sigma^2_{\sigma_{\max}}}}$$

展开后得

$$\left(\mu^2_{\sigma_{\lim}} - z_R^2\sigma^2_{\sigma_{\lim}}\right)a^2 - 2\mu_{\sigma_{\lim}}\mu_{\sigma_{\max}}a + \left(\mu^2_{\sigma_{\max}} - z_R^2\sigma^2_{\sigma_{\max}}\right) = 0$$

该式为 a 的一元二次方程,将具体数据代入,解得 a(取较大的根),进而可以估算出疲劳寿命为

$$N = a^{-m}N_0$$

对上面某火炮身管要求的可靠度,对应的可靠性系数和频率寿命如表 7.1 所列。

由计算看出,身管的疲劳寿命比实际寿命高得多。换言之,火炮身管寿命主要取决于烧蚀寿命,一般情况下可以不计算疲劳寿命。这里主要是以身管疲劳寿命为例说明疲劳

寿命的计算方法。

表 7.1 某火炮身管可靠度与疲劳寿命

R	0.9	0.95	0.99	0.995	0.999
z_R	1.282	1.645	2.326	2.576	3.091
N	1401746	973175	470545	354909	192816

第 8 章　现代火炮信息化技术

8.1　战场信息化

8.1.1　高技术与信息化战争

20 世纪 80 年代以来,发展高科技及其产业成为一股世界性潮流。世界在进行新技术革命的同时,伴随着新的军事技术革命。

军事技术和装备以信息技术为核心发生了革命性变化,未来的高技术武器装备将进入信息化时代,实现体系化、信息化、网络化、精确化、隐身化和小型化。

21 世纪战场将成为陆、海、空、天、信息五维战场,作战空间将向外层空间扩展,战争模式将发生根本性变化,传统的军事思想和作战模式面临严峻挑战。

军事变革:先进的技术和武器系统与创新的军事学说和部队编制及时、正确地结合在一起,从而使军队的作战效能得以极大(成数量级的)提高。

以信息技术为核心的高技术迅速发展,引发出一场世界新军事革命。信息技术成为这场新军事变革的基础和核心。

世界新军事变革是迄今人类军事史上范围最为宽广、发展最为迅猛、影响最为深刻的一场革命。世界新军事变革的核心是信息化,信息化的主体是武器装备的信息化。

1. 高技术战争

高技术战争是指交战双方至少有一方大量使用高新技术武器和相应的战略战术进行的战争。

高新技术武器是指应用高技术研制的新武器和改造的现有武器。

国防高技术:一是支撑高技术武器装备研制的拱形基础技术(微电子、光电子、计算机、新材料、新能源和动力、仿真、先进制造等);二是针对武器装备功能需要的应用技术(探测、精确制导、C^4I 系统、电子对抗、隐身与反隐身、航天、核武器、先进防御等)。

2. 信息化战争

信息化战争是一种战争形态,是指在信息时代核威慑条件下,交战双方以信息化军队为主要作战力量,在陆、海、空、天、电等全维空间展开的多军兵种一体化的战争,大量的运用具有信息技术、新材料技术、新能源技术、生物技术、航天技术、海洋技术等当代高新技术水平的常规武器装备,并采取相应的作战方法,在局部地区进行的,目的手段规模均较有限的战争。

信息化战争中的信息是指一切与敌我双方军队、武器和作战有关的事实、过程、状态和方式直接或间接地被特定系统所接收和理解的内容。就对信息(数量和质量)的依赖程度而言,过去的任何战争都不及信息化战争。在传统战争中,双方更注重在物质力量基础上的综合较量。如机械化战争,主要表现为钢铁的较量,是整个国家机器大工业生产能力的全面竞赛。信息化战争并不排斥物质力量的较量,但更主要的是知识的较量,是创新能力和创新速度的竞赛。知识将成为战争毁灭力的主要来源。

火力、机动、信息是构成现代军队作战能力的重要内容,而信息能力已成为衡量作战能力高低的首要标志。信息能力表现在信息获取、处理、传输、利用和对抗等方面,通过信息优势的争夺和控制加以体现。信息优势,实质就是在了解敌方的同时阻止敌方了解己方情况,是一种动态对抗过程。它已成为争夺制空权、制海权、陆地控制权的前提,直接影响着整个战争的进程和结局。当然,人永远是信息化战争的主宰者。战争的筹划和组织指挥已从完全以人为主发展到日益依赖技术手段的人机结合,对军人素质的要求也更高。从信息优势的争夺到最终转化为决策优势,更多的是知识和智慧的竞争。

3. 未来战场的特点

未来战场将是"非对称作战",就是要打时代差、空间差、时间差。

高技术的不断运用,使未来战场空间扩大,结构复杂,具有以下特点:

(1) 战场信息一体化。整个战场就像一个由计算机组成的网络大平台。各平台都以信息为支撑和媒介,与其他各种参战力量和武器系统的平台有机结合,形成一个相互关联、信息共享的统一体系。在这个体系中,每个士兵就是一个信息触角。

(2) 战场透明控制化。新的情报信息获取与传输技术的应用,在为指挥员提供准确、实时战场信息的同时,也为指挥与控制作战进程提供了有效的手段。各级指挥官乃至士兵可通过各作战单元的计算机显示器,看到整个战场的画面。

(3) 战场交战空间扩大化。战场空间扩大,由三维向陆、海、空、天、信息(电磁、信息网络)空间五维一体化方向发展。高技术作战平台遍布全战场,敌对双方将在全方位、大空间、多领域进行整体力量的对抗。

(4) 战场作战人员密度小。信息技术的发展,人工智能武器的运用,使战场敌对双方的对抗由体力向信息技术对抗上转变,战场兵力密度变小是战争发展的必然趋势。

(5) 战场作战节奏快。精确制导武器的传感器将能够捕捉到一切可利用的目标信息,经计算机分析鉴别后自主地跟踪攻击目标,因而做到弹无虚发。加快作战节奏是未来作战发展方向。

(6) 战场情况模糊化。信息的可变性大、时效性强,因而在熟知战场情况下具有更大的不确定性。同时作战双方为隐蔽企图,都采取各种欺骗、伪装技术和虚拟现实技术,隐真示假,使情报具有更大的不确定性,模糊决策将不可避免。

(7) 战场交战规模一体化。战争目的、规模和使用兵力、兵器有限,战争持续时间短,政治性突出,战争与战略、战役、战术趋于一体。

高技术武器和信息化兵器打击精度高、威力大、射程远,具有全天候、全时空的平战结合的侦察能力,为迅速达到战争目的提供了有效手段。

(8) 战场军兵种作战多能化。武器装备向多功能一体化方向上发展,作战部队既能执行地面作战任务,又能执行打击空中和海上目标任务,军种间作战的界线将不易区分。

(9) 战场更加非线式性。军事革命将改变未来作战程序,立体打击、全纵深攻击打破了"梯队部署、正面进击、前沿突破、逐次进攻"的传统局面,改变以往战场范围通常局限于直接交战地区和交战线附近的状态,呈现出更多的非线性。

(10) 战场作战双方力量对比多元化。在高技术局部战争中,力量的对比不只是考虑数量多少,更主要是考虑质量,尤其是要考虑集中火力和信息。

8.1.2　信息战

信息战是未来战争的主要作战模式。

信息战是指这样的一种作战模式,它综合运用信息技术和武器,打击敌人的信息系统,特别是侦察和指挥控制系统,使敌人情况不明,难以做出决策,或者给予虚假的信息,使敌人做出错误的决策,结果处处被动挨打,最后不得不放弃抵抗;与此同时,采取一切措施保护自己的信息系统不受敌人的干扰和破坏,各种功能得以充分发挥。

这种攻防兼备的信息战的核心是争夺制信息权。掌握了制信息权,也就掌握了战场主动权。

信息战主要包括 3 个方面:

(1) 指挥、控制、通信、计算机、情报以及监视与侦察系统(C^4ISR),使战场信息感知和作战指控成为联合作战的重要手段。为保证战场态势感知能力、战场毁伤效果评估和指挥控制能力,监视侦察网络系统是重要的保障手段。利用多种通信设施组成高效的指挥网络,保证通信稳定、畅通和情报及时传递,从而保证各级指挥中心的有效工作。今后信息获取手段将朝着更加精确、实时、全天候方向发展。未来战争中,各种通信指挥系统必然自始至终成为对方首要的攻击和摧毁目标。

(2) 电子战装备将成为未来战争的主战武器。战争中,电子战飞机、反辐射导弹和其他电子战手段对对方指挥控制系统、防空系统、通信设施等实施强大的压制,抑制对方作战能力的发挥,为提高己方作战效能和战场生存能力起到重要作用。21 世纪电子战武器装备将主要包括电子战飞机,陆、海、空三军综合防御电子对抗系统和机载自卫干扰系统。由于全球卫星导航系统在指挥控制中远程精确打击、精确轰炸、兵力精确投送、战场救援以及联合作战等方面发挥着越来越重要的作用,因此围绕卫星导航系统展开的反卫星电子干扰、计算机病毒攻击等行动在未来战争中将会更多地出现,导航战将成为电子战的重要组成部分。

(3) 以计算机网络攻击与防御为主要内涵的信息战将是未来战争的焦点。计算机攻防手段将越来越广泛地应用。信息进攻武器将大量采用计算机病毒杀伤武器以及微米/纳米机器人、芯片细菌、非核电磁脉冲武器、低功率激光武器及电子破坏弹药等硬杀伤武器,其中计算机病毒等杀伤手段对网络系统、计算机软件和硬设备的破坏将令人防不胜防,且涉及面广、战略破坏性强。与此同时,信息防御手段也将不断完善和发展。

8.1.3　数字化与数字化战场

1. 数字化

数字化就是将许多复杂多变的信息转变为可以度量的数字、数据,再以这些数字、数据建立起适当的数字化模型,把它们转变为一系列二进制代码,由计算机进行统一处理,这就是数字化的基本过程。

信息的数字化一般包含 3 个阶段:采样、量化和编码。采样的作用是把连续的模拟信号按照一定的频率进行采样,得到一系列有限的离散值。采样频率越高,得到的离散值越多,越逼近原来的模拟信号。量化的作用是把采样后的样本值的范围分为有限多个段,把落入某段中的所有样本值用同一值表示,是用有限的离散数值量来代替无限的连续模拟量的一种映射操作。量化位数越高,样本值量的确定越精细。编码的作用是把离散的数值量按照一定的规则,转换为二进制码,也就是数字信号。数字化过程有时也包括数据压缩。

战场数字化有 3 层含义:①将战场上的各种情报转换成数字信息;②利用数字式传输、处理系统将这些数字信息在各种作战平台和各作战单位(直至单兵)之间传输、处理,达到整个作战系统的信息资源共享;③最终实现战场指挥、控制、通信、情报的一体化。

2. 数字化战争

数字化战争就是数字化部队在数字化战场进行的信息战。它是以信息为主要手段,以信息技术为基础的战争,是信息战的一种形式。其特点是信息装备数字化、指挥控制体系网络化、战场管理一体化、武器装备智能化、作战人员知识化和专业化。

数字化战争以计算机网络为支柱,利用数字通信进行联网,把作战指挥机关与各级作战部队乃至武器装备、单兵有机地连成一体;把语音、文字、图像等不同类型的战场信息、作战方案和作战计划等采用数字编码技术的方式,实现无阻碍、快捷、准确地传递;坦克、导弹等武器装备,与天基平台、作战飞机和军舰上的同类数字化系统相连,实现信息共享,信息实时传递,因而可以在更远的距离上发现和攻击敌人,可以充分发挥武器装备的整体作战效能,保证诸军兵种协调一致地作战。

3. 数字化战场

数字化战场是美国在 20 世纪末提出的新构想。数字化战场是指以信息技术为基础,以信息环境为依托,用数字化设备将指挥、控制、通信、计算机、情报、电子对抗等网络系统联为一体,能实现各类信息资源的共享、作战信息实时交换,以支持指挥员、战斗员和保障人员信息活动的整个作战多维信息空间。

数字化战场是指以数字通信和计算机信息处理技术为基础,把语音、数据、文字、图像等多种形式的信息都变成由“0”与“1”组成的编码,通过无线电、卫星、光纤通信等手段,把战场各级指挥部门、各战斗与保障部队、各种武器系统与作战平台以及单兵紧密地联系在一起,构成纵横交错的战场综合网络系统,实现上下、左右实时的信息交换与情报共享,使部队能够更快、更有效地利用信息,及时掌握战场态势,优化指挥与控制过程,显著提高作战能力。

数字化战场有以下特点:

(1) 技术数字化。技术数字化是指信息网络建设运用数字化技术,使网络技术水平适应信息作战的要求。如采用先进的传感器技术和智能化计算机技术,增强多层次、全方位的战场信息获取能力。

(2) 综合一体化。综合一体化主要是指把指挥控制、情报侦察、预警探测、通信、电子对抗等信息系统和各军兵种信息系统,实行多层次、大范围的综合连接,将其共同纳入一个综合的大系统之中,实现准确的信息传递和信息共享,确保一体化作战整体效能的发挥。

(3) 业务多媒体化。业务多媒体化是指综合数字信息网络能以多媒体形式实现信息交流,如会议电视、可视电话、多媒体电子邮件、图文检索、视频检索、视频点播等。

(4) 用户全员化。用户全员化是指信息网络可以实现全员互通,战场上将军和士兵在任何地点、任何时候都能互通情况。

(5) 功能多样化。功能多样化是指信息网络具备信息作战需要的多种战术功能,如对武器系统的有效控制能力、攻防兼备的电子对抗能力、复杂电磁环境下的不间断通信能力和抵御计算机病毒及"黑客"入侵的防卫能力等。

4. 数字化部队

数字化部队是指以计算机为支撑,以数字技术信息链为纽带,使部队从单兵到各级指挥员,从各种战斗、战斗支援到战斗保障系统都具备战场信息的最快获取、传输及处理功能的新一代部队。数字化部队以数字化技术、电子信息装备和作战指挥系统以及智能化武器装备为基础,具有通信、定位、情报获取和处理、数据存储与管理、战场态势评估、作战评估与优化、指挥控制、图形分析等能力,实现指挥控制、情报侦察、预警探测、通信和电子对抗一体化,适应未来信息作战要求的作战部队,能够达到战场信息的最快获取、信息资源的共享、人和武器的最佳结合、指挥员对士兵的最佳指挥效益。

与一般意义的机械化部队相比,数字化部队具有作战行动更加迅速、作战指挥更加简单、作战保障更加便捷、作战能力明显增强等优点。据军事家预测,美军数字化部队一门既能发射常规炮弹,也能发射战役战术导弹的多功能火炮,相当于一个常规榴弹炮连的火力打击效果。数字化部队的火炮首发命中率可达 73%,比非数字化部队提高了 9 倍多。一支同等规模的机械化部队改造成数字化部队后,战斗力可提高 3 倍以上。

数字化部队的主要特点有 3 个:一是小型、多功能和模块化快速重组,通常以营为作战单位,实现从战术到战役规模的联合作战,而且任务广泛,能够执行特种作战或大规模地面作战任务;二是精确侦察、精确控制、精确机动、精确打击,陆军数字化部队实现了互联、互通、互操作,从单兵到营、连、排等各级指挥员,具备全天时、全天候、实时指挥控制和通信能力,从而为准确获取情报,准确处理信息,准确判断敌情,准确获取友邻部队及相关军兵种的支援,以及对目标的准确直接、间接或引导式打击,提供了重要的基础和条件;三是非对称作战,非线式、非接触式打击,数字化部队与传统的机械化半机械化部队相比,呈现出两个不同时代的思维观念和作战观念。数字化部队必须是脱离接触的部队,必须具备先敌发现、先敌进攻的能力,而且具有很强的夜间作战、恶劣气象条件下作战的能力。这样的部队不再是集中部署和成建制、大规模正面推进的地面作战部队,他们将采取分散部署、集中战斗力的方式从各个不同的地点对目标发起精确攻击。

5. 数字化装备

没有数字化装备,数字化战场只能是空谈。武器装备信息化,指利用信息技术和计算机技术,使预警探测、情报侦察、精确制导、火力打击、指挥控制、通信联络、战场管理等领域的信息采集、融合、处理、传输、显示联网,实现自动化和实时化。武器装备信息化,直接导致武器系统的智能化和作战系统的一体化。信息化作战平台则是指采用信息技术研制或改造的、装配有大量 C^4I 设备并联网的各类武器系统,即具有感知、获取并传递各种目标信息的器材和装置,如指挥、控制、通信和情报系统等。

数字化装备是指具有数字化功能的设备或载有数字化设备的武器平台。与非数字化设备(如模拟设备)相比,数字化设备具有体积小、重量轻、处理速度快、兼容性强、易于维护和智能化等优点。在陆军中,最容易见到的数字化装备就是火炮加弹道计算机。

8.2 火炮武器系统的信息化技术

8.2.1 火炮武器系统的信息化

1. 火炮在信息化战争中的作用

陆地战场在高技术战争中仍是主战场。

第二次世界大战中火炮被誉为“战争之神”，作为现代战场上常规武器的火力骨干的火炮，在未来战争中仍具有不可替代的地位。

在未来战争中，火炮仍然是地面战场火力打击的骨干、联合火力战中综合火力的主体、登岛作战直接火力准备的基础、上陆随伴支援火力的主力、山地作战决定战役胜负的关键、防空反导的最后屏障。

为适应信息化战争的信息化战场需要，火炮应是信息化武器，尤其是数字化火炮。数字化火炮就是利用数字化技术装备的火炮。

数字化火炮包括数字化火炮武器系统、数字化监控的火炮和利用数字化技术大幅度提升了性能的火炮。

数字化火炮武器系统是用以计算机为核心的数字化技术装备与指挥人员相结合，能对火炮武器系统实施指挥与控制的“人—机”系统，以提高火炮综合作战性能，尤其指装备了 C^4ISR（指挥、控制、通信、计算机、情报、监视与侦察）系统的火炮武器系统。

数字化监控的火炮是通过对火炮工作的全过程进行监测，可以得到火炮的状态特征量，并且对火炮状态进行分析和诊断，进而对火炮实施有效控制，以获得最佳使用效果。

利用数字化技术大幅度提升了性能的火炮是对火炮本身的功能部件利用数字化技术进行改造，控制和提高火炮单项性能。

2. 数字化火炮武器系统及其组成

数字化火炮武器系统，是采用了数字化技术和自动控制技术，具有一定机动能力、防护能力和自动瞄准、装弹能力的炮兵火力平台，是数字化战场上的一个网络节点和信息终端，能对目标信息或诸元信息进行自动化处理，实现操作自动化、智能化，使战场信息的传递达到一种近实时化的程度，从而将战场上各种作战要素联贯成一个有机整体，极大提高整体作战能力。

数字化火炮武器系统，采用数字化电子体系结构，整合火炮武器系统的火力、防护、运行、火控以及自动化指挥系统的监视、诊断/预测和指挥控制等子系统，共享战场数据。

数字化火炮武器系统，除包括火力系统、防护系统、运行系统、火控系统外，一般还包括数字化定位和导航系统，数字化目标探测、跟踪、识别系统，数字化信息处理与显示系统，数字化状态自动诊断与控制系统等。通过现代侦察监视设备及时获取情报，提高战场环境感知能力；通过数字化目标探测、跟踪、识别系统，提高目标发现和目标截获能力；通过数字化信息传送、接收、存储、处理系统，分析和处理各种信息，形成行动方案，实施指挥控制，提高战场态势处置能力；通过数字化信息显示系统，提高武器操控能力；通过数字化状态自动诊断，提高武器使用和维持能力。

8. 2. 2　典型数字化火炮武器系统

M109A6 型数字化自行榴弹炮(图 8. 1)是美军用于数字化战场的第一种火炮武器系统,是在 M109 系列自行榴弹炮基础上改进而来的。改进后的“帕拉丁”火炮数字化程度高,火控系统/电子设备比较先进,与以往的 M109 系列榴弹炮相比,M109A6 在反应能力、生存能力、杀伤力和可靠性方面都有提高。M109A6 型数字化自行榴弹炮全重 28. 7t,乘员 4 人;采用铝合金装甲车体和旋转炮塔,炮塔后置,动力装置前置,主动轮在前;采用新型隔舱化系统、新型自动灭火抑爆系统、特种附加装甲;在 M109 原型基础上换装 M248 炮身,身管和发射药也进行了改进,射程 23. 5km,采用半自动装弹系统,采用新型带凯夫拉装甲的焊接炮塔,全宽炮塔尾舱可储存更多弹药;配用了炮上弹道计算机与定位导航系统、火炮自动定位装置和单信道地面与空中无线电系统;基于计算机的新型自动火控系统和其他战斗车辆间实现战场信息资源共享,使其快速反应能力大大高于 M109A1/A2 型自行榴弹炮,M109A6 型自行榴弹炮无论在白天还是夜间,都能在 60s 内独立完成接收射击任务、计算射击诸元、占领发射阵地、解脱炮身行军固定器、使火炮瞄准目标和首发命中目标;火炮发射后,能立即转移到一个新阵地,并执行另一项发射任务,所具有的这种“打了就跑”的能力,再加上它在设计时所采取的减小易损性的措施,不仅使它的生存能力得到很大提高,而且能够确保在整个战斗中有更多的榴弹炮能坚持战斗,以支援己方的机动部队。M109A6 型数字化自行榴弹炮主要构成如图 8. 2 所示。

图 8. 1　M109A6 型数字化自行榴弹炮

英国航天航空系统公司(BAE)皇家军械分公司为美军研制的 M777 式轻型牵引榴弹炮,在通过独特的设计大大减轻火炮重量的同时又不影响火炮的射程、精度、稳定性及耐久性。M777 火炮使用激光陀螺仪进行定位,并用全球定位系统(GPS)辅助定位,它的火控系统由通用动力公司武器系统分部研制,可使 M777 进行快速和高精度射击。2000 年开始,美国陆军和海军陆战队的 M777 式超轻型榴弹炮开始改进其数字化能力,在 M777 火炮上安装先进牵引火炮数字化火控系统,如图 8. 3 所示。安装数字化系统后的榴弹炮将比传统牵引火炮作战能力有极大的提升,在任何条件下的行军战斗转换时间大大减少;作战时将有更高的自主权力和打击力;装备与人员将有更高的生存能力。数字化火控系统包含弹道计算机的任务管理系统、炮长显示器、炮手和辅助炮手的显示器、定位/导航系

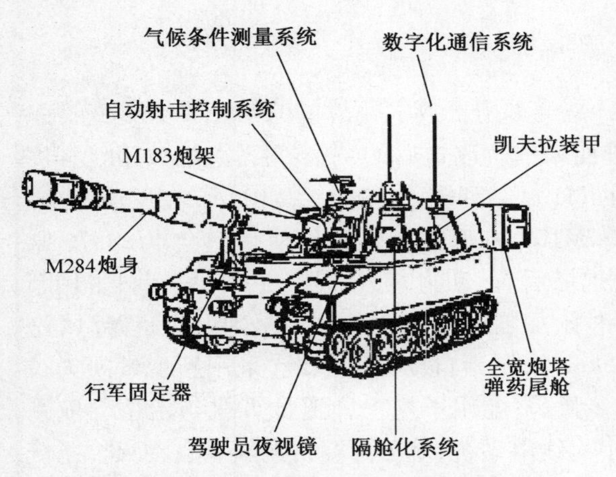

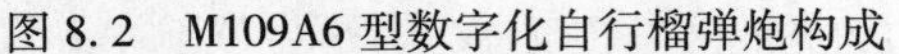
图 8.2　M109A6 型数字化自行榴弹炮构成

图 8.3　先进牵引火炮数字化火控系统

统(全球定位系统、行走部分运动传感器)、高频无线电台、电源装置等,如图 8.4 所示。配有先进牵引炮数字化火控系统的 M777 被定名为 M777A1,它可以与“阿法兹”炮兵火控系统进行数字化集成,为陆军和海军陆战队提供联合网络化的火力。在 M777A1 基础上通过增强软件功能发展而成的 M777A2 火炮系统,进而形成 M777 轻型榴弹炮系列。此外,这种“超轻型野战榴弹炮”系列将安装全套的先进牵引火炮数字化设备和如辅助动力装弹装置、辅助动力高低与方向驱动装置等,使其具有选择性伺服辅助功能,从而使火炮的整体效能得到进一步提高。

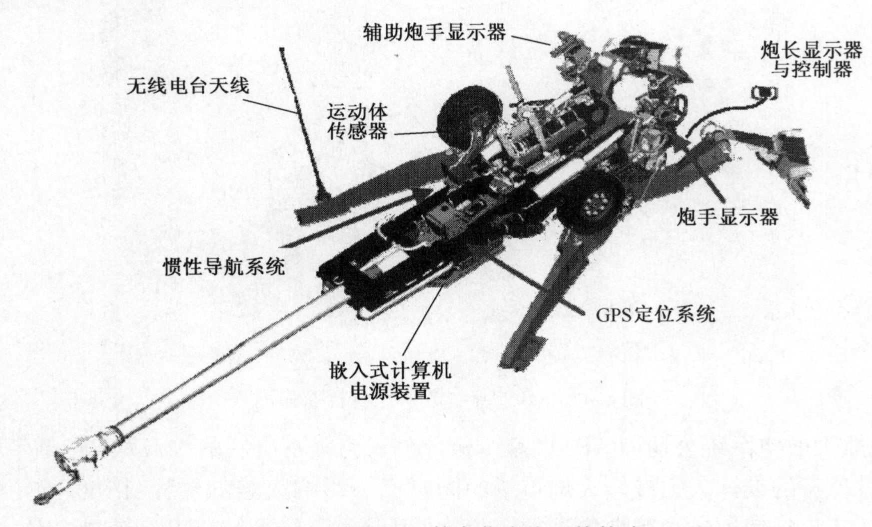

图 8.4　M777A2 数字化火炮系统构成

日本陆上自卫队正在研制一种可与轮式装甲车、小型装甲车等机动装备相结合的新型迫击炮——数字化迫击炮(图 8.5)。数字化迫击炮的突出特点是将装备一种有效的 C^4I 装置。目前,研究较为成型的是“利用迫击炮散布型传感器收集目标信息和观测弹丸落点系统”。该系统的特点是使用一套系统就能够进行目标信息的收集和弹丸落点观测。它主要由散布传感器迫击炮弹、发射电磁波迫击炮弹、接收装置和标定装置四大部分组成。散布传感器迫击炮弹主要用于收集目标信息,炮弹能识别履带车、轮式车、气垫车、直升机和有生目标等;发射电磁波迫击炮弹主要用于观测弹丸落点,在普通的120mm迫击炮的底部装上电磁波发射机,发射机在引信启动时发射出火炮的识别代码;接收装置主要用于连接传播(中继传送)电磁波,该接收装置配有GPS定位系统,随时可标定自己的位置,标定装置主要用于信息的处理、显示、存储等,由接收部分、信号处理部分、存储部分和连接装置组成。

韩国研制一种新型120mm口径数字化迫击炮(图8.6),具有射程更远、发射更加稳定、炮弹的命中精度更高等特点,可搭载多种作战平台。韩国新型120mm数字化迫击炮,总体上由炮弹、炮身、套在炮身上的自动装弹机、数字化通信、发射控制台和底座六大部分组成。迫击炮的炮弹、炮身、控制台等前五部分作为整体被安装在一个可以进行360°水平旋转和大角度仰俯旋转的底座上。这种迫击炮不仅能搭载在各种轮式或履带式装甲车辆上,甚至还可以搭载在卡车等一般车辆上,因此具有很强的灵活性。该新型120mm数字化迫击炮最主要的特点是安装有尖端的数字化火控系统模块以及先进的GPS卫星导航装置。迫击炮在进行射击时,首先由火炮上的GPS卫星导航装置提供火炮自身和目标所在地的具体地理位置数据,然后由安装在迫击炮上的数字化火控系统模块在瞬间计算出精确射击诸元。最后在操炮手的确认下,数字化火控系统对预先输入的风速、风向等数据做出计算,驱动迫击炮进入最佳射击角度对目标进行火力打击。当完成对目标的打击后,在数字化火控系统的作用下,迫击炮的炮身将自动移向下一个目标进行攻击。

图8.5　日本数字化迫击炮

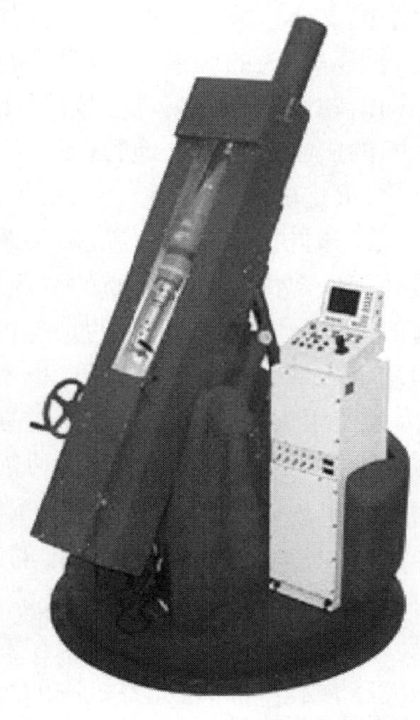

图8.6　韩国120mm数字化迫击炮

8.3　火炮信息化技术

信息化作战能力包括指挥控制能力、信息攻防能力、精确打击能力、快速机动能力、战场生存能力、综合保障能力等,这些都是通过先进的信息技术把各个作战要素有机整合起来的。

作为火炮本身的信息化和数字化,对武器系统的信息化作战能力有较大影响。

实现机械化武器平台与信息技术的融合,充分发挥信息化对机械化的带动和提升作用,通过信息化技术向机械化武器平台的嵌入与渗透,使信息能量与物质能量交汇,使机械化功能与信息化功能融合,进而向以信息化为主导的方向转化。

8.3.1 火炮故障数字化诊断与控制技术

现代火炮是一个日趋复杂化、集成化、自动化、信息化和智能化的系统,在现代战场上的作用十分巨大,是战场上的常规武器的火力骨干,配置于地面、空中、水上、水下各种运载平台上,是一种与先进的侦察、指挥、控制、通信、运载手段及高性能弹药结合在一起的完整的武器系统。火炮又不同于一般的机电系统,其安全性、可靠性的要求比普通机电系统更高。一旦发生事故,后果不堪设想。

在当今世界的新军事革命中,一些火炮,特别是大威力的火炮,其结构、功能越来越复杂,作战使用环境越来越严酷,故障发生频率越来越高,发生事故所造成的人员伤亡、物资损失也越来越严重,极大地影响了其作战效能的发挥,甚至能影响到整个战争的进程。所以,火炮不仅要在平时能够及时、妥当地维修,还要在作战、演习、训练等任务中保证安全性及可靠性。

火炮的安全事故原因有多种,比如,人员操作不合规程、人员对故障部位和故障机理把握错误等。人为的因素一般可以避免,而如果火炮在毫无征兆的情况下,或者人员对征兆毫不知情的情况下的灾难性故障,则往往难以避免事故的发生。所以,对于后者,如将故障诊断的机制应用于火炮,则是一个保证安全性和可靠性的好办法。

目前,火炮的故障诊断技术,仅仅针对已经出现的故障进行诊断,即确定故障模式、故障部位、故障时机、故障机理、故障关系,显然还是不够的。这是因为在现实中,火炮的操作人员并不一定懂得故障诊断的专业理论,也不一定具备通过故障诊断结果及时采取有效措施的能力,他们往往关心的是能否正常使用和在危险的情况下如何确保安全。即使是专门从事火炮维修保障的人员,也不一定能随时、及时地对故障诊断的结果做出有效的反应,因为使用火炮时情况往往比较复杂,如作战条件恶劣、保障及作战人手不够、相关人员不在火炮附近、相关人员因种种原因没有获知故障的预警等。

为避免出现以上情况导致的严重后果,必须有一个应急处理的机制。在火炮被诊断出故障后,及时地、自动地进行一定的应急处理,确保火炮的作战效能和安全性。

对可能导致安全事故的重大故障,火炮及时地强行停止工作,以保障人员和设备的安全,事后相关人员再根据诊断结果在安全的条件下维修;对影响作战效能但不会导致安全事故的故障,或者说尚在允许范围的故障,则火炮降级使用,同时预警以提醒人员根据诊断结果现场采取措施,对可能发生的故障有预先准备;对正常工作状态,则提示正常。

因此,火炮的故障诊断及应急处理技术,一个成为维修保障及排除故障的重要依据,另一个成为紧急情况下确保安全性的重要措施。前者是理论基础,后者是对前者的落实和再补充。它们必将对其平时的保障、战时的维修任务起到积极的作用,同时保证了可靠性与安全性,是一个值得研究和探讨的课题。

火炮的故障诊断技术包括射前诊断、过程控制和射后预防维修。

8.3.2　火炮状态实时监视、诊断与控制技术

通过对火炮工作的全过程进行实时监测，可以得到火炮的状态特征量，进而对火炮状态进行实时分析和诊断，并针对不同状态进行实时自动处理。

1. 火炮状态监测

通过对火炮工作的全过程进行监测，可以得到火炮的状态特征量，进而对火炮状态的分析和诊断打下基础。它包括数据的监测和数据的采集。必要时还有数据噪声的过滤。采用适当的监测方法，真实监测足够数量的状态信号，提炼出表征状态和趋势的特征量，是判别火炮正常与否的重要条件和前提。特征信号的监测涉及多学科、多领域，如测试技术、传感器技术、信号检测技术、模拟与数字信号分析处理技术、概率论与数理统计方法、模式分类识别方法等。

有时状态信息过多，一些无用的信息可以过滤掉，而选择能在线或离线采集的、及时反映工作状态的信息。对连续运动部件，于炮身、炮闩等，尤其需要实时在线监测。然而由于实际情况不允许，有些信号只能离线监测采集。

火炮常用状态监测包括以下几种：

（1）温度监测。温度是描述火炮工作状态的一个重要参数。火炮在射击过程中的热转换过程，高温、高压火药气体作用下材料的强度和部件寿命，温度变化对液压系统和反后坐装置特性的影响，温度与火炮理论射速的关系，以及温度与内弹道性能的关系，都需要监测出火药燃气和部件的温度。

（2）液样监测。磨损失效是火炮零部件最常见的失效形式。液样监测是通过分析液样中磨损微粒和其他污染物质，了解系统内部磨损状态，判断内部故障的一种方法。制退节制环等内部磨损，将在制退液中形成磨料微粒；液压系统元件的磨损，也在液压油中形成磨料微粒；火炮上轴承的磨损，也会在轴承润滑油中留下微粒。目前常用方法为先确定火炮主要部件摩擦副及其材料组成，再根据其组成元素对液样进行光谱分析，得到铁、铜、铝、锰等金属元素的磨损曲线，并制定出其浓度和梯度界限值，从而判断磨损故障的程度大小。

（3）振动监测。振动响应信号是反映火炮工作状态及其变化规律的信号。可以利用动态测试仪器提取此信号，并在时域、频域、幅值域、相关域以及其他新领域进行信号分析和处理，进而提取特征信息。

（4）声学监测。利用声音信号来进行监测。声音的本质就是空气振动，监测声音实质就是监测空气的振动。对火炮发动机、反后坐装置、变速箱、高低机、方向机和输弹机等周期性运动的部件，监测其声音，并将其与正常情况下的声音信号对比，可以了解是否有异常发生。对声音的研究常需分析其频谱，采用傅里叶变换等分析法。对声音的评价常需研究声压、声频率、响度等指标。

（5）压力监测。火炮的压力监测包括膛内火药气体压力、制退机液体压力、气液式复进机气液压力、炮口冲击波压力的抽气装置压力等。膛压的监测数据是火炮各部件刚强度设计的主要依据，也是内道弹理论的重要依据。而火药气体对火炮身管内壁的热作用、烧蚀、冲刷等，加上弹丸对身管内膛的磨损，使得火炮身管内膛直径发生变化，从而影响弹丸挤进力，也影响了燃烧规律。弹药在储存过程中，随着时间延长，发射药的理化性能将

发生变化,也影响了燃烧规律。通过膛内压力监测可以及时发现故障隐患。制退机液体压力过大,说明吸收能量过多,可能引起后坐不到位、不退壳、不进行下一发连续射击等故障。压力过小,会导致后坐部分后坐速度过快引起强烈撞击,损坏零部件。气液式复进机压力是否正常,将直接影响能否复进到位、复进到位后撞击是否过大、仰角较大时会不会下滑等问题。另外,自行火炮抽气装置开闩时抽气装置内的压力监测也很重要,因为出现故障可能影响战斗室中人员的安全。

(6) 电气参数监测。电气参数直接影响了火炮电气设备及通信系统。主要是监测电流、电压、电阻和电磁特性等。由于不需要经过一个物理信号转换为电信号以便测量的过程,所以一般可直接通过相关电路放大或缩小变换,再用仪器记录下电气参数。

(7) 表面状态监测。主要是材料表面的理化性能,如粗糙度、腐蚀程度、剥落程度及变形程度等。在反后坐装置的内部由于制退液的作用,常导致内表面腐蚀、剥落;自动机、变速箱内长期碰撞和接触的零部件表面也剥落、碰伤。用表面状态监测可以监测出此类问题。但常在零部件内部,监测往往不方便,一般选择易于接触和看到的外表面。

(8) 运动规律监测。监测火炮运动状态可了解火炮工作是否正常。一般监测不同部件的位移、运动速度和时间的变化关系。有时还需监测角速度和角位移。监测火炮运动规律的难点:一是在于火炮机构、部件运动变化十分剧烈,并有突变式撞击,所以对传感器的动态特性和动态范围要求很高;二是各部件相对运动十分复杂,有身管的轴向运动、炮闩的前后运动、底盘的前后运动和上下跳动及各种角振动以及弹丸的旋转、摆动和轴向运动等,所以对传感器的要求很苛刻。

(9) 气样监测。对火药气体的监测可发现发射药是否有变质。另外,火炮主电路故障导致电容器件击穿、电线烧焦,局部温度过高导致润滑油、液压油等的挥发,都可以通过对气样的监测发现。

(10) 内部缺陷监测。火炮许多零部件由于摩擦、碰撞会产生表面磨损、腐蚀、碰伤,内部产生裂纹、空隙,材料产生缺陷等,这些故障由于藏在深处,故可以采用超声波的监测方法。超声波的波形、发射与接收方法、信号的显示方式、探头与部件的耦合特点,都可以不断发生变化。所以可以监测不同的内部缺陷。

2. 火炮状态诊断

火炮系统的组成分系统多、零部件多、结构复杂,因此火炮的状态诊断具有层次相关性、综合性、多样性、随机性和规律性等特点。层次相关性是指,高层次的异常或故障可能由其下层若干种中的一种或多种引起,而下层的异常只要发生,一定会引起上层的异常。综合性是指任一个异常状态的发生存在多种潜在的模式和原因。多样性是指难以运用简单的一两种方法对整个火炮系统进行分析和诊断。随机性是指火炮组成部件很多,异常发生的深层次机理也十分复杂,在何时何处出现何种异常状态,往往不能准确预见,所以对状态的诊断具有一定的不确定性。规律性是指虽然故障出现是随机的,但是通过大量故障统计可以表明火炮发生异常部位呈现一定规律性,一般是主要针对发生概率较高的部分进行着重诊断分析。

根据火炮状态诊断的特点对不同部件应当采取适合的不同诊断方法。对同一部件,可能也需要采用多种诊断方法,并加以比较选择,并且着重诊断异常发生概率高的部分。

目前的诊断技术可以概括为基于解析模型的方法、基于信号处理的方法和基于知识的方法等。

基于解析模型的方法又称基于数学模型的方法,即建立被研究对象的较为精确的数学模型,将构造观测器估计出的输出值与实际测量值相比较,从而得到故障信息。其优点是建立的模型包含大量知识信息,有利于诊断;缺点是建模困难。故适合易于建模的对象。基于解析模型的方法主要包括状态估计法、等价空间法和参数估计法。

基于信号处理的方法通过对系统输出信号进行分析处理来判断是否异常。其优点是计算量小,适用性强,特别适合难以建立数学模型的系统采用。它利用相关函数、频谱和自回归滑动平均等信号模型和小波分析技术,提取频率、方差和幅值等特征值,从而检测出故障。该方法既适用线性系统也适用非线性系统,是一种直接诊断的方法,缺点是不能深层次进行诊断。常用方法有直接测量法、基于小波变换的方法、输入信号处理的方法等。

基于知识的方法既不需要精确的数学模型,又克服了基于信号处理方法的缺点。它引进了诊断对象的大量信息(典型的例子是利用专家诊断知识),将诊断对象作为一个有机整体进行研究,代表了目前诊断方法的一个研究趋势及未来方向。基于知识的方法可分为基于症状的方法(有专家系统法、模糊逻辑法、模式识别法和人工神经网络法等)和基于定性模型的方法(有定性观测器、定性仿真和知识观测器等)。

基于感知行为的方法特点是能自动感知环境变化,具有自识别、自处理和自适应能力。两种典型的感知体为智能体和智能结构。智能体是一个具有控制问题和求解机理的系统。它能不断感知并作用于环境,努力完成自己的计划并由此对未来它所感知的环境产生影响,是一种类似于人的有意识的系统。它执行 3 项功能:感知环境中的动态条件、产生推理和决定动作以及在动作选择中进行推理和规划。智能结构是将传感元件、驱动元件和控制系统融合在基体材料中的一种结构,具有识别、分析、判断和动作等功能。其构想来源于仿生学。其精髓是集成,即知识集成、技术集成、结构集成和系统集成。

3. 降级使用及应急处理

故障诊断技术能够根据火炮的状态量,诊断出故障的原因,并提供可能的维修优先级。但是一般情况下,这只能在火炮停止射击后,由技术人员根据诊断结果进行维护或维修,并不能在火炮工作的状况下实时做出调整,更不可能立刻采取措施,也不能避免事故发生。

降级使用及应急处理,是根据火炮状态监测和诊断结果,实时自动采取相应技术措施,保证火炮安全运行。当火炮状态属于正常工作时,对人员可提示正常信息。当发生状态参量超过一定故障预警阈值时则报警,提醒人员注意,同时自动采取降级使用措施。此时故障模式如仅影响作战效能但并不会导致安全事故,或者说故障模式尚在允许范围,为了避免故障状态进一步恶化,在紧急条件下可以自动采取降级使用措施,即人员可以选择停止射击,根据诊断信息来检测,排除故障。当发生状态参量超过规定的故障阈值时,则自动采取应急处理措施,同时报警。此时火炮某些局部已经处于故障状态,如果继续运行会对火炮、设备和人员造成伤害,甚至可能导致安全事故,因此必须实时自动采取应急处理措施,立即强行停止火炮运行,以保障人员和设备的安全,事后相关人员再根据诊断结果在安全的条件下维修。

火炮的故障模式有很多,有时不一定是数值的大小变化,仅能观察到逻辑上的"是"或"非"。对这种突变的情况,一般无法降级使用,只能一旦监测到逻辑值为"是",就停止并检修。降级使用的方法主要还是针对具有量变过程的故障模式。

8.3.3 利用数字化技术提升火炮性能

数字化技术在火炮上应用,除利用数字化设备和技术来装备火炮系统武器平台以及对火炮状态实施数字化监测、诊断和控制,以提高火炮综合作战性能外,对火炮本身的功能部件利用数字化技术进行改造,控制和提高火炮单项性能也是非常有意义的,也是火炮技术重要发展方向。

1. 最佳后坐力控制技术

20世纪80年代,美国陆军与某些公司签定合同,探索用微处理器控制火炮后坐力的可能性,但未能实现。日本于1998年开始,利用其较发达的电子技术,将微处理器用于火炮,研制先进轻量榴弹炮,使火炮有一个电脑的"心"。除采用高强度材料(钛、碳素纤维)和低矮外形炮架等技术措施外,核心技术是采取电子控制制退装置,以控制发射过程中作用于炮架上的载荷,达到大幅度减轻火炮重量的目的。

2. 射弹分布主动控制技术

从火炮射击过程看,射击诸元的装定不可避免地存在误差,加上火炮射击时产生的振动,尤其是炮口振动,都会带来弹丸飞行初始状态的差异,导致弹丸落点偏差,形成一定射弹散布。精确打击是现代兵器发展的最终追求目标,世界各国对武器系统的射击密集度都非常关注。密集度指标是衡量火炮武器系统战术技术性能的重要指标之一。一般情况下,人们总是希望射击密集度越高越好。然而,对某些火炮,在某些场合,并不是射弹落点越集中越好。弹着点的分布规律,一般是以瞄准点为中心的正态分布。对快速机动的小目标,瞄准点(预期目标点)与实际目标位置之间不可避免地存在误差,此时仍以瞄准点为中心的正态分布的弹着点进行射击,命中概率肯定会降低。采用主动控制射弹分布技术,使弹着点的分布规律为人们希望的最佳分布,提供命中概率,对防空反导,尤其是反高马赫数目标具有重要意义。

利用信息化技术提高火炮本身性能,是火炮信息化最重要的方面。射弹分布主动控制技术,是研究对付特殊场合和特殊目标的最佳命中策略,结合发射系统动态仿真研究火炮射弹分布机理及其可控性,以及射弹分布主动控制技术。

3. 自适应无级变初速发射技术

变初速发射技术是实现根据作战需要,针对不同距离范围或不同类型目标,调节发射弹种与初速,控制终点效能,达到不同状况下的毁伤效果的综合技术。变初速发射技术采用从不同的技术途径实现自适应无级变初速技术,满足不同毁伤效果的需要。变初速的目的是为了实现毁伤效果的可控,需要较精确地控制射弹打击目标的终点速度和撞击能量。采用目标探测与简易射控技术,发现与观瞄目标,根据探测和识别的目标信息,分析弹丸终点毁伤效果,结合外弹道原理分析所需弹丸初速,自适应采取最佳决策调整发射初速,可以达到预期的终点定效毁伤效果。自适应无级变初速发射技术包括目标信息获取与终点效应分析系统、自适应决策系统和无级变初速发射结构等。

4. 智能化无级变射速发射技术

为了提高对快速小目标的毁伤概率，通常采取提高射速以形成密集火力网来实现。射速提高往往会带来后坐力大、射击精度差、耗弹量大等不足。当高射速火炮打击低速目标时这种不足就更加突出。在满足击毁概率的情况下，针对不同目标采用不同的射速，将大大加强火炮作战效能，使火炮的使用更加合理。智能化无级变射速发射技术就是根据作战需要，针对不同类型目标，自动调节发射速度，达到不同状况下的最佳综合效果的综合技术。智能化无级变射速发射技术采用目标探测与简易射控技术，发现与观瞄目标，根据探测和识别的目标信息，结合射击理论分析毁伤效果，以及所需发射速度，智能化采取最佳决策调整发射速度，以达到预期的定效毁伤效果和耗弹量。智能化无级变射速发射技术包括目标信息获取识别与终点效应分析系统、智能化决策系统和无级变射速发射结构等。

第9章 新概念火炮技术

9.1 常规火炮的局限性与新概念火炮

9.1.1 未来战争对火炮的需求

在新的军事革命推动下，世界各主要国家在调整军事战略的同时，大力发展高新军事技术，抢占军事技术领域的制高点，这已成为军事领域中的主要竞争形式。一批适应信息化战争的新一代常规武器日趋成熟并陆续装备部队，并可形成一定规模的战斗能力；大量的现装备的常规武器采用高新技术进行改造，性能有了很大提高，基本适应信息化战争初级阶段的需要；核武器在削弱数量的同时进一步完善，仍然构成主要的威慑力量。在我国周边地区和国家，投入较大的经费，力求获取或自主发展新一代高新技术武器装备，有的仍在发展核武器。

未来战争的主要形式将是现代技术特别是高技术条件下的局部战争，普遍认为21世纪的武器和军队必将是信息化的武器和军队，未来战场将是信息化战场。21世纪初战场将具有以下特征：

(1) 武器装备体系的对抗。未来战场两军交战不再是线性化战场上的攻防武器的较量，而是在更为广阔的战场上武器装备体系间的对抗。武器装备体系是指用来执行特定军事使命(包括各种不同范围和规模的战争)的全部武器装备的集成，是各种武器系统、支援保障系统及作战管理系统的有机结合。武器装备体系间的整体作战效能的较量对战争的胜负有着重大的影响，而体系中的任何薄弱环节都将可能产生极其严重的后果。

(2) 武器和军队的信息化。未来的武器装备都将是信息化的作战平台，装有大量的电子设备，其中包括通信设备、探测设备、武器控制设备等。就弹药而言，信息化的弹药品种日趋势增多，具有自动选择识别目标、精确作用于目标的能力，包括多种智能型的炸弹、炮弹、导弹和地雷等。士兵的信息化，表现是携带有小型综合电子信息装备，具有通信、定位导航、敌我识别、夜视、报警与指挥发射等功能。

(3) 超越传统的攻防思维。未来战争中，由于先进的探测、火控、指控、制导技术的发展，极大地提高了纵深侦察、远距离通信、精确打击及远程突击能力，作战行动将突破固定的战场和阵地的限制，在整个作战空间同时进行。这样，传统战争的前后方界线模糊了，相对稳定的正面和固定的战场将不复存在，进攻行动和防御行动的界限由于战场的高度流动性和不确定性呈现出一种非线性状态。集中兵力改变为集中火力，近距离作战变为同时实施近战和纵深作战。特别是由于整个作战方向均在远程精确打击兵器的严密控制下，攻方不再需要也无法构筑集结庞大兵力的前沿阵地，防方也不可能建立固定的防线。由此全新的作战理论将取代传统的相对稳定战线和攻防的作战理论。通信、指挥、控制、情报与计算机(C^4I)系统是整个信息化的军队和武器的神经中枢。它把各级指挥机关和部队以至单车、单炮和单兵连接起来，准确、及时向提供所需信息和指挥控制，构成一个完整的作战体系。

（4）战场空间的扩大，战争节奏的加快，战斗力度的加大。战场空间扩大，不仅表现在正面和纵深的加大，太空的利用使得战场成为海、陆、空、天的四维战场。未来战争将是快节奏的，精确制导武器的摧毁能力往往是一发奏效，不需很长时间。在战斗中，简化了指挥控制程序，加强了各部队的协同，加快了战斗行动的速度。

（5）远距离的精确打击，贯穿始终的信息战。作战武器的使用距离将大大超过目视距离，火力压制纵深不断增大。战争一开始，作战双方都力图把对方的指挥中心、通信枢纽、基地一举摧毁，使其作战体系处于瘫痪状态，不容对方有喘息机会。为地面战斗创造了良好的条件。信息战，特别是电子战将贯穿于战争的始终，信息的获取反获取、干扰反干扰、压制反压制、欺骗反欺骗、隐身反隐身将是作战的重要方式，信息已构成了一种重要的威慑力量。夺取电磁频谱控制权是掌握四维战场主动权的基本保证，攻击和保卫 C^4I 系统成为军事斗争的焦点。

（6）空中威胁的进一步增大。军事技术的发展，致使来自空中的威胁日趋增大，这种威胁来自两个方面，一是空袭的突然性增大，二是攻击的准确性大大提高。固定翼飞机、武装直升机、巡航导弹以及各种空—地、地—地导弹，均构成来自空中的威胁，为远距离、大纵深摧毁敌方重要目标提供了有效手段。空袭飞机小编队，多批次，多方向及多层次的饱和攻击、远距离发射的精确制导武器攻击和临空轰炸，增大的空袭的隐蔽性、突然性和准确性。有效的防空体系和制空权是执行各种战斗任务的必要保证。

面对未来的战场环境，要打赢一场现代技术特别是高技术条件下的局部战争，军队建设将必须由规模数量型转向质量效能型，由人力密集型转向科技密集型。

矛盾之间的抗衡与发展，是战争的两个方面。随着战场和基本作战样式的变化，对兵器技术的主要需求也发生了明显的变化：

（1）低空区域的防空反导技术。反空袭作战是关系打赢高技术局部战争的关键问题之一。低空区域防空是防空体系建设的基础，也是反空袭作战的最后一道屏障。

（2）战场监视和野战数字化信息系统技术。随着现代战场纵深的加大和作战空间的延伸，及时、准确、全面的情报侦察和信息获取已成为现代高技术战争的先决和前提条件。

（3）应急机动作战部队的快速机动突击能力。现代战争突发性强，战场流动性大，战况瞬息多变，武装冲突和局部战争多在复杂地形和天候下进行。为适应不同规模的武装冲突和局部战争的需求，加强应急机动作战部队的合成装备建设已成为新时期军队建设的优先发展领域。

（4）火力体系的纵深精确打击技术。随着现代火力体系的压制纵深、覆盖面积、命中精度和毁伤威力的显著提高，火力攻击尤其是火力优势对战争进程和结局的影响大大提高。火力体系的发展趋势是提高对战场全纵深火力压制和对作战体系关键环节的精确打击。

未来战争是在多维空间进行的激烈角逐，各空间的作战紧密联系、相互制约。但是，在诸战场中，陆战场在高技术战争中仍是主战场。战争主因源于地面，最终以强有力的陆战实现战争目的的情况没有改变。在陆军兵种中，炮兵是陆军中以火炮和导弹为主要武器装备，以火力执行任务的战斗兵种。无论是过去、现在还是将来，炮兵在陆战场上都占有极为重要的地位。炮兵火力从火力的猛烈性和持续性,反应时间的迅速性,对付目标的多样性,作战指挥与联合的便捷性,全天候、全时辰作战的可靠性等诸多方面具有其他军兵种不可比拟的火力优势,是综合火力的主体。炮兵在未来战争中,仍是地面战场火力打击的骨干、联合火力战中综合火力的主体、登岛作战直接火力准备的基础、上陆随伴支援火力的主力、山地作战决定战役胜负的关键。

火炮作为炮兵的主要武器装备,其作战任务是压制、歼灭、破坏和拦阻,即压制和歼灭敌人的有生力量及兵器,破坏敌人的指挥和控制中心、通信枢纽、防御工事、重要设施和基地,设置拦阻火力网,拦截空中、地面、水上来袭目标。火炮在未来战争中对付的主要目标是远程目标、快速机动目标、具有防护能力的目标,如坦克、自行火炮、固定翼飞机、武装直升机、导弹等。

为了提高坦克在战场上的生存力,已研制出和正在研制多种形式的坦克装甲防护系统,如均质钢装甲、间隔装甲、屏蔽装甲、复合装甲、贫铀装甲、反应装甲、电磁装甲、灵巧装甲等。现在国际上三代坦克一般都采用了复合装甲,使抗穿甲弹和破甲弹的能力大大加强,是传统均质装甲钢的2~3倍。研制出的新一代被动装甲,能够大大提高坦克对各种专用反坦克武器的防护。为了戳穿坚固的盾,必然要研制更尖锐的矛,即必须发展威力更大的火炮。

在未来防空战场将面临的空中威胁和战场环境更加复杂、多变,防空作战模式、范围、节奏都将发生重大变化。要取得未来战争的主动权,仅凭一两种即使是性能十分先进的武器也是不行的,只有充分发挥各兵器的作战效能才能取得战争的全面胜利。对导弹的防御一般可分两个阶段实施:在导弹尚未发射之时,摧毁或干扰导弹的发射平台;一旦发射导弹,就摧毁或干扰来袭导弹。由于在实战中不一定能及时摧毁发射平台,而且干扰发射平台往往比干扰导弹的制导系统困难得多,因此,自卫反导的重点应放在摧毁或干扰来袭导弹本身上。自卫反导的主要措施是在目标探测与预警技术支持下,对导弹实施干扰(软杀伤)或毁伤(硬杀伤)。采取软杀伤手段对付导弹尚存在一些不足之处。例如,即使使用最先进的干扰和诱饵系统也不能保证一定成功,而到发现没有成功就为时太晚了;用射频、红外或其他辐射能量的设备去干扰敌人,有时可能使自己成为敌方寻的制导武器的目标;现在有许多种制导系统及作战方式,要设计一种“万能”的干扰系统,来“欺骗”所有的或是某几种制导系统几乎是不可能的。尤其是对要地防空反导,必须发展硬杀伤技术,即毁伤技术。未来战争的空袭将以小编队、多批次、多方向、多层次的饱和攻击为主,从而要求高炮具有很强的快速反应能力和持续作战能力,要求反应时间短、发射速度快、转移火力迅速、携弹量大。

为适应未来战场环境和作战需求,火炮作为炮兵的主要武器装备,其发展趋势将是提高防空反导能力、对装甲目标与中远程地面目标的精确打击能力和快速反应与快速机动能力。其中,包括高初速发射技术、高射速技术、火炮新结构与总体技术等。

火炮作为未来战场武器的重要一员,火炮的发展必须满足未来战争需求。未来战争要求火炮:①进一步提高火炮总体综合性能,提高自主作战能力、抗干扰能力、远程精确打击能力等;②进一步提高初速,增大射程,提高远程打击能力;③进一步提高射速,增强火力,提高突袭能力;④进一步提高射击精度,提高毁伤效果,提高精确打击能力;⑤进一步提高自动化程度,缩短反应时间,提高快速反应能力;⑥进一步提高机动性,增强防护,提高生存能力等。

9.1.2　火炮的固有局限性

常规火炮发射，是以固体发射药为发射能源，利用火药在管形内膛燃烧所产生的高温、高压燃气膨胀做功，发射弹丸。经历漫长的发展过程，尽管常规火炮与冷兵器时代所使用的机械发射装置（弓、箭等）相比，具有高得多的储能密度和功率密度，然而随着科学技术的进步，它已不能满足人类对发射能力（高初速、高射速、高动能等）的更高要求。

自从第一门铸钢火炮问世以来，常规火炮的发展历史就是一部“矛”和“盾”相互制约、相互发展的历史。火炮为了摧毁装甲，必须提高弹丸的速度或炮口动能。然而，火炮所攻击的“盾”，如坦克，从不断提高铸造或焊接的均质装甲的厚度和强度，到采用多层或夹层的复合装甲（空心装甲、陶瓷装甲、碳纤维装甲、玻璃钢装甲、钛合金装甲、贫铀装甲等），发展到反应装甲（爆炸装甲等），其反侵彻能力迅速提高，使现有的反坦克火炮不禁黯然失色。此外，防空和反导也要求火炮能大幅度提高弹丸的初速、动能及火炮的发射速度。

由于常规火炮发射过程中自身的固有局限性，使得常规火炮在进一步提高射程、射速、机动性、生存能力和后勤支援能力等综合性能方面，遇到很大困难，主要包括如下几个方面：

（1）从内弹道角度来看，为提高弹丸初速的出炮口速度，常规火炮主要是通过增加装药量来实现。由于高能固体发射药的爆温高（2500~3000K），增加装药量，伴随而来的就是高膛压。但是，身管所能承受的压力有限，并且膛压的增大直接导致后坐力的增大，因此膛压的增大将导致火炮的强度下降、体积和重量增加、机动性下降以及身管烧蚀严重、寿命降低等问题。以增高膛压来提高弹丸初速，终非良策。因而高装填密度，将伴随着危险压力波的威胁，甚至可能出现炸膛等灾难性事故。理论与实践表明，装药质量与弹丸质量之比大于5时，速度已无明显提高。利用增加装药质量来提高弹丸初速也是有限的。随着装药量增加，实现自动装填越来越困难，不利于射速的提高。

（2）常规火炮的弹丸是在膛内受到火药燃气的压力作用而加速。由于火药燃气本身有质量，火药燃气膨胀速度受到发射药特性的限制，膛底压力与弹底压力形成较大压力差，而推动弹丸运动的是弹底压力。尤其是高速情况下，能量利用率低，所以弹丸的出炮口速度受到限制。通常弹丸的速度不会超过火药燃气的滞止声速（一般小于0.5倍声速），也即弹丸初速存在一个理论上的极限速度。由分析计算可知，现有火药燃气的滞止声速在1.6~3.3km/s之间。采用新型火药，降低火药燃气的分子量，火药燃气的滞止声速会有所提高，但实际上弹丸的出炮口速度很难超过2km/s。如果在结构设计上采用加长炮管尺寸等办法延长火药燃气压力的作用时间，也不会使弹丸初速跨越这一极限。火箭速度虽然不受滞止声速的限制，但这种发射装置仍有许多不足。首先，火箭发射的有效载荷仅为火箭自重的1%左右。而不断反方向喷射的高速工质实际上是一种浪费，其推进效率也很低。其次，火箭要求高级的推进剂，每次发射成本很高，而且化学反应一旦开始，便失去控制。此外，火箭的加速度很小，需经过足够长的时间才能达到高速度。因此，实际使用中常采用多级火箭。由于火箭技术上的复杂性，一般很难达到超高速。

（3）火炮发射速度的提高，是提高火力密度和快速反应能力的需要，现在已成为制约火炮发展的“瓶颈”技术,影响了火炮系统综合性能的提高,并在很大程度上影响着系统总体布局。提高射速,一方面受身管寿命的限制,另一方面受结构原理和结构运动的限制。传统火炮提高炮口动能和提高火力密度,一般都会带来后坐力的大幅增加,火炮的体积和重量急剧增加,即威力与机动性之间存在尖锐的矛盾,严重影响火炮基地性能的提高和快速反应能力的提高。

(4) 固体发射药的易毁性和易损性,是常规火炮系统的薄弱环节。固体发射药的易毁性,严重降低了火炮系统的生存能力。固体发射药的易损性,给弹药的包装、运输、储存、使用带来一系列后勤支援问题。

正是由于常规火炮在其发展中遇到难以克服的困难,尽管人们采用不同的推进剂(固体的、液体的乃至低分子量的)和不同的结构,但由于原理上的局限性,已难取得突破性的进展,促使人们另辟蹊径,从概念上突破,去探索和寻找新的发射能源、新的发射原理、新的发射方式,从根本上变革常规火炮在发射原理上的发展思维和模式,以期解脱常规火炮发展所面临的困境。为了提高火炮的性能,积极寻求新的发射原理是火炮主要研究方向之一。

促使人们去探索、寻找和发展新概念火炮,从根本上变革常规火炮的发展思维和模式,以期解脱常规火炮发展所面临的困境。为了提高火炮系统的性能,积极发展新概念火炮是火炮主要研究方向之一。

9.1.3 火炮技术创新与新概念火炮

1. 火炮技术发展与创新

火炮的发展是与战争密不可分的;火炮的发展应适应未来战争的需要。高新技术战争需求火炮远、准、狠、轻、快。火炮技术发展主要围绕着这几个方面进行,主要有火炮系统总体技术、提高初速与射程技术、提高射速技术、轻量化和新结构技术、信息化和控制技术、新概念、新原理研究等。

提高自主创新能力,建设创新型国家,这是国家发展战略的核心,是提高综合国力的关键,要坚持走中国特色自主创新道路,把增强自主创新能力贯彻到现代化建设各个方面。

创新是指创新主体综合性地应用知识、经验与新的信息,通过观念的调整与转变,开展引进与研究开发新事物和对人类文明进步有益的新活动。简言之,创新就是“抛开旧的,创造新的”。

创新具有的主要特性如下:

(1) 首创性与时效性。创新设计必须具有其独创性和新颖性。设计者应追求与前人、众人不同的方案,打破一般思维的常规惯例,提出新功能、新原理、新机构、新材料,在求异和突破中体现创新。

(2) 进步性与价值性。创新的进步性是创新中非常重要的特性。创新设计必须具有实用性。纸上谈兵无法体现真正的创新。发明创新成果只是一种潜在的财富,只有将它们转化为现实生产力或市场商品,才能真正为经济发展和社会进步服务。专利、科研成果和设计的实用化都是需要解决的问题。设计的实用化主要表现为市场的适应性和可生产性两方面。

（3）基础性与高风险性。真正创新活动往往需求一定基础，并不是简单的“异想天开”。困难和失败是创新活动中高风险的具体表现。

创新思维是反映事物本质属性和内在、外在有机联系，具有新颖的广义模式的可物化的思想心理活动。因此，创新应遵循的原则：

（1）创新必须遵循事物的内在客观规律。创新思维是要打破“思维定式”，并不意味“胡思乱想”，必须是反映事物本质属性和内在、外在有机联系。老子说：“不知常，妄动，凶。”这里的“常”就是指事物的内在客观规律。“知常”就是要有知识积累，要有创新的基础，要有科学依据。

（2）创新必须遵循实用性原则。创新思维是具有新颖的广义思维模式，只有将创新成果“物化”成可生产的和适应市场需求的产品，才能体现其价值。可生产性包括目前和预期未来可以制造出来。市场需求的适应性，往往是超前预期的市场需求。

（3）创新必须遵循利益最大化原则。“有一利，必有一弊。”创新所带来的“利”必须大于“弊”。

火炮行业面临着严峻形势，火炮技术持续发展，只有积极开拓创新，不断提高火炮行业的自主创新能力。要进行开拓创新有两个条件：一是有利于开拓创新的环境；二是具有开拓创新素质的技术人员。开拓创新的环境主要是构建火炮科研创新体制。技术人员的开拓创新素质要通过锻炼不断提高。

创新能力是衡量人才素质的一个重要指标。工程技术人员的创新力是多种能力、个性和心理特征的综合表现，包括观察能力、记忆能力、想象能力、思维能力、表达能力、自我控制能力、文化素质、理想信念、意志性格、兴趣爱好等因素。其中想象能力和思维能力是创新力的核心，是将观察、记忆所得信息有控制地进行加工变换，创新表达出新成果的整个创新活动的中心。这些能力和素质，经过学习锻炼，都是可以改善、提高的。

火炮工程技术人员应该自觉地开发自己的创新力。首先，破除神秘感，增强自信心，认识到创新发明不只是某些天才或专家的事，每个正常人都有一定的创新力，积极进行创新实践，必能不断提高自己的创新力。其次，树立创新意识，保持创新热情。思想上不是把所从事的科研工作当作例行公事，而要积极起来，时刻有创新的愿望和冲动，并且把创新热情保持下去。

仅仅有了正确的思想基础还是不够的。专业研究表明，影响创新性思维能力的主要因素有：一是先天赋予的能力（遗传的大脑生理结构），二是生活实践的影响（环境对大脑机能的影响），三是科学安排的思维训练，以促进大脑机理的发展和掌握一定创新型思维方法和技巧。先天赋予的能力固然重要，而后天的实践活动对于个人思维能力更具有积极意义。后天的实践活动主要包括“环境”和“技法”。

火炮工程技术人员有了正确的思想基础，在可以充分发挥创新力的环境下，加强创新思维锻炼，掌握必要的创新技法，必然产出创新成果，为火炮技术发展做出贡献。

创新思维是艰苦思维的结果，是建立在知识、信息积累之上的高层次思维，创新思维的激发离不开这些基础。此外，还应注意掌握和使用有利于创新思维发展的原理和方法。

2. 新概念火炮

在第二次世界大战结束以来的半个多世纪里，世界范围内科学和技术的蓬勃发展，各种先进高新技术在军事领域广泛应用,已经使常规火炮的速度、射程和杀伤力几乎达到它们的极限。那么,未来要靠什么来夺取军事技术优势?一是利用种种途径在现有火炮系统和技术基础上搞挖潜和创新,争取大幅度提高性能水平;二是另辟蹊径,利用新原理、新能源、新结构、新材料开发全新的火炮系统。这从需求上牵引和推动着新概念火炮的发展。世界各军事技术大国都从本国情况出发,重视依靠技术进步,在不同的领域开展新概念火炮的研究,尤其是美国,为了全面夺取军事技术优势,正以别的国家无可比拟的广度和深度开展各种各样的新概念火炮及其技术的研究。

研究也表明,有不少的新概念火炮在不同程度上突破了常规火炮速度、射程和杀伤能力的极限。例如,一门液体发射药火炮的威力可以抵得上一个常规火炮炮兵连的火力,电磁炮发射的弹丸初速是现有火炮的两倍,激光炮(武器)能够以高能激光攻击目标,实施软、硬杀伤,瞬间摧毁目标或使之失去战斗力;等等。这些火炮一旦研制成功,将极大地提高部队的战斗力,前景诱人,吸引人们对它们做深入的研究。所以,对各类新概念火炮及其技术的开发研究,现已成为军事大国夺取未来军事技术优势而展开的科技竞争的一个重要内容。

新概念火炮永远是一个热门话题,尽管新概念火炮的概念至今尚没有科学、统一的定义,但这一概念在国内的使用频率很高。人们通常习惯把运用新原理、新能源、新结构、新材料、新工艺、新设计而推出的、有别于传统火炮系统概念并可大幅度提高作战效能的新式火炮,统称为新概念火炮。因此,各种新概念火炮的形成和推出是创新的结果,既包括突破传统火炮系统概念的创新,也包括在现有制式火炮基础上利用现代高新技术与总体优化技术进行改造而使火炮性能大幅度提高所取得的创新和突破。新概念火炮主要是从发射能源、发射原理、发射方式等方面取得的创新和突破。而一般发射能源和发射方式等方面的创新和突破,同时伴随着发射原理的创新和突破。

新发射原理是相对常规发射原理而言的,顾名思义,就是常规发射原理以外的其他发射原理。从某种意义上说,新发射原理只是广义上的发射原理,已经拓宽了发射原理的原始概念。现在一般所说的新发射原理主要指液体发射药火炮发射原理、电磁发射原理、等离子体发射原理、定向能发射原理等。随着科学技术的发展和进步,新发射原理还将不断增添新的成员。

新发射原理火炮是采用高新技术的武器,它应用新的发射原理,在技术上有重大突破与创新,在作战方式和作战效能上与传统武器有明显不同,它对未来的战争将产生革命性的影响。目前研制中的新发射原理火炮主要包括液体发射药火炮、电炮、激光炮等。新发射原理火炮的潜在作战效能和应用前景已引起了主要军事大国的重视。在未来战争中,新发射原理火炮将引起作战方式的改变,为防空、反导等领域提供新的作战手段,将对现代战争产生深刻的影响。

目前,以美国为代表的各军事大国纷纷投入大量人力、物力,进行新发射原理火炮的开发研究。其中有些系统已拥有关键技术储备,有些系统已完成分系统和总体演示验证试验,有些系统甚至已进入工程制造阶段,并准备装备部队。

世界各军事技术大国都从本国情况出发,重视依靠技术进步,在不同的领域开展新概念火炮的研究,尤其是美国,为了全面夺取军事技术优势,正以别的国家无可比拟的广度和深度开展各种各样的新概念火炮及其技术的研究。

新概念火炮的研究，一部分仍处于概念研究阶段，一部分已经进入技术研究阶段。目前研究的新概念火炮主要有高初速火炮（如轻气炮、随行装药火炮、液体发射药火炮、电炮等）、超高射速火炮（如万发炮、金属风暴、并行发射火炮等）、超远程火炮、超轻型火炮、数字化火炮、其他火炮（如激光炮、粒子束火炮等）。

9.2 液体发射药火炮

目前火炮用的发射药都是固体火药。弹丸和发射药组装在一起，即炮弹。固体发射药是一种具有固定形状、燃烧速度很快、均相化学物质，而液体发射药是一种没有固定形状、燃烧速度很快的化学物质。液体发射药与传统的固体发射药相比具有的优点：装填密度大、能量高、爆温低、烧蚀小，有利提高初速；内弹道曲线平滑，有利降低最大膛压，提高弹丸初速；液体自动加注，有利提高射速；精确控制发射药注入量，有利提高火力机动性；发射后效小，有利提高战场生存能力；储存和运输方便，有利后勤保障；生产成本低；等等。将液体发射药应用于火炮，研究液体发射药火炮是火炮技术的一个主要发展方向。

9.2.1 液体发射药火炮工作原理

液体发射药火炮（LPG）是使用液体发射药（LP）作为发射能源的火炮。平时可以将发射药与弹丸分开保存，发射时同时装填。研制中的液体发射药火炮有外喷式、整装式和再生式3种形式。

整装式液体发射药火炮（BLPG，图9.1），结构比较简单，装填方便，与固体发射药火炮有相当多的继承性，是采用单元液体发射药一次装填的方式，经点燃底火引燃液体发射药，产生燃气压力推动弹丸运动。由于液体发射药的燃烧及弹丸运动在发射药内部形成空穴，气液交界面处由于气液速度差导致液面被侵蚀和卷吸而形成液滴，流体相对于药室壁运动形成湍流及流体破碎。具体的不稳定性在每个内弹道过程中都有所不同。如果缺乏对内弹道的控制，燃烧过程早期任何一个扰动的引入，都将会被放大。而且，由于液体发射药的可压缩性较小，化学反应速率对压力波的高度敏感性等因素，这种情况将被加剧，从而导致灾难性的结果。由于整装式液体发射药火炮中液体发射药流动和燃烧过程伴随着流体力学及燃烧不稳定性，使得液体发射药火炮的发射过程难以控制，以至于内弹道过程不稳定、重现性非常差、弹道易变形仍然难以解决。在20世纪90年代中，国内学者对整装式条件下液体发射药火炮装填，采用多孔介质及其附着剂，改善并控制填充于其中的液体发射药燃烧性能，控制燃烧速度，强化化学反应过程，实现了液体发射药比较好的稳定燃烧。近年来，国内学者，设计了小口径整装式液体发射药燃烧推进模拟装置，采用多级渐扩型燃烧室，研究了整装式液体发射药燃烧稳定性控制问题。

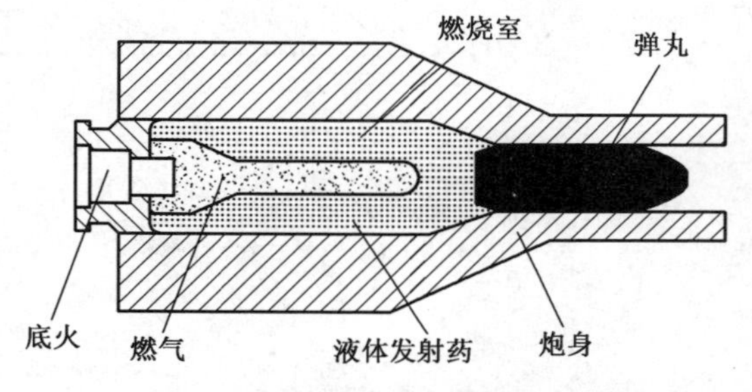

图9.1 整装式液体发射药火炮示意图

外喷式液体发射药火炮，是将贮液室与火炮身管分置，利用外加动力或火炮本身燃气压力,在发射时适时地将液体发射药按照发射过程需要的流量,喷射到燃烧室,按预定规律燃烧,如图3.9所示。外喷式液体发射药火炮通常采用的是双元液体发射药。对外喷式液体发射药火炮,外喷压力必须大于膛内压力。由于膛内压力很高,所以外喷压力很大,因此需要一个外部高压伺服机构来完成液体发射药的喷射。并且,该外部高压伺服机构比较复杂,精确控制比较困难。因此,外喷式液体发射药火炮主要使用在低压情况下。

再生式液体发射药火炮(RLPG)的工作原理如图9.2所示。在发射前,液体发射药被注入贮液室。点火具点火,点火腔内的点火药(固态或液态)燃烧,生成的高温高压气体由点火具孔喷入燃烧室中,使得燃烧室内压力升高,推动再生喷射活塞并挤压贮液室中的液体发射药。由于差动活塞的压力放大作用,使得贮液室内液体压力大于燃烧室内气体压力,迫使贮液室中的液体发射药经再生喷射活塞喷孔喷入燃烧室,在燃烧室中迅速雾化,被点燃并不断燃烧,使燃烧室压力进一步上升,继续推动活塞并挤压贮液室中的液体发射药,使其不断喷入燃烧室,同时推动弹丸沿炮管高速运动,形成再生喷射循环,直到贮液室中的液体发射药喷完为止。可以通过控制液体发射药的流量来控制内弹道循环。

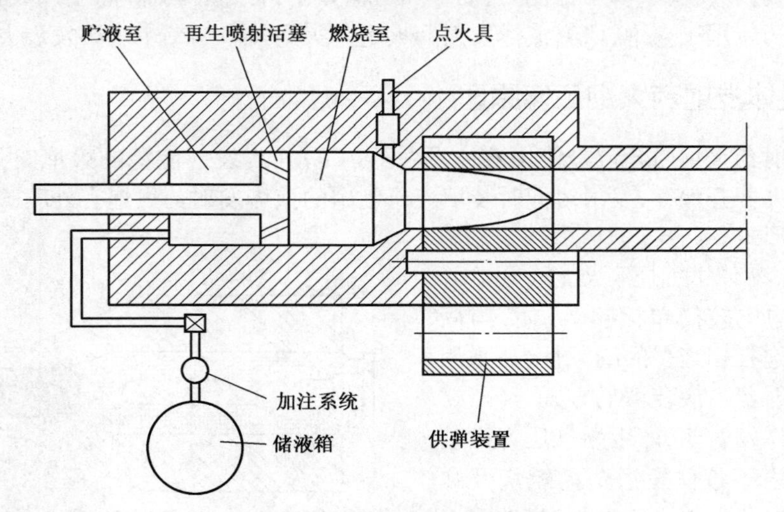

图9.2 再生式液体发射药火炮结构示意图

再生式液体发射药火炮的典型膛压曲线如图9.3所示,由图可以看出,再生式液体发射药火炮的发射过程大致可分为如下5个阶段:

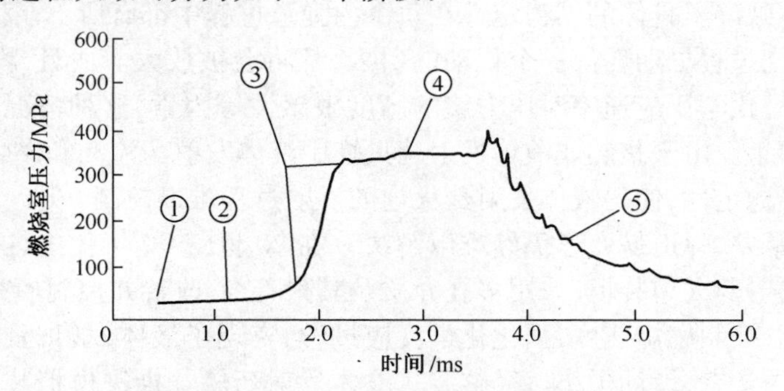

图9.3 典型的再生式液体发射药火炮膛压曲线

① 点火阶段。点火具点火后,点火燃气进入燃烧室,使燃烧室压力增加。

② 点火延迟及液体发射药初始堆积阶段。点火燃气压力逐渐上升，推动喷射活塞移动而挤压贮液室中的液体发射药，使液体发射药喷射到燃烧室并被加热，由于此时燃烧室中环境不足以使液体发射药着火，而形成燃烧室中液体发射药的初始堆积。

③ 液体发射药着火阶段。经一定的延迟时间之后，当燃烧室中的压力和温度达到一定值时，堆积在燃烧室中的液体发射药着火，随着压力增高，燃速增大，堆积在燃烧室内的和继续喷入的液体发射药迅速燃烧，形成压力陡增，压力上升到一定值时弹丸开始启动。

④ 压力平台阶段。燃烧室中液体发射药燃烧的增压作用与弹丸和喷射活塞运动的减压作用达到准稳态平衡，从而保持燃烧室中压力基本不变，形成压力曲线的平台现象。

⑤ 燃气膨胀阶段。喷射活塞运动到位，液体发射药喷射结束并燃尽，依靠燃气膨胀做功，推动弹丸继续运动。

液体发射药火炮就是为适应现代战争的需要而发展起来的一种新型火炮。再生式液体发射药火炮是利用液体发射药作为发射能源，利用再生喷射原理进行工作，利用膛压的压力平台提高初速，利用无药筒和发射药自动加注提高射速，利用发射药的可变性减小弹药储存体积和提高携弹量，利用发射药的低易损性提高安全性，利用液体发射药加注可控性较易实现火炮发射无人控制和减小操作空间。再生式液体发射药火炮在提高火炮初速、射速、自动化程度、机动性及后勤保障性能等方面具有其独到之处。再生式液体发射药火炮是目前发展最快、最接近实用的液体发射药火炮。

9.2.2　再生式液体发射药火炮的特点

再生式液体发射药火炮与常规固体发射药火炮相比，尽管再生式液体发射药火炮由于改变了发射药的形态并带来了一些变化，但是与固体发射药火炮总体上有较大的继承性。再生式液体发射药火炮本身的结构特点：炮身的药室改变为结构较为复杂的再生喷射装置；炮弹没有药筒或药包，供输弹系统结构简单，只需保证弹丸装填；击发机构由点火系统取代，炮尾、炮闩及其闭锁机构与再生喷射装置构成一个整体；液体发射药储存具有很大的随意性，可以合理地利用载体空间；需配备故障测控系统；等等。尽管再生式液体发射药火炮较固体发射药火炮复杂得多，然而再生式液体发射药火炮具有更为优良的综合性能。再生式液体发射药火炮的优势有的是潜在的，有的在试验样炮上已经实现，是目前任何常规固体发射药火炮远远达不到的。主要表现在如下几个方面：

1. 提高火炮威力

再生式液体发射药火炮，可以通过控制喷入燃烧室的液体发射药流量来控制燃烧，即控制发射药能量的释放，实现膛压曲线的压力平台，提高膛压的充满度，以及液体发射药火炮的装填密度大，可以大幅度提高火炮弹丸初速，穿甲厚度可提高30%。可以大幅度增大射程，如美国研制的155mm再生式液体发射药火炮，用52倍口径炮身，常规弹丸M549实现射程44km，而同样的弹丸M109式155mm固体发射药火炮仅为30kmm，即使采用先进的模块化固体装药也只能使射程达到39.6km，而且还需将炮身由52倍口径加长到54倍口径，再生式液体发射药火炮技术若采用新弹和17L药室，预计射程可达60km。液体发射药直接注入火炮，液体发射药装填的独立性，可以简化弹药装填，大大提高了发射速度。再生式液体发射药火炮155mm火炮设计射速为8~10发/min，已实现6~8发/min。而固体发射药火炮只能达到4~6发/min。液体发射药的流动性可以实现注入量的随意控制，调节射程，提高武器系统的火力机动性，特别是单炮多发弹同时弹着目标的能力。155mm 再生式液体发射药火炮使用 M549 式弹，52 倍口径炮身，射程可达 44km，并在 8~36km 射程内可实现多发同时弹着。由以上的优越特性估计，一门 155mm 再生式液体发射药火炮相当于现今一个炮兵连的火力。

2. 提高火炮系统的生存能力

再生式液体发射药火炮，可以控制发射药能量的释放，提高膛压的充满度，在初速不变时可以大幅度降低压力峰值，减轻火炮重量。目前再生式液体发射药火炮所采用的单元液体发射药，只有在一定的压力和温度环境下才能着火，对撞击和振动不敏感，在常压下不燃烧，受枪击不易引爆，大大降低了易毁性。由于再生式液体发射药火炮的液体发射药以雾滴形式燃烧，所以发射药燃烧充分，炮口的火焰、烟雾较少，声音小，不易暴露，大大降低了被发现的可能性。液体发射药形状的不固定性，使得储存方便，可以不占用专门的储存空间，有利于武器系统合理布局，可增加携弹量，大大减小车体外形尺寸。由于供弹系统的简化及装药的自动化，可减少一名炮手，从而可减小炮塔尺寸和重量，提高机动能力和减小被击中的面积。再生式液体发射药火炮的这些特点，有利于火炮的安全，可提高系统生存能力和武器系统综合作战能力。

3. 简化和加快后勤补给

液体发射药的包装、运输、储存类似于石油，因此一切操作都简单，弹药补充也简便、快捷，可用泵直接注入炮内储箱，时间比固体发射药可减少 3~4 倍。弹药供弹车带弹量可提高 50%~100%。现在采用的单元液体发射药，以硝酸羟胺为基，以水为溶剂和稀释剂，以硝酸羟胺为氧化剂，以三乙醇胺硝酸盐为燃烧剂，其毒性小。对液体发射药的处理较简单，费用低，无公害。HAN 基液体发射药可以生物降解，直接进入土壤，无危险、无公害。有利于火炮的后勤保障，明显改善战场后勤供应条件，装备处理简化。

4. 良好的经济性

液体发射药能量释放的低烧蚀性（液体发射药的爆温只有 1700~2500K），可缓解对身管的烧蚀，可以提高身管寿命。液体发射药批量生产工艺简单，成本低廉，具有良好的经济性。据美国在 1989 年测算，液体发射药与固体发射药相比，发射药/弹药系统的费用可节省 75%，人员费用节省 50%，后勤支持费用节省 60%，发射药生产费用节省 90%。液体发射药可以实现发射药品种和品号的单一化。不需特殊原料，生产过程无污染环境的副产品。液体发射药的这些特性，可降低火炮全寿命周期费用。

以上液体发射药火炮的优越性能已在美国的液体发射药火炮样炮的应用中都得到了证明和实现。到目前为止，这些性能任何一种常规固体发射药火炮都是无法比拟的。液体发射药火炮技术给火炮系统带来的深刻变革为火炮发展展现了美好的前景。

发展液体发射药火炮可以解决目前大口径火炮发展中存在的三大难题：

（1）高初速低过载。例如，37mm 常规火炮，初速 860m/s，最大膛压 280MPa，37mm 液体火炮，初速 892m/s，最大膛压只有 214MPa。相比而言，初速提高了 3.7%，最大膛压反而下降了 23.6%。

（2）高发射速度。例如，155mm 常规火炮，最大发射速度 8 发/min，即总循环时间 7.5s，其中输药时间 3.5s。如果使用液体火炮，没有输药时间，最大发射速度可达 15 发/min，考虑其他因素影响，可以保证最大发射速度 12 发/min。

(3) 轻量化。由于再生式液体发射药火炮供弹系统的简化及装药的自动化,可减少炮手或自动装药机,从而可减小炮塔尺寸和重量。

9.2.3 再生式液体发射药火炮武器化的关键技术

开展液体发射药火炮技术研究,尽快将再生式液体发射药火炮技术武器化,主要是解决一些液体发射药火炮工程化必须解决的关键技术。这些关键技术包括再生喷射结构技术、高压条件下压力振荡抑制技术、高压动密封技术、液体发射药自动加注技术、低电能液体发射药稳定点火技术等。

1. 再生喷射结构技术

再生喷射技术是再生式液体发射药火炮的核心。可以通过火炮的结构设计,来控制发射过程中参与燃烧的液体发射药药量,从而达到控制内弹道循环的目的。

再生式液体发射药火炮关键技术研究的重点是解决工程应用中的技术问题,而相关技术主要体现在结构上。通过结构设计,实现对液体发射药的喷射、破碎、雾化、燃烧以及弹丸和再生喷射活塞的运动等整个再生喷射循环过程的控制。所以再生式液体发射药火炮关键技术研究的重点就是研制具有工程化应用前景的再生喷射结构。应合理选择再生式喷射结构原理,合理选择再生式喷射结构参数,认真进行再生式喷射结构设计和再生式喷射结构研制,严格控制制造精度,确保实现稳定的再生喷射循环。

2. 高压条件下压力振荡抑制技术

在再生式液体发射药火炮工作过程中燃烧室存在剧烈的压力振荡现象。压力振荡一直是阻碍再生式液体发射药火炮工程化应用的主要因素,抑制压力振荡是再生式液体发射药火炮最关键技术。大量试验研究发现,这种高频压力振荡与空腔振荡、射流振荡、活塞与液体药振动、机械结构的耦合振动及湍流等因素有关。G. Wren、G. Klingenberg 采用在液体药中加添加剂,研究了液体药喷射流量、液体药能量释放速率与压力振荡的关系,提出减少液体药的堆积量来降低再生式液体发射药火炮振荡幅值的方法;S. R. Vosen 通过在燃烧室内壁安装橡胶衬垫吸收压力波的方法抑制压力振荡,起到了较好的效果。国内学者在环境压力不太高的情况下,通过合理设计再生喷射结构、参数优化耦合研究以及再生喷射结构主要零件的动力学特性分析等方法,在压力振荡的抑制方面进行了研究并取得明显进展。研究中也发现,在环境压力太高的情况下,解决压力振荡的抑制问题更加困难,尤其是试验问题更加突出。国内学者还从点火到燃烧控制方面进行了抑制压力振荡的试验研究,得出了有益的结论;分析燃烧室燃气特性,研究了压力振荡的产生原因;利用仿真技术再现再生式液体发射药火炮喷雾燃烧过程,研究了压力振荡的产生机理及抑制措施等。

通过研究压力振荡的产生机理、优化耦合再生喷射结构参数、优化活塞运动后期缓冲、控制主要零件变形等措施,来有效控制压力振荡,对液体发射药火炮技术工程化应用具有重要意义。

3. 高压动密封技术

密封性能的好坏直接关系到再生喷射循环是否能够正常进行。解决高压密封问题是进行再生式液体发射药火炮试验研究的前提。在再生式液体发射药火炮射击试验中,压力、温度和活塞的运动速度都非常大。在此恶劣条件下,密封技术既要保证密封可靠,又要保证运动件的运动灵活，还要保证多次发射重复使用，难度非常大。

结合再生喷射技术，研究实用的高压动密封原理、结构和技术，对保证再生式液体发射药火炮工作安全性和可靠性具有重要意义。

4. 液体发射药自动加注技术

液体发射药自动加注系统是再生式液体发射药火炮系统中一个重要的系统。液体发射药自动加注技术是再生式液体发射药火炮工程化必须解决的技术，重点研究加注系统结构、加注参数匹配、排气、气泡产生机理与防止措施等。

5. 低电能液体发射药稳定点火技术

再生式液体发射药火炮的稳定点火是实现稳定再生循环的起始条件。以前所进行的试验研究大多以固体发射药作为点火药，对系统构成复杂性以及实现连续射击产生很大影响。考虑再生式液体发射药火炮工程化需求，必须开展低电能液体发射药电点火技术研究。

9.2.4 再生式液体发射药火炮技术应用

1946 年，美国开创性地进行了液体发射药火炮技术的研究，随后各主要军事大国也相继不同程度地开展了研究工作。美国军方十分重视液体发射药火炮技术的发展，投入了大量的人力、物力，在技术上始终领先于其他各国。液体发射药火炮技术发展经历了发射原理探索、炮用液体发射药研究、整装式技术研究、再生式技术快速发展、再生式技术工程应用等阶段。美国 GE 公司于 1992 年完成了液体发射药火炮样炮进行装炮试验，射程达 44km，射速达 6~8 发/min，能在 8~36km 射程范围内实现多发同时弹着，若采用 17L 药室射程可达到 60km。可减少一名炮手，炮塔尺寸大大减小，主要性能超过军方要求的指标。

经过半个多世纪的不懈努力，液体发射药火炮技术取得长足进展。再生式液体发射药火炮样炮实弹发射试验表明，试验炮的性能非常好，但也反映出再生式液体发射药火炮工程应用中还存在一些技术难题，如压力振荡、弹道控制、点火、液体发射药与火炮材料的相容性、液体发射药加注与泄液、液量计量、防漏、气泡的防止与排除、变装药等。

鉴于再生式液体发射药火炮技术巨大的优势，人们一直致力于将再生喷射技术应用于液体发射药火炮，并将再生式液体发射药火炮技术武器化。再生喷射技术在液体发射药火炮技术上的应用，主要有两个方面，一是开发再生式液体发射药火炮，如大口径再生式液体发射药压制火炮、再生式液体发射药坦克炮、再生式液体发射药反坦克炮、中小口径再生式液体发射药自动炮等，二是避开再生式液体发射药火炮中暂时难以解决的难题，将再生喷射技术与其他发射技术有机结合，形成新的发射技术，如再生式液体随行装药发射技术、再生式液体发射药辅助药室发射技术等。

发展再生式液体发射药火炮是根据未来战争的需求，所关注的是其整体效应。从未来发展需求的观点，再生式液体发射药火炮技术将会很好地发展，主要的发展是在火炮硬件方面。

9.3 电热炮与电磁炮

发射就是在较短时间内用较大的功率把物体推进到一定速度，在空间飞向目标。人们用发射装置来实施发射物体。发射器借助某种能量把物体从静止或低速发射到较高速度,使物体获得更高的动能。因此发射器的实质就是一种能量变换器或换能器。

目前,用于军事的发射能源大体可分为机械能、化学能和电能三大类。发射能源的更替,往往都意味着军事技术领域发生质的飞跃。早期由于科学技术的落后,只能使用机械能,如弓箭、弩、抛石机等,用这些装置借助人体肌肉的力直接抛射物体或储存势能,然后抛射物体,是把一种机械能(如势能)变成另一种机械能(动能),大大延伸了人体作用距离,这是发射技术的一个进步。机械发射器能量变换过程简单,抛射物体所用的能量也原始和易得,但是,这些原始的发射器所使用能源的储能密度低,为发射提供的功率小,因此难以把物体发射到高速度,一般在每秒几米到几十米范围内,限制了发射器作用距离。14 世纪初,我们的祖先发明火药后,很快通过阿拉伯传到欧洲,人们将化学能应用于发射。化学能发射器是一种把化学能变为发射体动能的一种能量变换器,它利用相关化学推进剂燃烧(化学反应)产生气体推进物体到高速度,火炮就是典型的化学能发射器。由于化学推进剂储能密度较高(有时高达 5.5MJ/kg),且化学反应(燃烧)较快,因此化学发射器能提供较高的功率,能把物体发射到较高的速度,一般达到每秒几百米到千米,发射物体的发射速度至少比机械发射提高了两个数量级,大大拓展了人力作用距离,这是发射技术进步的一个里程碑。与冷兵器相比,火药具有很高的能量密度和功率密度。由于制造工艺的不断改进,常规火炮利用化学能就可将几十千克重的弹丸加速到接近 2km/s,但继续提高常规火炮的初速已经遇到非常大的困难。由于电能具有机械能和化学能不可比拟的可控、易实现高功率、易传输和无污染等优点,因此不仅导致现代的工农业普遍应用电能,而且电能在军事方面也得到广泛应用。

电炮是使用电能代替或者辅助化学推进剂发射弹丸的发射装置。正在研制中的电炮有电磁炮(EML)和电热炮(ET)。电磁炮完全依靠电磁能来发射弹丸。电热炮是全部或部分地利用电能加热工质并产生等离子体来发射弹丸。

电炮能够驱动弹丸以高速飞行,速度超过 1.8km/s。由于电炮炮弹比常规炮弹有更高的速度,因此它具有足够的动能对要攻击的目标造成灾难性的破坏,能更有效地摧毁硬目标。

9.3.1　电热炮

电热炮是全部或部分地利用电能加热工质产生热等离子体来推进弹丸的发射装置。它主要由外部电源和加速器两大部分组成。一般地说,电热发射有两层含义:一是完全依靠电能工作,使用特定的高功率脉冲电源向某些分子量小的第一工质放电,把轻质工质加热而转变成高温高压等离子体状态,利用含有热能和动能的高温高压热等离子体直接推进弹丸运动;二是先利用高功率脉冲电源放电产生高温高压等离子体,然后再利用加热第一工质产生的等离子体射流去与其他更多质量的低分子量的第二工质作用,使第二工质气化或离解和燃烧、加热,产生高温高压燃气,借助高温高压燃气的热膨胀做功来推进弹丸。

经典细管直热式电热炮是一种细管注入直热式电热炮,由电源、毛细放电管、电极、身管和弹丸等组成。有时在阴、阳极间连接金属丝(或箔)构成电爆炸导体。其工作原理如图 9.4 所示。高功率脉冲电源的高电压脉冲通过开关加在炮的两电极间(一电极为炮身管并接地),在轻质(如聚乙烯)绝缘材料制成的毛细放电管内表面发生沿面电击穿(或爆炸导体电爆炸),首先形成空气物质(或金属物质)的等离子体。此高温等离子体向管壁热辐射,烧蚀下来的管壁材料进入等离子体内,再被电离以补充等离子体质量。电流继续通过等离子体并对之欧姆加热,管内等离子体继续热辐射烧蚀管壁材料,使其继续变为等离子体。管内的高温高压等离子体的温度达 $10^4 \sim 10^5$ K,压力达 100~1000MPa。这些过程均在Ⅰ区内进行并完成。高温高压等离子体进入到Ⅱ区后,等离于体迅速膨胀并做功推动弹丸前进,达到较高的炮口速度。沉积到放电管的能量约有 30%转变为弹丸动能。调节放电功率可改善膛压曲线,使炮具有更佳的内弹道性能。

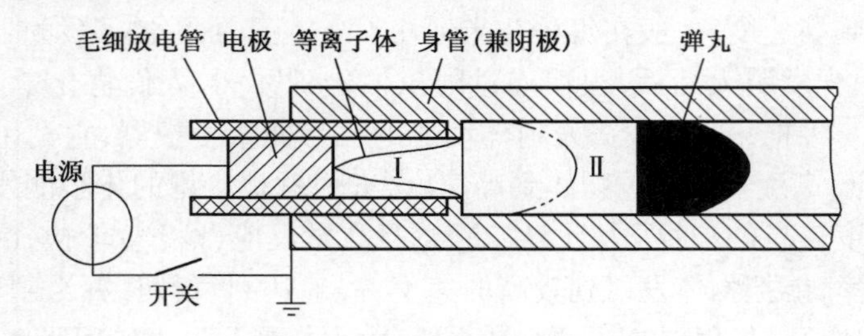

图 9.4 直热式电热炮工作原理

通常所说的电热化学炮,是将电能转变为热能,使固体推进剂或液体推进剂燃烧,产生高温高压气体推动弹丸高速发射的火炮。电热化学炮,由电源、脉冲形成网络、炮身、炮架等部分组成。除由高功率脉冲电源、脉冲形成网络和闭合开关组成的电源系统和毛细放电管(等离子体产生器)外,电热化学炮很像常规火炮,只不过它的第二级推进剂多采用低分子量的"燃料",也有直接采用发射药。电热化学炮的炮弹由等离子体喷管、推进剂和弹丸等组成。电热化学炮的组成如图 9.5 所示。

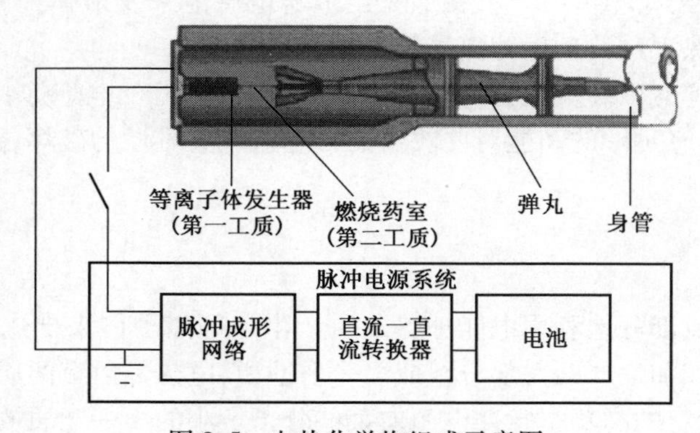

图 9.5 电热化学炮组成示意图

典型电热化学炮的基本工作原理:由外部电源提供电能,由第二工质提供化学能;当闭合开关后,由大容量高功率脉冲电源发出的高电压大电流(所用的电压为 5~25kV 不等,电流在 100kA~1MA 范围内),经脉冲成形网络的调节,使其成为波形符合弹道要求的电流脉冲,输入到毛细放电管两端的电极上使之放电,高电压、大电流加热放电管内的介质(第一介质);在高电压、强电流的作用下,电极放电、激发毛细管,在毛细放电管内产生低原子量、高温、高压的热等离子体射流;在高压作用下,高温等离子体射流从喷口高速射入含有工质的燃烧室(反应区),在其内热等离子体与推进剂(第二工质)及其燃气相互作用,不仅使推进剂发生化学反应产生以高温高压燃烧气体为主的最终产物,而且将输入的电能转化为热能,向推进剂提供外加的能量;燃烧室压力上升,使推进剂气体快速膨胀做功,推动弹丸沿炮管向前运动,从炮口射出。等离子体在电热化学炮中的功能有二:一是点火和燃烧第二工质(如固体发射药),起点火和帮助燃烧的作用;二是作为一附加能源,只向推进剂燃气补充能量,以增大弹丸的炮口动能。

目前研制的电热化学炮主要分两类。一类是采用固体推进剂(含发射药)的电热化学炮,简称作固体电热化学炮(SPETCG);另一类是采用流体推进剂(工作流体)的电热化学炮,简称其为流体电热化学炮(LPETCG)。

电热化学炮具有以下特点:

(1) 初速高。由于电热化学炮采用等离子体发射技术,突破了常规火炮的初速限制,因此可以获得很高初速;由于发射能量除化学能外,还包括电能产生的热焓高、辐射性能好的等离子体,因此可以有效提高初速;由于可以通过脉冲电源的功率释放波形来有效调节与控制发射药化学能释放过程,从而大幅度提高点火和燃烧性能,显著增加炮口动能与初速,实现超高速发射。根据气体动力学原理估算,电热化学炮的弹丸初速度最高可达3~4km/s。

(2) 内弹道可控性好。由于电热化学炮采用等离子体发射,而等离子体在高压气体环境中动量扩散性强,并且等离子体热力学参数直接受控于脉冲电源的功率释放,因此可以通过输入的电流脉冲来调节控制发射药的化学反应速率,调节控制电热化学炮内弹道过程,甚至实现压力平台,灵活实现要求的弹道性能。通过控制电流脉冲来调节控制弹丸初速和射程,有利于改变射程,提高火力机动性。

(3) 实现温度补偿。常规火炮发射时初速与发射药的温度密切相关,亦即温度敏感性高。而电热化学炮由于采用高温热等离子体射流来点燃发射药,大大降低了温度敏感性,实现了对温度变化的补偿,实现装药零初温效应的物理基控制,从而能大幅度提高燃烧稳定性和重复性。

(4) 点火性能好。常规火炮击发后,发射药的点火延时时间一般大于20ms,且一致性不好,分布较为分散,造成初速的不稳定,影响射击精度。采用高温热等离子体点火技术的电热化学炮,不但缩短了延时时间(小于2ms),而且一致性很好,可以提高初速的均匀性和射击精度。尤其是可以实现在高装填密度固体颗粒药床中真正意义的点火一致性、全面性和均匀性。

(5) 能源简易。电化学热炮的发射能源为电能和普通化学能,能源简易。

(6) 兼容性好。电热化学炮与常规火炮具有较好兼容性。电热化学炮除发射电热化学炮弹以外,也可发射普通炮弹。可以通过对常规火炮的改装实现兼容发射,提高火炮的性能,具有良好的效费比。

电热化学炮作为一种新概念火炮,是在常规火炮技术基础上共同应用电能和化学能实现火炮性能的大幅度提高,与传统火炮具有较大继承性,特点明显,其发展前景比较乐观。目前,电热化学炮是发展最快、最有希望的新概念火炮之一。但是,电热化学发射技术的武器化还存在许多技术难点,有些技术还有待进一步深入研究和突破。

电热化学发射的几个关键的原理与技术主要是:推进剂及其高密度装填技术;等离子体发生器新原理与技术;等离子体与含能工质相互作用机理与技术;程控化脉冲电源技

术;综合测控系统与技术;电热化学发射平台武器化及集成技术;等等。

电热炮的研制始于1945年,德国欧·姆克是实际研制电热炮的第一人。1960年,美国国防部发表了《电弧炮的研究报告》,在药室内装有充作“发射药”的氢化锂,膛内放置弹丸,用已充电的电容器组向药室放电,结果把10mg的尼龙弹丸加速到4.9km/s。1993年美国国防核武器局已制成炮口动能为18MJ的127mm舰炮样炮,把25kg的弹丸加速到1.2km/s的初速;陆军武器发展中心委托食品机械公司(FMC)研制的120mm反坦克炮已能把弹丸加速到3km/s。1993年6月25日,美国进行了固体电热化学炮的首次野外射击试验,固体电热化学炮以高于2km/s的速度发射了4.5kg重的小型射弹,其过载加速度超过60000g。美国1996年完成120mm电热化学炮精确定时点技术提高精度及命中概率演示,可重复性良好。2004年8月,在加利福尼亚的罗伯茨靶场进行了120mm电热化学炮系统在战车上的集成发射试验,可兼容发射常规炮弹,如图9.6所示。试验共发射炮弹25发,其中“电热弹”12发,常规弹13发,射速12发/min。验证了脉冲电源、电热弹丸、电热等离子体点火及系统集成等关键技术,为电热化学炮下一阶段的装备和应用提供了有力的支撑。美国陆军的研究目标是利用低于1MJ的电能,把现有120mm口径的坦克炮的炮口动能提高40%。

图9.6 美国电热化学炮演示试验

在1995年,德国进行的105mm口径电热炮试验已能够把2kg的弹丸加速到2400m/s。

俄罗斯在35mm电热化学炮上研究低压能量存储技术,采用多相乳化发射药,降低电源系统对高压储能的要求,使得电源储能电压从数千伏降低到数百伏。在FST-2坦克上试验了135mm电热炮,初速达2500m/s。

从电热炮的发展史中不难看出,由于电热发射技术与常规固体发射药火炮有一定范围的兼容性,电热发射技术是发展最快、最有可能武器化的新概念武器之一。随着新技术、新材料及相关学科的发展,电热发射技术一旦成熟,其应用前景极其广泛。

因为电热化学炮比其他新概念火炮更接近于常规火炮,而火炮性能却能明显提高,研制的难度比其他新概念火炮相对要小,在技术上容易实现,易于达到早日使用的目标。电热化学炮的发展趋势主要在如下几个方面:

(1) 电源的小型化。从将来实际应用的角度出发,为满足系统集成的要求,电热化学炮所需要的脉冲电源朝着高密度、小型化、高可靠的方向发展。研究论证脉冲功率源工作原理、系统构成和可行的实施结构方案,特别是研究适用的脉冲发电机储能装置及开关等器件。在中大口径电热化学炮中主要起点火作用的电源,储能为100~200kJ,充放电一体,满足10发/min以上的要求,使用寿命1000发以上,可使用战车平台的混合动力快速充电。而在小口径电热化学炮中,电源储能要达到1~2MJ,在实现电热点火的同时,能大幅度提高弹丸的初速和炮口动能。

（2）内弹道控制技术。在不断研发新型发射药（具有能量高、性能稳定、燃气分子量低等特点）和新型电极材料及形式的同时，研究等离子体点火的机理、过程、方式，通过对点火时间的精确控制和温度效应的补偿，提高电热化学炮的内弹道性能。点火技术是电热化学炮的核心技术，应开展在脉冲强电流作用下等离子体的生成技术及其特性研究，保证对工质具有适当均匀的点火能力。内弹道性能稳定和一致性是电热化学炮达到实用化程度的关键，故应研究等离子体与工质的作用规律，内弹道性能的优化，膛内各主要参量（膛压、初速）的控制以及抑制反常现象的措施等。

（3）系统集成技术。随着电热发射关键技术的突破和逐渐成熟，电热化学炮的装备和使用已列入议事日程，其研究关注的焦点开始向系统级技术转移。运用系统工程的方法对电热化学炮系统进行概念研究，并对各分系统的关键技术提出要求，给予科学导向、控制和协调。从实际需要出发，进行系统的综合与优化研究，不断探索实现总体性能要求的技术途径。重视系统集成技术，以及在未来实战条件下的系统性能，如实用性、可靠性、适配性、安全性及电磁兼容性。

未来战争的战场将是以现代化高新技术为基础而发展起来的各种先进武器相互较量的战场。研究电热化学炮的目的就是为了以超高速、高动能来满足未来战场的需要。

电热化学炮很好地解决了动能武器"快"的问题，既可取代传统火炮用于远程火力支援，又可作为舰载、车载等地面防空、反装甲、反导等近距离防御等作战战术武器，还可作为天基武器用于战略防御武器，具有广阔的应用前景。如今，电热化学炮技术已经进入靶场试验的实用阶段，由于具有威力大、射程远、体积小、适用性广和实用性强等显著优点，它已成为新概念火炮中最有竞争力的新概念火炮。

9.3.2　电磁炮

磁场的主要特征之一是对载流导体能产生作用力，称为电磁力。载流导体在磁场中所受的作用力与导体中的电流、导体在磁场中的长度、磁感强度以及导体和磁场方向之间夹角的正弦值成正比。当导体与磁场方向垂直时，导体所受的力最大。当导体与磁场方向平行时，则导体不受力的作用。

电磁炮是电炮家族的重要成员。电磁炮是完全依靠电磁能发射弹丸的一类新型超高速发射装置，又称为电磁发射器。电磁炮正是基于这一基本的物理原理而提出并进行研制的，即电磁炮是利用运动电荷或载流导体在磁场中受到的电磁力（通常称它为洛伦兹力）去加速弹丸的。根据工作原理的不同，电磁炮又分为轨道炮和线圈炮两种。

1. 轨道炮

轨道炮又称导轨炮，是电磁炮的主要形式之一。简单轨道炮由一对平行金属轨道、一个带电枢的弹丸（发射物）以及高功率脉冲电源组成。其中电枢位于两轨道间，由导电物质组成，发射过程中导通两轨道，与之形成电流回路。轨道炮的工作原理如图9.7所示。发射时，将开关闭合，电流 i 通过馈电母线、轨道、电枢，最后返回电源以构成回路，在回路内产生磁场。电枢电流与磁场相互作用的结果是在电枢上产生电磁力，作用在电枢弹丸上的电磁力推动载流电枢（弹丸）从导轨之间发射出去。

轨道炮的磁场强度和电流越大，电磁力也就越大。电路长度是由弹丸大小决定的，它的变化不会很大,主要影响因素是电流和磁场。例如,要将质量为 1kg 的弹丸加速到 5000m/s,如果假定加速度不变,加速的时间是 0.002s,那么需要 2.5×10^6N 的力。如在弹丸上的电流行程(即弹丸大小)为 0.05m,磁场强度为 20T(它是通过超导线圈所能达到的最大值),那么必需的电流为 2.5×10^6A。弹丸能获得的动能为 12.5×10^6J,把储能转换成动能的时间是几毫秒,假设上述的加速时间为 0.002s,那么其功率为 6.25×10^9W。这里的计算,假定整个过程中没有损耗,效率为 100%。实际上,能量损耗是很大的,这里只是为了提供一个所需能量的量级上的概念。理论上初速可达 6000~8000m/s。

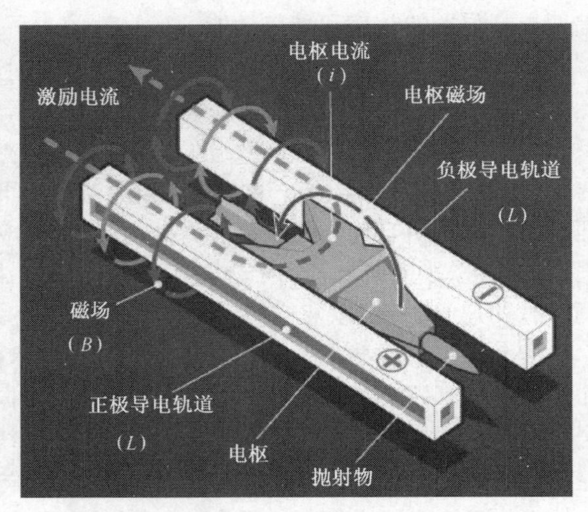

图 9.7　简单轨道炮工作原理示意图

电枢的种类主要有固态金属电枢、等离子体电枢和混合型电枢等。提供脉冲功率的能源,目前主要有电容器组、高性能蓄电池、各种单极发电机、脉冲变压器、补偿型脉冲发电机(即强制发电机)和爆炸发电机以及以后将会使用的超导储能系统等。这些不同的脉冲功率能源各有利弊,目前尚难断言哪种更好。

电磁轨道炮一直受到人们的关注和厚爱,主要有如下潜在优点:

(1) 电磁轨道炮炮弹初速非常高,甚至可以把弹丸加速到几十 km/s 的超高速。炮弹初速高,相应的射程远,射程可与导弹相媲美,因而电磁轨道炮可以用于远程压制。高速运动的弹体,飞行相同的距离需要时间较短,提高了对运动目标的命中精度和摧毁能力,因而电磁轨道炮可以用于防空反导。弹体具有的动能很大,穿甲能力很强,因而电磁轨道炮可用于反坦克等领域。

(2) 电磁轨道炮的发射稳定性好。电磁轨道炮的发射初速由电流的大小决定,所以可避免许多偶然因素对发射的影响。弹丸在发射过程中各处所受电磁力非常均匀,弹丸近似达到恒加速运动,因此弹丸的稳定性和发射精度都有极大的提高。而且比火药引发炮弹容易控制。

(3) 电磁轨道炮的可控性好。弹体初速的大小决定了射程的远近,而通过调节电流的大小就可调节初速,从而可控制射程的远近。

(4) 电磁轨道炮的弹体不受限制。与普通火炮的弹丸相比,电磁轨道炮弹丸的形状不受限制,可按需要设计成飞行阻力最小的形状。电磁轨道炮的“炮弹”就是弹丸本身,加上初速高,达到相同毁伤效果的炮弹尺寸小、重量轻。据估计,达到传统 120mm 火炮相同毁伤效果时,电磁轨道炮炮弹的体积只是传统 120mm 火炮炮弹的 1/8,重量是其 1/10,这样,不仅供弹方便,而且可显著提高武器系统的携弹量,减少后勤负担。现在的舰船一次只能携带 70 枚制导导弹,而电磁轨道炮弹则能轻易地一次装载几百枚。电磁轨道炮发射的有效载荷就是弹丸本身,发射效率高,而远程火箭发射的有效载荷甚至只占发射质量的 1%。

(5) 电磁轨道炮的结构不拘一格。电磁轨道炮的结构、形状、大小可以不受限制,可采取灵活的结构形式,可以设计成圆形、方形、椭圆形等。

(6) 电磁轨道炮的发射能源简易和效率高。电磁轨道炮采用低级燃料作能源发射,不仅单位能量成本较低,而且不存在燃料爆炸的危险和处理废燃料的麻烦,对环境污染小。电磁炮的发射能量转换率相对较高,电能转换效率的理论值大于 50%,具有发展和利用的潜力。电磁炮几乎全部发射重量都是有效载荷。

曾经有人认为,电磁轨道炮在发射时不产生火焰和烟雾,也不产生冲击波,所以作战中比较隐蔽,不易被敌人发现。实际上,在弹丸离开炮口时,由于轨道回路仍保持电流,轨道电感将储存大量剩留磁能。剩留的磁能要以炮口电弧放电形式转变成热能而消耗掉,电弧产生强的可见光,易被敌方发觉,不利于隐蔽作战,并且电弧向周围辐射,敌方通过探测电磁辐射的方位和强度能了解我方的位置乃至武器性能,电弧将烧蚀炮口材料,影响炮口的准直和弹道性能,降低炮的使用寿命。2008 年,美国海军进行的电磁轨道炮发射试验中炮口情况如图 9.8 所示。

图 9.8　电磁轨道炮发射试验中炮口情况

电磁轨道炮的潜在优点是非常诱人的,虽然目前电磁轨道炮技术研究也取得巨大成就,但是要将这些优点真正实现还需经过艰苦的努力,必须解决一些关键技术难题。电磁轨道炮的关键技术主要有电源技术、发射器设计技术、材料技术以及系统总体设计技术等,尤其是轨道炮的轨道是在兆安级的电流下工作的,材料要经受瞬时极大的热流冲击,容易造成轨道的严重烧蚀,特别是弹丸底部的初始位置,烧蚀更为严重,缩短了轨道的使用寿命。

电磁轨道炮概念是法国人维勒鲁伯于 1920 年首先提出来的。1945 年德国汉斯勒博士将两门轨道炮串联起来,使炮弹初速度达到了 1.21km/s。从 20 世纪 70 年代开始,随着一些技术难题相继被解决,使得电磁轨道炮的研制得以东山再起。澳大利亚国立大学建造了第一台电磁轨道发射装置,将 3g 重炮弹加速到 6000m/s。因电磁轨道炮可大大提高弹丸速度和射程,引起世界各国军事家的关注。美国在电磁轨道炮研究方面一直走在世界前列。2001 年 11 月,美国海军决定发展一型炮口动能为 64MJ 的舰载电磁轨道炮,以满足海军对未来海上火力支援的需求。电磁轨道炮必须是可以安装在水面舰只上,其重量相当于 155mm 高级火炮系统,能够以 64MJ 初始动能和 2500m/s(7.5 倍音速)的初速度发射 20kg 的弹丸。高速弹丸只需要 6min 就达到 200 海里以外的目标,并能以 5 倍音速的速度对目标实行动能碰撞。2004 年,美国海军成功进行了电磁轨道炮发射试验。2008 年的试验以 2500m/s 的速度发射了重约 3kg 的炮弹(炮口动能约为 10MJ)。2010 年 12 月,美国海军成功试射电磁轨道炮,炮口动能达到 33MJ,其炮弹速度超过 5 倍音速,射程可达 110 海里(204km)。

电磁轨道炮以其独特的发射方式,在高初速、远射程和快速打击等方面显现出无可比拟的优势，一旦解决了技术难点，电磁轨道炮可承担海上火力支援、陆上远程火力压制、反坦克（装甲）和打击临近空间作战平台等使命任务，其应用范围涉及海、陆、空三军。

2. 线圈炮

线圈炮是电磁炮的主要形式之一。线圈炮一般是指用脉冲或交变电流产生磁行波来驱动带有线圈的弹丸或磁性材料弹丸的发射装置。

就一般情况而言，线圈炮结构由若干个固定的定子线圈组成火炮的“身管”，起驱动作用，称为驱动线圈，也可称身管线圈；固连在弹丸（发射体）上的线圈构成电枢（被驱动），称为弹丸线圈，其内装有弹丸或其他发射体。当向炮管的第一个线圈输送强电流时形成磁场，弹丸上的线圈感应产生电流，固定线圈产生的磁场与可动线圈上的感应电流相互作用产生推力（洛伦兹力），推动可动弹丸线圈加速；当炮弹到达第二个线圈时，向第二个线圈供电，又推动炮弹前进，然后经第三个线圈、第四个线圈、……直至最后一个线圈，逐级把炮弹加速到很高的速度，如图 9.9 所示。由于线圈炮是利用驱动线圈和弹丸线圈间的磁耦合机制工作，因此线圈炮的本质可以理解成直线电动机。许多个同口径、同轴固定线圈相当于炮身，可动线圈相当于弹丸（实际上是弹丸上嵌有线圈）。

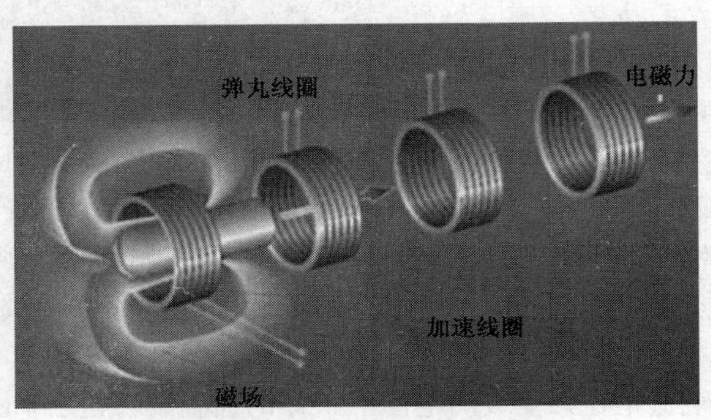

图 9.9 线圈炮工作原理示意图

线圈炮的种类繁多，从驱动线圈和弹丸线圈间的电关联分类，线圈炮可分为两大类：一类是两线圈间有直接电联系的线圈炮（如电刷换向型线圈炮）；另一类是两线圈无直接电联系的线圈炮（如无刷换向型线圈炮）。有刷型结构复杂，原理上类似于轨道炮，其弹丸线圈均由外电源提供电流，即或者在加速期间由外电源馈电，或者使用超导体储存永久电流，或者以大的时间常数携带持久电流。因此，必须备有弹丸线圈所用的外部电源系统。这无疑将导致线圈炮的复杂和笨重，且由于滑动接触，速度受限。同轴无刷型线圈炮一般由储能电源（电容器组）、驱动线圈、轨道、弹丸线圈（或被驱动环）及开关等组成。为了保证磁耦合最紧密，通常选驱动线圈和弹丸线圈同轴且直径尽可能相近。

与轨道炮相比，线圈炮有许多优点和一定的缺点。其优点如下：

（1）速度高。由于线圈炮靠磁悬浮力运动，弹丸（线圈）与身管（驱动线圈）无机械接触，减少了摩擦和避免了导轨的烧蚀，可能把弹丸加速到极高的速度。

（2）效率高。加速力施加于整个载荷上，线圈积累的总欧姆损失少，从而使能量利用率提高。理论上，感应线圈炮的效率有 100%的潜力。平均说来，各种线圈炮的实际效率均在 50%以上，这比轨道炮的效率高得多。

（3）力学结构合理。因为圆筒形线圈能减少寄生力，提高了承压力的能力和许用极限,能经受住极高的环箍应力。又由于弹丸线圈可均布于弹丸,因此沿弹丸长度受力均匀。

(4) 能减小电流或提高加速力。由于多级线圈驱动,若获得与轨道炮同样的加速力时,驱动元件的电流大为减少;或者驱动电流与轨道炮相同时,加速力可提高100倍以上。这样不仅可避免MA级大电流工作,而且尚可使用多电源沿炮管分散供电;故而避开了特大功率的电源和开关。

(5) 高阻抗。驱动线圈和开关上的能量损失少,开关技术易解决;电流小,电磁力破坏的可能性变小;高阻抗负载有更多的电源可用。

(6) 易于维修。部分地拆卸、维修某些线圈较方便。

(7) 炮口无电弧,有利于隐蔽。

(8) 易实现大规模炮。这不仅易实现大口径,也可使弹丸在炮管外面加速,如马鞍形弹丸线圈便可"骑"在驱动线圈外面被加速,这有利于发射大尺寸载荷(如航天飞机等)。

(9) 发射频率高且受控。甚至前弹丸未出膛便可装填和加速后面的弹丸。

(10) 特别适于发射大质量的射弹。

线圈炮的主要缺点如下:

(1) 同步技术和结构相对复杂。

(2) 当高速度时弹丸线圈电流往往很大,需要考虑过热带来的问题。

(3) 产生很高的感应电压或反电动势。因为同步要求的快速电流转换将产生感应电压。而携带电流的弹丸线圈高速运动要产生反电动势,而且速度越高反电动势越大。这样,弹丸线圈的电流和驱动线圈的反电动势均限制速度。

(4) 在大的冲击负荷情况下,弹丸加速力还受驱动线圈的机械强度限制。

线圈炮具有许多潜在优点,也存在不足,扬长避短,一旦解决了关键技术,其应用前景非常广阔。主要关键技术包括电源技术、同步技术、磁耦合技术、结构技术等。尤其是同步技术,必须保证激励驱动线圈并使之同步地与弹丸线圈进行磁耦合。

线圈炮的概念可以上溯到100多年前。第一个提出电磁炮概念,并进行试验的是挪威奥斯陆大学物理学教授伯克莱,他在1901年10月第一个获得了"电火炮"专利,并使用直流激励的管状直线电机的系列线圈,把500g重的抛射体加速到50m/s。其实可以认为是第一个线圈炮,这是电磁发射技术发展的里程碑。1966年,苏联鲍斯达列夫用10m长的单级脉冲感应线圈发射器把2g的铝环加速到5km/s。普林斯顿大学的William等人于1979年建成一个线圈型质量发射器,首次完整地实现了线圈炮的各要素。驱动线圈49个,电容器供电,用光学传感器测得弹丸的位置,反馈至可控硅开关,依次接通各驱动线圈。电枢用超导材料。身管(驱动线圈)内径为131mm,加速段长度为1.25m,弹丸质量为500g,出口速度达到112m/s。进入20世纪80年代,电磁发射引起了各国军方的极大关注,纷纷投入大量的人力、物力对电磁发射进行试验研究,其中主要包括美国、俄罗斯、英国、法国、日本、以色列、德国、荷兰、中国等,其中美国处于领先地位。线圈炮技术,研究分析并实践了多种运行方式,建成了一批试验装置,并在支持技术上取得了进展,如电容储能器的体积与重量下降了两个数量级,单极发电机的能量密度提高了许多倍,补偿脉冲发电机及大电流、高电流密度的快速开关等取得可喜成绩。有关电磁发射过程的各种复杂的分析与设计程序,电磁的、力学的与热学的,广泛研制与应用。

电磁发射用于武器,现在多采用轨道炮,主要因其结构简单。其实,线圈炮比轨道炮更有优势。线圈式电磁发射特别适用于空间应用和飞机弹射等大质量发射场合。现空间发射均使用多级火箭,利用液体或固体燃料的化学能。由于火箭壳体结构及燃料均需升空,故有效荷载仅占升空重量的1/100左右,欧洲的阿丽雅娜火箭为1/132,且箭上携带许多昂贵的控制设备只能一次性使用。利用电磁能的发射装置,升空者基本上仅为有效荷载,因而成本极大地降低,据估计约为火箭发射的1/100。此外,电磁发射对发射物的体积无限制。线圈炮最早提出便是针对空间发射任务,此领域最能发挥线圈炮的优越性,已有不少这方面的设计。桑迪亚国立实验室计划用多级线圈式电磁发射方式发射小卫星,设计速度4.2km/s,再需一级火箭即可入轨,有效载荷将达到47%左右,这样费用仅为传统发射方式的1%。CEM-UT为NASA做的另一项设计,用长198m的身管,将14kg重的发射物加速到11km/s,这样不需要后续火箭就可以达到逃逸速度。一旦线圈式电磁发射技术成功应用于航天领域,那它对卫星发射、太空运输等方面都会带来难以想象的价值。

线圈式电磁发射还可用于近地面运输,即对难以进入的地域输送物资,如前线补给、林区及高山区的森林工业与采矿工业物资的输送、无港口设备时船岸之间输送等。执行这些任务的发射装置只需一辆卡车即可装载。

由于线圈炮具有的优越性,在解决好关键技术的基础上,其应用前景非常好。

9.4 其他新概念火炮

9.4.1 燃烧轻气炮

燃烧轻气炮是一种利用低分子量的可燃混合气燃烧膨胀做功的方式来推进弹丸,使之获得较高速度的发射系统。燃烧轻气炮使用两种或多种反应气体,如可燃轻质气体(通常为氢气)和氧化剂气体(通常为氧气),代替普通火炮的发射药。可燃轻质气体和氧化剂气体在压力作用下按给定配比进入燃烧室而合成为混合气体。发射时,通过点火(通常是多点点火)点燃混合气体,混合气体燃烧形成高温高压轻质燃气推动弹丸在炮膛内运动。由于利用轻质燃气推动弹丸,弹底与膛底的压力降小,膛内声速大,当身管足够长时,便可以获得足够大的弹丸初速。

虽然轻质混合气体燃烧温度高达2450K,但是远低于高性能常规发射药近3000K的温度,因此炮膛烧蚀没有采用高性能常规发射药时的严重。由于产生的压力能够更有效地推进弹丸,燃烧轻气炮在指定膛压下的初速(其他条件相同)也比传统火炮更高。该炮还通过稀释用惰性气体(如氦气)预防超高压力波的形成,同时混合气体被点燃,还降低了最终燃烧产物平均分子质量。如果不使用氦稀释,也可以增加一些氢气来降低气体的平均分子质量。

燃烧轻气炮一般由发射药(可燃轻质气体和氧化剂气体)供给系统和发射系统构成,如图9.10所示。低温发射药供给系统包括氢气罐、氧气罐、压力泵、高压存储器、流量计、供给管道及冷却系统等单元。发射系统包括弹丸装填系统、发射管(包括身管、燃烧室、炮尾、炮闩等)、点火系统和弹丸等。

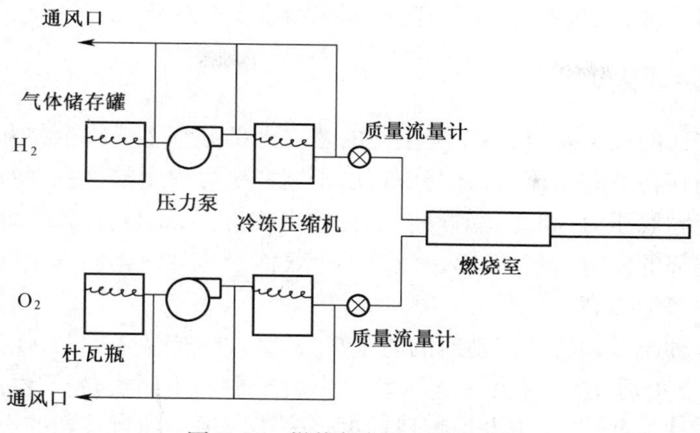

图9.10 燃烧轻气炮工作原理

燃烧轻气炮的技术优势如下:

(1) 高初速,远射程。高初速是燃烧轻气炮最显著特点之一。与传统火炮相比,燃烧轻气炮炮口动能至少可以提高30%,其射程预计能够达到370km,能够有效执行两栖和濒海火力支援任务。

(2) 可变初速。燃烧轻气炮使用气体作为发射药,由于气态发射药的补给(注入)易于控制,可以根据需要实现无级可变自动调节发射装药量,从而可以实现无级可变初速。

(3) 减小炮膛烧蚀。燃烧轻气炮燃烧室温度一般高达2450K,但是仍远低于高性能固体发射药燃烧后近3000K的温度,因此可以减小炮膛烧蚀。由于燃烧轻气炮产生的压力能够更有效地推进弹丸,在初速相同条件下其最大膛压可以比传统火炮更低。

(4) 发射药制备和来源相对容易。燃烧轻气炮发射药(氢气和氧气)的制备比固体发射药的制备简单得多。尤其是作为舰炮时,发射药(氢气和氧气)可以在非战斗间隙里直接利用海水来提取。为部队后勤保障带来方便。

燃烧轻气炮技术对海军具有巨大的应用价值。由于燃烧轻气炮可采用氢气和氧气作为发射药,这些可从海水中分解提取得到,舰船不需预先携带大量弹药。燃烧轻气炮的射程远、射速高,可实现无级变装药,对海军防控反导、近岸火力支援有着显著的实用价值。

燃烧轻气炮的关键技术主要包括低温发射药供给技术、弹丸密封技术、点火技术、燃烧与压力控制技术等。

燃烧轻气炮的概念首先是由美国基于"远程纵深精确打击"战略战术思想而提出的,能够实现远程火力支援。燃烧轻气炮技术已有10年多的研究历史。虽然燃烧轻气炮是一项近期技术方案,远不如电磁炮复杂,但是燃烧轻气炮确实需要解决燃料/氧化剂设备和低温系统及其引起的所有的空间和潜在安全性问题。

美国GT公司和通用动力公司最先进行16mm燃烧轻气炮的研究,使用氢、氧、氦混合气体发射2g弹丸初速为4200m/s。美国UTRON公司45mm燃烧轻气炮,采用100倍口径身管,发射1.1kg弹丸的炮口初速为1700m/s,发射0.544kg,初速达到2100m/s。UTRON公司155mm燃烧轻气炮,采用70倍口径身管发射质量15kg的弹丸,初速超过2000m/s。

虽然燃烧轻气炮技术方案远不如电磁炮复杂,但是燃烧轻气炮确实需要解决燃料/氧化剂设备和低温系统,及其引起的所有的空间和潜在安全性问题。

9.4.2 随行装药火炮

对于普通装药的火炮发射,由于药室内的燃气大部分都不能跟上弹丸的运动速度,在膛底和弹底之间存在着一个压力梯度分布,由于这一压力梯度的存在,使得用于推动弹丸运动的压力小于膛底压力;同时发射药燃烧释放出的能量,不仅用于推动弹丸运动,还要用于加速弹丸尾部的发射药气体,以保证该部分气体与弹丸以相同的速度运动,因而严重地影响了弹丸初速的提高。

为了减小这种压差和气体流动时的能量损失,将发射药装于弹底,使其可以随弹丸一起运动(随行),点火后,随着弹丸一起运动的弹后发射药不断燃烧,产生发射药燃气,利用发射药燃气推动弹丸,并在弹丸出炮口前燃烧完毕。由于随行装药的燃烧,能够在弹丸底部形成一个很高的气体生成速率,从而有效提高了弹底压力,降低了膛底与弹底之间的压力梯度,在弹底形成一个较高的、近似恒定的压力;同时,局部的、高速的固体发射药燃烧生成的发射药气体在气固交界面上形成很大的推力。与普通装药的火炮相比,该推力与弹丸底部附近的气体压力相结合,导致了对弹丸做功能力的增加,直至该部分发射药燃完。在理想情况下,由于随行装药燃烧释放出的燃气直接有效地作用于弹底,在膛底和弹底之间不存在像普通装药情况那样的压力梯度,所以使用随行装药技术能够使得弹丸获得更高的初速。图9.11分别给出了普通装药和随行装药在理想情况下的压力梯度曲线。

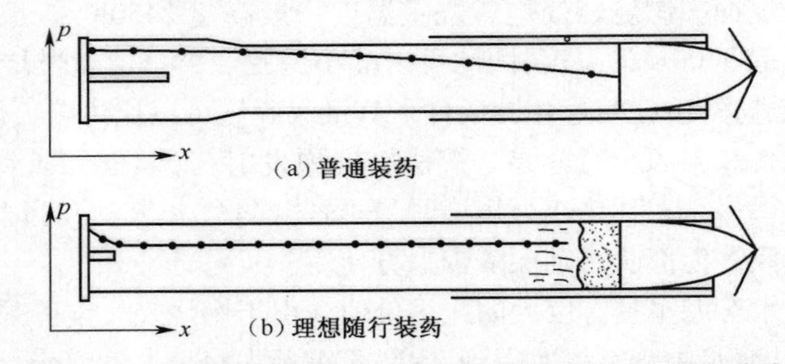

图9.11 普通装药与随行装药在理想情况下的压力梯度曲线

理想化的随行装药性能特征可概括如下:

(1) 在内弹道过程中,附在弹底的甚高燃速发射药随弹丸一起沿内膛运动。

(2) 随行装药发射药以极高的燃速燃烧并且在弹底产生恒定的推力/压力。

(3) 产生的压力梯度不同于将所有的发射药(助推药和随行装药)都放在药室内产生的“正常”的压力梯度,这种区别表现为最大膛压降低了而沿炮膛的压力增高了。

(4) 和常规发射药装药武器相比,增加了初速。

随行装药火炮的特点如下:

(1) 随行装药的优点在于改善了膛内燃气的分布规律,减小了膛底压力和弹底压力之差,可以对装药底部(弹底)提供一个近似的恒力,从而可使火炮在最大膛压不变的情况下初速得到提高。

(2) 随行装药在不变弹丸初速条件下,可以使最大膛压值减小,这就使得炮膛的烧蚀减缓。

(3) 随行装药的发射系统与现有的火炮相容性较好,仅改变装药结构形式即可。

(4) 随行装药火炮的炮口压力明显增高,对抑制炮口焰和炮口冲击波不利。

(5) 随行装药技术对发射药要求高,不便于后勤供给。

按照用作随行装药的发射药形态,随行装药有固体随行装药、液体随行装药和固液混合随行装药3种。按随行装药与弹丸的结合形式可分为弹体包覆式和弹底粘贴式两大类。

随行装药技术是提高火炮初速的有效技术途径之一,科技工作者一直都在努力工作,力图尽早将其武器化。虽然,从随行装药概念到试验装置及其试验都有较大的进展,但仍处于随行发射药配方设计、弹体设计、弹道设计及试验阶段。随行装药技术的武器化,目前难度还较大,必须解决一些关键技术,包括超高燃速发射药技术、装药随行技术、点火延迟时间控制技术等。

自1939年兰维勒首次提出随行装药概念以来,人们在随行装药技术方面进行了大量的工作。在1951年美国人维斯特做了随行装药和常规装药的射击对比试验,结果弹丸初速能提高7%。20世纪60年代美国装甲研究基地在随行装药的研究上取得了多方面的成果,40mm口径火炮增程率可达8%。从试验结果上看,中、小口径火炮的增程效果较好,而在大口径炮上的增程效果不明显,这可能主要是由于大口径炮上的随行装药在膛内运动消耗的能量太多的缘故。

不论是哪种随行装药,目前都还停留在实验室阶段,要将它们投入实际使用还必须解决一些技术和其他方面的问题。例如,要充分体现随行装药技术优势,首先必须研制出性能稳定的超高燃速发射药。其次,研究合理的装药结构。要想设计出效果十分明显的随行装药弹,就必须对药室形状和点火机理等做全面的革新,另外弹丸的制造上也要解决一些问题。

9.4.3　激光炮

长期以来,在战争的追求中,人们一直在期待着实现其设想——以光束投射能量,把光作为武器。人们所期望的这样一个梦想,可以追溯到古希腊。阿基米德在古希腊锡拉丘兹保卫战中,建议士兵用数百块手持的盾牌来反射太阳光点燃了入侵的罗马舰队。在我国的古代神话小说《封神演义》中也有过关于照妖镜和番天印之类的朴素光武器的描述。尽管这些只是神话,但它们确是最早利用光作为武器的设想。

激光是20世纪60年代出现的重大科学技术成就之一。它的出现深化了人们对光的认识,扩展了光为人类服务的天地,产生了对传统光源的技术革命,标志着人类掌握和利用光进入了一个崭新的阶段。由于激光具有能量集中、传输速度快、作用距离远等显著特点,即刻使敏感的人们联想到古希腊的神话和我国《封神演义》中所描述的番天印等用光所做的武器,可否用激光来制作武器——激光武器,并且从此开始了对它的不屈不挠的全力追求。

激光武器利用定向发射的激光束,以光速传输电磁能,直接毁伤目标或使之失效的光束武器。

根据激光能量,激光武器可分为低能激光武器和高能激光武器(或强激光武器)。按照美国国防部的定义,平均输出功率不小于20kW或每个脉冲的能量不小于30kJ的称为高能激光武器,功率或能量在此界限以下的则属于低能激光武器。高能激光武器的作战对象是航天器、飞机、直升机或导弹等,目的是摧毁这些结构本身而不仅仅是破坏其传感器;低能激光武器的作战对象则是各种武器系统上的传感器、敌方指战员的眼睛等对激光极为敏感的器件和部位。

激光炮是一种高能激光武器,是利用强大的定向发射激光束直接毁伤战斗目标或使其丧失战斗力的作战武器。虽然,激光炮与传统火炮的概念有很多差别,但是,由于激光炮的作战对象与传统火炮基本一致,并且激光炮的外形与传统火炮又有些相似(图 9.12),因此,习惯上仍称其为"炮"。

图 9.12 激光炮

根据作战用途,激光炮分为战术激光炮和战略激光炮两大类。

战术激光炮是利用激光作为能量,以一般性战术目标为攻击对象,主要用于防空、反导、地面压制,像常规火炮那样直接杀伤敌方人员、击毁坦克、飞机等,打击距离一般可达20km。激光炮能够发出很强的激光束来打击敌人,造成飞机失控、机毁人亡。

战略激光炮是利用激光作为能量,以重要战略目标(如卫星、洲际导弹、雷达站等)为攻击对象,可以反卫星、反洲际弹道导弹,可攻击数千 km 之外的目标,是最先进的防御武器。

有些激光炮兼备战术和战略激光武器的功能,如机载激光炮,既可用来反导,又有潜力发展成为反卫星的武器。

根据能量大小,激光炮的打击方式可分为软打击和硬打击两种。软打击主要是打击导弹的导引头和整流罩,破坏其传感器和电子线路,致使导弹不能准确飞向目标。这种打击射程可超过 10km,激光功率只要达到 100kW 左右即可。而硬打击则是把导弹的壳体、燃料室以及整体结构彻底摧毁,使导弹在空中爆炸。射程为 10km 至几百 km 时,激光炮功率要求 400kW 甚至 MW 级以至更多。由于激光炮强大的威力,美国海、陆、空、天部门都在加强对这一武器的研制,以在未来可能的战争中争取更多主动。

根据装备平台,激光炮可分为地基(固定和车载机动式)激光炮、空基(机载)激光炮、天基(太空)激光炮和海基(舰载)激光炮等。其中,空基激光炮又可分为有人机载激光炮和无人机载激光炮。

激光炮的主要优点如下:

(1) 速度快,命中精度高。激光束以光速射出,到达目标的时间近乎零;反应迅速,打击目标时无需计算射击提前量,可以做到"指哪打哪",瞬发即中;可将能量聚焦于很细的激光束,精确地击中目标甚至目标的脆弱部位。因此,激光炮非常适合拦截快速运动、机动性强或突然出现的目标。

(2) 抗电磁干扰。雷达测定敌方导弹或飞机等目标的方位、距离、高度、速度等,经过计算机迅速处理后,激光炮就可以准确无误地命中目标。可在电子战环境中工作,激光传输不受外界电磁波的干扰,目标难以利用电磁干扰手段避开激光炮的射击。

（3）射速高,转移火力快。激光束发射时无惯性,无“后坐力”,激光炮能在1s内“连续”发射1000发“光弹”(激光束)。激光炮能在很短时间内转移射击方向,反应灵活,是拦截多目标的理想武器。如果敌方同时发射多个真假导弹,激光炮有本事在短时间内把所有来犯的导弹全都摧毁。

（4）作战使用效费比高。激光炮的硬件成本虽然较高,但作战效能好,可重复使用,实际使用费用比较低。在防空武器方面,当前主体是导弹,激光炮与之相比消耗费用要便宜得多。例如,一枚“爱国者”导弹要60万~70万美元,一枚短程“毒刺”式导弹要2万美元,而激光发射一次仅需数千美元,今后随着技术的发展,激光发射一次的费用可降至数百美元。

（5）杀伤力可控。高能激光武器毁伤目标是一种烧蚀过程,与用焊枪切割金属类似,对目标毁伤程度的累积效果可以实时变化,根据需要,既可随时停止,也可通过调整和控制激光武器发射激光束的时间和(或)功率以及射击距离来对不同目标分别实现非杀伤性警告、功能性损伤、结构性破坏或完全摧毁等不同杀伤效果,以达到不同目的。

激光炮也有其缺点,主要如下:

（1）激光辐射的功率密度与激光器到目标距离的平方成反比,随射程增大,打在靶上的光斑直径变大,因而功率密度降低,破坏力减弱,有效作用距离因此受到限制;欲使光斑直径变小,则反射镜到目标的距离应当近似于反射镜的焦距,否则散焦将使光斑加大。目前激光炮功率水平不易满足实际需要,远程应用十分困难。

（2）在地面或飞机上使用,大气对激光有较强的衰减作用,不良天气、战场烟尘、人造烟幕等对激光的衰减作用更大,大气的折射和扰动也会给瞄准目标带来困难。因此,激光炮受大气的制约和影响太大,不能全天候作战,云、雾、雨、雪、硝烟和尘埃是激光难以逾越的障碍。

（3）激光器的能量转换效率较低,需要有充足的能源供应,因此在目前技术条件下激光炮的体积和重量较大,限制了它的使用。

（4）对瞄准系统要求高。激光炮能“指哪打哪”,因此,“指不准”就“打不准”。

（5）激光直线传播不能绕过障碍物,只能作直瞄武器使用。

激光炮是一种高能激光武器,结构复杂,要求高。首先,它要求一个高平均功率的激光器。其次,需确保光束时刻指向目标,并在大气中传输相当远的距离。再次,能将很高的能量聚焦在很小面积上,并维持足够长的时间,对目标造成致命的损伤。最后,大多数激光炮攻击的目标在高速运动,因而需要自动识别与跟踪。对于导弹防御体系,还必须用适当方式从远距离上证实激光炮确已达到预期目的,即需要一套可靠的毁伤效果评估机制。总之,激光炮系统的使命可概括为:识别目标,选择适当的攻击点,并对目标进行跟踪;使光束对准目标上的选定点,并将光斑聚焦到尽可能小;补偿大气影响,尽量减小光斑抖动和能量弥散;毁伤效果评估。其中任何一项实现起来都有很大的技术难度。为了达到这些目标,武器开发人员在很多领域做了大量工作。这些工作分为两个方面,即光束控制与火控。两者之间很难划一条明确的界限,但大体上可以这样来区分:光束控制的任务包括引导光束并将其聚焦在目标上,通常还需要对大气引起的光束畸变进行校正;火控决定武器系统的指向并控制发射,其任务包括对目标识别和跟踪,触发发射机制,并对毁伤效果进行评估。激光炮真正武器化必须切实解决高能激光器及其小型化技术、高精度捕获跟踪瞄准技术、光束控制及发射系统技术、自适应光学系统技术等主要关键技术。

激光武器的一次实战应用是在1975年10月18日,美国北美防空司令部一片混乱,事情缘由是美国在印度洋上空的647预警卫星在外探测器,受到来自苏联激光武器的干扰,不能正常工作。1个月后,即1975年11月17日、18日两天,美国空军的两颗数据中继卫星,由于受来自苏联的激光武器干扰,又停止了工作。美国于1978年用战术激光炮成功地击落一枚“陶”式反坦克导弹。1979年又用海军建造的2.2MW的中红外化学激光器成功地将一枚“大力神”洲际导弹的助推器击毁。1983年用装在空中加油机上的400kW的二氧化碳激光武器击落5枚“响尾蛇”导弹。美国空军的机载激光炮是将巨型化学激光器放置在一架747飞机上,将头部改装成炮塔,在2001年进行了首飞,其研究目标是击落处在飞行初段的弹道导弹。

美国建立国家导弹防御系统的计划,已经被称为“星球大战计划”的“续篇”。2003年7月,美国决定恢复太空军用激光器方面的研究,将向太空轨道发射4000颗卫星,每颗都载有拦截弹道导弹的激光炮,届时太空上美国激光炮的总数至少要达到4000门。1997年10月,美国以中红外线化学激光炮两次击中在轨道上运行的废弃卫星,宣告这次秘密试验圆满成功。

雷神公司称,在2010年5月进行的秘密试验中,该激光武器系统击落了4架无人飞机。事实上,美国陆、海、空三军正斥巨资研发各种激光武器,下至可以让人致盲的激光枪,上至能摧毁无人机、火箭弹乃至巡航导弹的激光炮。

激光器是形成激光炮的基础,但目前面临的一个关键问题是,即使激光器可以输出足够的能量,但由于大气等因素的影响,很难使足够的能量照射到足够远的靶标上。激光炮的关键技术的突破,将使激光炮武器化进程加快,使激光炮在战场得到切实应用。激光炮的应用主要作为防御性武器,也可作为进攻性武器。

激光炮将成为摧毁太空目标的战略杀手。激光炮发射的高亮度激光束照射到目标上产生的高温,会很快对照射部位造成永久性损伤。由于激光束从发射到击中目标所用的时间少到可以忽略,几乎“瞄准即摧毁”,特别适合对付高速目标,因此美国最著名的战略激光武器就是针对速度奇快的洲际导弹。激光炮将成为中小目标的保护伞。除对付重量级战略目标外,美国还研制了多种相对小个头的高能激光武器,用于防空、基地防御甚至反制路边炸弹。在防空和基地防御作战时,为击落来袭的飞机、导弹和炮弹,防御方往往不得不使用价格更为昂贵的导弹进行拦截。除防御作战外,激光武器也能对付简易爆炸装置和其他尚未爆炸的炸弹。

无论是哪个国家,激光炮的研发道路都不是一帆风顺的,都经历了无数次的失败。不少项目经费得不到保障。这些都在一定程度上影响了激光炮的研发和装备进程。无论如何,作为一种前景美好的新概念火炮,其研发工作不会止步不前。无论是进攻还是防御,不管是陆海作战还是控制太空,激光炮无疑是现在和将来最具挑战性的武器,将给未来的武器系统带来革命性的变化,也会给未来战争的作战思维和作战模式带来巨大变革。可以相信,未来战争中,激光炮必将成为主战的新概念火炮之一。

参考文献

[1] 马福球,等.火炮与自动武器[M].北京:北京理工大学出版社,2003.

[2] 栾恩杰.国防科技名词大典[M].北京:航空工业出版社,2002.

[3] 慈云桂.中国军事百科全书——军事技术基础理论分册[M].北京:军事科学出版社,1993.

[4] 张相炎.新概念火炮技术[M].北京:北京理工大学出版社,2014.

[5] 张相炎.火炮设计理论[M].北京:北京理工大学出版社,2014.

[6] 张相炎.火炮概论[M].北京:国防工业出版社,2013.

[7] 谈乐斌.火炮概论[M].北京:北京理工大学出版社,2014.

[8] 李鸿志,等.现代兵器科学技术[M].济南:山东人民出版社,2001.

[9] 袁军堂,张相炎.武器装备概论[M].北京:国防工业出版社,2011.

[10] 于子平.车载式火炮武器总体技术研究[D].南京:南京理工大学,2006.

[11] 谈乐斌,范红梅.火炮人机系统计算机仿真[J].南京理工大学学报,2005,8(4):414-416.

[12] 杨国来,等.火炮虚拟样机的总体框架及初步应用[J].弹道学报,2006,3(1):51-54.

[13] 刘雷,陈运生.火炮虚拟样机仿真研究[J].系统仿真学报,2005,1(1):111-113.

[14] 杭燚.火炮虚拟现实技术研究[D].南京:南京理工大学,2007.

[15] 陈强,杨静宇,杨国来.火炮虚拟样机技术研究[J].计算机工程与应用,2004,6(16):29-30,112.

[16] 宋巧苓.虚拟仪器人机界面的人性化设计研究[D].大连:大连理工大学,2006.

[17] 萧忠良.提高火炮初速(动能)技术途径与潜力分析[J].华北工学院学报,2001,8(4):277-280.

[18] 张相炎.火炮自动机设计[M].北京:北京理工大学出版社,2010.

[19] 梁世瑞.小口径高射速自动炮的创新方向[J].火炮发射与控制学报,2003,7(S):38-42.

[20] 朱森元.小口径速射火炮武器系统发展展望[J].兵工自动化,2008,8(6):1-4,8.

[21] 王文记.国内外高炮浮动技术的现状与发展趋势[J].火炮发射与控制学报,2007,9(3):69-72.

[22] 梁辉,等.大口径火炮弹药自动装填系统研发现状和趋势[J].火炮发射与控制学报,2010,9(3):103-107.

[23] 谢婧.澳大利亚将利用金属风暴技术开发新型武器系统[J].轻兵器,2005,24:14.

[24] 郭锡福.远程火炮武器系统射击精度分析[M].北京:国防工业出版社,2004.

[25] 范志锋,许良.信息化弹药的发展及其特点与保障对策[J].国防技术基础,2010,9(9):31-34,45.

[26] 王强.21世纪末制导弹药的发展预测[J].制导与引信,2004,3(1):5-10.

[27] 梁冠辉,等.高炮自适应校射算法的研究与实现[J].火力与指挥控制,2012,7(7):157-160.

[28] 王华.虚拟闭环校射[D].南京:南京理工大学,2003.

[29] 严恭敏.车载自主定位定向系统研究[D].西安:西北工业大学,2006.

[30] 曹宁.车载炮射击精度分析[D].南京:南京理工大学,2012.

[31] 陈杨.喷管气流反推减后坐武器系统关键技术研究[D].南京:南京理工大学,2009.

[32] 吴雪云.典型火炮结构静动力分析与轻量化设计[D].大连:大连理工大学,2011.

[33] 刘达.轻量化牵引火炮全炮动态应力分析[D].南京:南京理工大学,2008.

[34] 张帆.膨胀波火炮发射原理及其在常规结构枪炮中的应用[D].南京:南京理工大学,2007.

[35] 王颖泽.基于膨胀波发射技术的火炮内弹道与发射动力学分析[D].南京:南京理工大学,2009.

[36] 江坤.炮口制退器优化设计理论与方法研究[D].南京:南京理工大学,2007.
[37] 沈启敏.舰炮发射动力学及减小后坐力研究[D].哈尔滨:哈尔滨工程大学,2009.
[38] 唐全波,黄少东,伍太宾.镁合金在武器装备中的应用分析[J].兵器材料科学与工程,2007,3(2):69-72.
[39] 张海航,于存贵,唐明晶.某火炮上架结构拓扑优化设计[J].弹道学报,2009,6(2):83-85,89.
[40] 郭瑞萍.国外火炮炮管材料与工艺技术研究动向[J].国防制造技术,2010,10(5):24-26.
[41] 张相炎.火炮可靠性设计[M].北京:兵器工业出版社,2010.
[42] 向志军.火炮可靠性分析方法研究[D].南京:南京理工大学,2007.
[43] 纪玉杰.机构动作可靠性仿真技术研究[D].沈阳:东北大学,2006.
[44] 何恩山,等.动作可靠性分析评价方法[J].东北大学学报,2009,4(4):589-592.
[45] 李业农,施祖康.机构运动可靠度的研究[J].兵工学报,2003,2(1):93-96.
[46] 陈常顺等.火炮疲劳损伤构件的可靠性设计[J].火炮发射与控制学报,2003,11(4):50-53.
[47] 何大娇.电磁轨道炮内弹道优化设计[D].南京:南京理工大学,2008.
[48] 崔鹏.新型电磁发射技术的研究[D].长沙:国防科学技术大学,2005.
[49] 程石,孙耀琪.液体发射药火炮及其发展趋势[J].国防技术基础,2008,4(4):51-55.
[50] 吴幼冬.舰载液体发射药火炮初探[J].舰载武器,2001,12(4):26-29.
[51] 张相炎,林钧毅.再生式液体发射药辅助药室发射技术研究[J].火炮发射与控制学报,2002,5(2):26-28.
[52] 李鸿志.电热化学发射技术的研究进展[J].南京理工大学学报,2003,10(5):449-465.
[53] 曹延杰.电热炮及其发展[J].海陆空天惯性世界,2000,7(4):35-36.
[54] 向阳,古刚,张建革.国外电热化学炮研究现状及发展趋势[J].舰船科学技术,2007,5(S1):159-162.
[55] 卫锦萍.美军电磁炮研究进展与技术重点[J].国外坦克,2010,1(1):42-44.
[56] 李薇,林干.电磁发射武器的关键技术与发展[J].飞航导弹,2010,2(2):60-63.
[57] 古刚,向阳,张建革.国际电磁发射技术研究现状[J].舰船科学技术,2007,5(S1):156-158.
[58] 王群,耿云玲.电磁炮及其特点和军事应用前景[J].国防科技,2011,4(2):1-7.